初等数学核心素养发展丛书

丛书主编　马志平

问题探究与思维创新

邱　军　李文臣　主编

中国海洋大学出版社

·青岛·

图书在版编目(CIP)数据

问题探究与思维创新 / 邱军，李文臣主编. — 青岛 ：
中国海洋大学出版社，2019.4
ISBN 978-7-5670-1943-0

Ⅰ. ①问… Ⅱ. ①邱… ②李… Ⅲ. ①中学数学课 - 教学研究 Ⅳ. ①G633.602

中国版本图书馆 CIP 数据核字(2019)第 301154 号

问题探究与思维创新

出版发行	中国海洋大学出版社
社　　址	青岛市香港东路 23 号　　**邮政编码**　266071
网　　址	http://pub.ouc.edu.cn
出 版 人	杨立敏
责任编辑	孟显丽
电　　话	0532—85901092
电子信箱	1079285664@qq.com
印　　制	青岛国彩印刷股份有限公司
版　　次	2020 年 7 月第 1 版
印　　次	2020 年 7 月第 1 次印刷
成品尺寸	170 mm×230 mm
印　　张	14.25
字　　数	246 千
印　　数	1～7000
定　　价	43.00 元
订购电话	0532—82032573(传真)

发现印装质量问题，请致电 0532—58700168，由印刷厂负责调换。

编委会

致同学们

事物及其发展规律是怎样被认识的？在这方面有没有行之有效的方法？科学发展史表明，任何事物，不管它多么难以捉摸，总有内在的发展规律.只要人的主观能动性得到充分的发挥，任何事物的神秘面纱终将被揭开，从而使得我们对事物及其发展的认识有章可循、有法可依.

创新是一个民族进步的灵魂，是一个国家兴旺发达的不竭动力.应变能力是当代人在信息时代应当具有的最重要的核心能力之一.创新能力和应变能力紧密相连、互为因果、相辅相成.一方面，知识的创新为应变能力提供了可以施展的平台；另一方面，应变能力提升的过程也是促进知识创新、方法创新的过程.

问题意识反映在心理学上，是指人们在认知过程中，遇到或者发现新问题的时候，所形成的一种亢奋和焦虑的心理.在学习过程中，同学们经常会遇到一些难以解决的问题.探究问题背景下的各种可能性，从新的角度去看待原问题，用新的方法去研究原问题，甚至主动地通过联想构造去开发新问题，这些都是知识创新和方法创新的具体表现.

问题是数学的灵魂，能引起同学们的探究欲望，是激发其学习动机的根本原因.问题是提升同学们学习兴趣的重要杠杆，尤其是创新型问题往往会激发他们的创新灵感.

问题创新指导下的学习活动，是一种积极的具有特别意义的认知活动.一方面，同学们对新鲜事物有一种天然的探究冲动；另一方面，同学们在学习中主动生成问题，能够更加投入地进行研究，将学习推向深入.同学们对自己发现的问题最感兴趣，肯定会全力以赴地积极探求，从而创造性地解决问题.在这个过程中，同学们的应变能力和创新意识会得到极大的提高.从这个意义上讲，问题开发，以问题为核心的数学学习，无论是对提升同学们的创新能力，还是发展同学们的应变能力，都有非常重要的意义.

怀疑、反驳、否定、发展、联想都有利于产生新的发现.这些发现可能是知识性的,也可能是方法性的;可能是对传统的否定或者创新,也可能是对既有成果的改进与完善.无论如何,这些问题都值得我们认真研究.兴趣是最好的老师.同学们要注意培养发现、分析、解决问题的兴趣和热情,激发问题意识,优化思维创新,为自己开辟一片问题开发和思维创新的广阔田地.

本书在编写体例上,放弃了传统的按部就班的问题解答方式,而采用了探究的方式,重在揭示数学问题的探究过程和思考方式,力求重现数学探究学习过程中的各种心理反应,倡导"做数学"的理念,让同学们在"研究性阅读"的过程中,亲临其境,全身心地投入探究之中.

本书分为三章,都以创新型问题为核心,研究思维创新背景下问题探究的基本策略.第一章、第二章主要面向即将毕业的初中同学,对初中数学的思考原则和解题策略以及初中数学竞赛的基本方法,都进行了细致、全面的指导,在初高衔接方面也做了很多有益的探索.第三章主要是初高衔接的内容,在灵活把握千变万化的初等数学问题的一般策略方面,做了详尽的阐述.希望这本书能成为同学们数学学习的领航者,让同学们学会思考、学会探究并初步掌握研究性学习的基本方法.

目录

第一章 初中数学的学习方法与思维规律

第一节 初中数学的思考原则与解题策略

数学是一种文化，这越来越成为人们的共识.《义务教育数学课程标准(2011年版)》中指出，数学是人类文化的重要组成部分.但是，数学教育曾经存在着脱离社会文化的孤立主义倾向，并一直影响到今天的中学数学的教与学.数学的过度形式化和抽象性，使人错误地认为数学只是少数天才的"自由创造物"，甚至有人片面地认为，数学的发展无须融入社会文化之中，数学的进步无须人类文化的哺育，数学的思维主要来自人脑中的灵感.

其实，数学应该是常人能够理解的学科，人人都可以学好数学，数学能使一个人的人格得到和谐的发展.数学是有规律和有序的，数学的概念、思想、方法的起源与发展都是自然的、和谐的.如果你感到某一个概念不和谐、不自然，是强加于人的，那么你可以去考察一下它的产生背景、历史、应用以及它与其他概念的关系.这时，你就会发现它是水到渠成、浑然天成的产物，不仅合情合理，而且很有文化意义和人情味.数学就在我们身边.数学文化包括数学的发展史，数学研究中的习惯、传统、方式方法，同时也包含着数学与社会文化的相互交融、相辅相成.了解这些，肯定会有利于你的数学学习.

数学的方法规律和研究原则，是数学内部本质的、必然的、稳定的联系，在数学现象中经常重复出现，只要善于探索、主动思考、勤于实践，人人都可以发现它们、掌握它们.数学不仅有具体的规律和特殊技巧，比如那些题型特点明显、解法特征确定的问题，而且有其本质的特点和属性，它们指向的是一般数学问题，即一般数学问题的基本研究策略和解题原则.本节主要研究后者，旨在解决"如何科学有效地思考和探索数学问题"这个课题.

通性通法与特殊技巧具有辩证统一的关系，不能机械地说它们孰优孰劣.基础知识、基本方法掌握到一定的程度以后，就能透过问题条件和结论的特殊性，洞察到条件和结论之间的联系，获得特别简捷的解法.但是，通性通法是我们学习的根本，是数学学习的根本保证，切不可舍本逐末.我们认为通性通法掌握到一定程度后，形成特殊技巧是水到渠成的事.不拘泥于成法，将一般解题方法与题目特殊条件相互结合，将问题的所有条件和结论统筹兼顾，我们就能发现最优解法.这是一种解题设计，也是一种学习方法.只掌握具体方法和专门规律，对数学能力提高的作用是有限的.从这个意义上讲，注重通性通法，关注特殊技巧，是十分正确的；只有这样，才能看见树木便知森林.

初等数学研究的通法主要指综合分析，化简转化.

综观初等数学问题的研究，无论是思考的尝试过程，还是探究的执行过程，无一不是对问题的条件和结论不断向对方化简的过程.事实上，如果一个问题的条件和结论都化简了，它们之间的关系便一目了然了.化简的基本方式有去分母、去根号、去绝对值符号、通分、合并同类项、有序排列、消元、降幂、缩小相关元素的范围、将几何元素归结到规则图形中等；甚至在我们作辅助线的时候，也在坚持“综合分析，化简转化”这个原则，通过作恰当的辅助线，将条件进一步发展.当我们落实了这个原则，问题也就迎刃而解了.

初中数学具体的解题策略可以归纳为16个字：发展条件，转化结论，综合分析，不断化简.下面我们通过具体的实例对它们分别进行探讨.

一、发展条件

对条件复杂而结论简单的问题，一般是以发展条件为主，逐步得到结论（综合法）.“化繁为简”符合人的一般认知习惯和规律，不仅容易打开局面，而且基本上能得到明确的结果.

例1　如例1图①，已知$\triangle ABC$中，$\angle B=2\angle A$，$AB=2BC$，判断$\triangle ABC$的形状并证明.

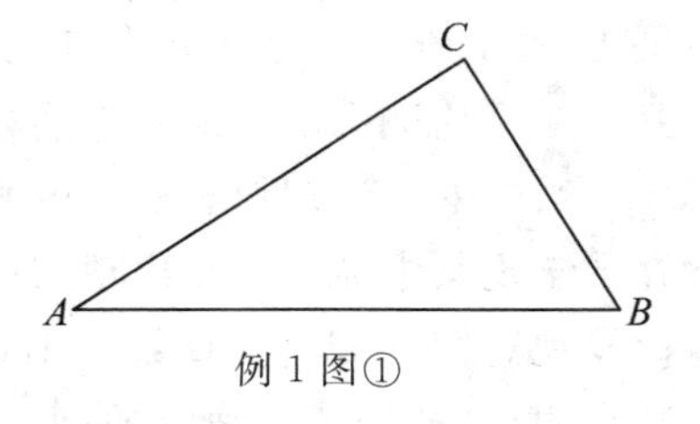

例1图①

探究：考虑到三个内角分别为30°、60°、90°的三角形的边角的关系，我们不妨猜测该三角形为直角三角形.证明如下.

方法1：如例1图②（左），作AB的中垂线DE，垂足为E，交AC于D，连接BD.

(既能发展条件 $AB=2BC$,将线段的二倍关系变为等量关系,又体现出结论的某种需求)

因为 $AD=BD$,所以 $\angle 2=\angle A$. 因为 $\angle ABC=2\angle A$,所以 $\angle 1=\angle 2$.

因为 $AB=2BC$,所以 $BE=BC$,所以 $\triangle EDB\cong\triangle CDB$,所以 $\angle C=\angle 3=90°$,所以 $\triangle ABC$ 是直角三角形.

方法 2:如例 1 图②(右),作 $\angle ABC$ 的平分线 BD,交 AC 于 D,取 AB 中点 E,连接 DE.

(同时发展条件 $\angle B=2\angle A$ 和 $AB=2BC$)

因为 $\angle ABC=2\angle A$,所以 $\angle ABD=\angle CBD=\angle A$,所以 $AD=BD$.

等腰三角形 $\triangle ABD$ 中,因为 $AE=BE$,所以 $DE\perp AB$,即 $\angle BED=90°$.

又因为 $AB=2BC$,所以 $BE=BC$,所以 $\triangle BCD\cong\triangle BED$,所以 $\angle C=\angle BED=90°$,所以 $\triangle ABC$ 为直角三角形.

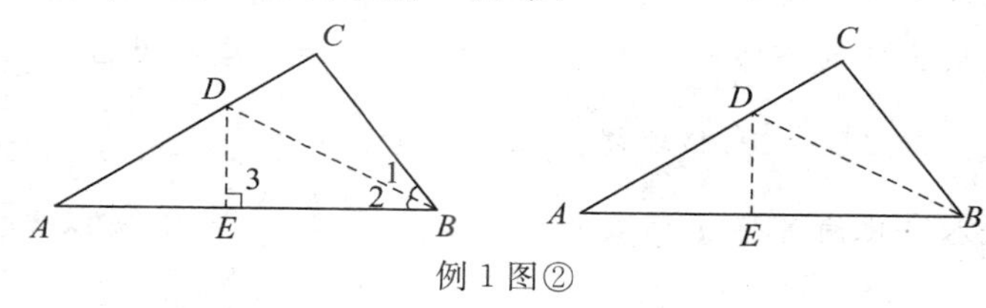

例 1 图②

说明:本题的两种方法,都是从已知条件出发,不断将角的二倍关系和线段的二倍关系向前推进,思路越来越明确,非常自然地得到了结论.

例 2　如例 2 图,已知四边形 $ABCD$ 是平行四边形,$BC=2AB$,A,B 两点的坐标分别是 $(-1,0)$,$(0,2)$,C,D 两点在反比例函数 $y=\dfrac{k}{x}(x<0)$ 的图象上,则 k 的值等于__________.

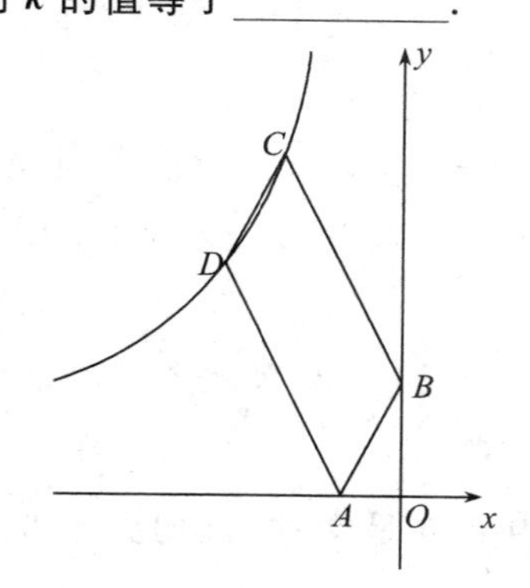

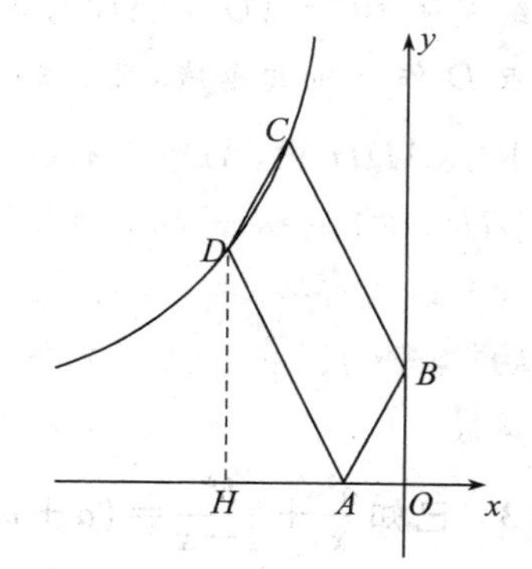

例 2 图

探究：求 k 值，我们一般是利用待定系数法，也就是将点的坐标或 x,y 的对应值代入函数一般形式，从而得到关于 k 的方程.

解决本题，我们还是从发展条件入手.

方法 1：因为 C,D 两点在反比例函数 $y=\frac{k}{x}(x<0)$ 的图象上，所以可设点 $C\left(a,\frac{k}{a}\right)$，点 $D\left(b,\frac{k}{b}\right)$.

因为四边形 $ABCD$ 是平行四边形，所以对角线 AC 与 BD 互相平分，即 AC 与 BD 的中点坐标相同，所以 $\left(\frac{a-1}{2},\frac{k}{2a}\right)=\left(\frac{b}{2},\frac{k}{2b}+1\right)$，则 $b=a-1$，$\frac{k}{2a}=\frac{k}{2b}+1$.

消元永远是一种化简，上述两式消去 b 后可得 $k=2a-2a^2$ ①；

继续发展另外的条件：在 $\mathrm{Rt}\triangle AOB$ 中，$AB^2=5$. 又因为 $BC=2AB$，所以 $BC^2=a^2+\left(\frac{k}{a}-2\right)^2=20$，整理得：$a^4+k^2-4ka=16a^2$ ②.

将①代入②化简可得 $a^2=4$. 因为 $a<0$，所以 $a=-2$，所以 $k=2a-2a^2=-12$.

方法 2：我们也可以从平行四边形的性质出发，优先发展平行四边形的条件.

因为 $ABCD$ 是平行四边形，所以点 C,D 可看成点 A,B 分别向左平移 a 个单位，再向上平移 b 个单位得到的，故 $C(-a,2+b)$，$D(-1-a,b)$. 根据 k 的几何意义，$-a\times(2+b)=(-1-a)\times b$，整理得 $b=2a$. 显然，这是个有用的过渡性结论.

继续发展 $BC=AD=2AB$ 的条件.

过点 D 作 x 轴的垂线，交 x 轴于 H 点.

在 $\mathrm{Rt}\triangle ADH$ 中，$AD=2AB=2\sqrt{5}$，$AH=a$，$DH=b=2a$. 所以 $AD^2=AH^2+DH^2$，即 $20=a^2+4a^2$，所以 $a=2,b=4$，所以点 D 坐标是 $(-3,4)$，代回原函数表达式可得 $k=-12$.

说明：本题的两种方法充分说明，如果能很好地发展条件，问题的解决便水到渠成.

例 3　已知 $\frac{a^2}{x}+\frac{b^2}{1-x}=(a+b)^2$，其中 a,b 是常数，且均大于 0，试求 x 的值.

探究:本题其实就是一个解方程问题,我们首先要做的就是化简,通过去分母、合并同类项等方式,将其化为 x 的一元二次方程:

$a^2(1-x)+b^2x=(a+b)^2(x-x^2)$,

x 为本题的未知元素,展开后按照未知数 x 的降幂排列得 $(a+b)^2x^2-2a(a+b)x+a^2=0$.

对于这种貌似复杂的结构,我们应抓住其结构特征,这是争取有所突破的第一选择.通过观察不难发现,化简后方程的左边恰好是一个完全平方式,即 $[(a+b)x-a]^2=0$,所以 $x=\frac{a}{a+b}$.

说明:去分母与合并同类项,是两种常见的化简手段,通过这些方法,可以使结构越来越简单,解决问题的思路也越来越清晰.有时候通过认定未知元素和有序排列,其实也是一种化简.

例 4　如例 4 图①,$\triangle ABC$ 内接于⊙O,$\angle B=60°$,CD 是⊙O 的直径,点 P 是 CD 延长线上的一点,且 $AP=AC$.

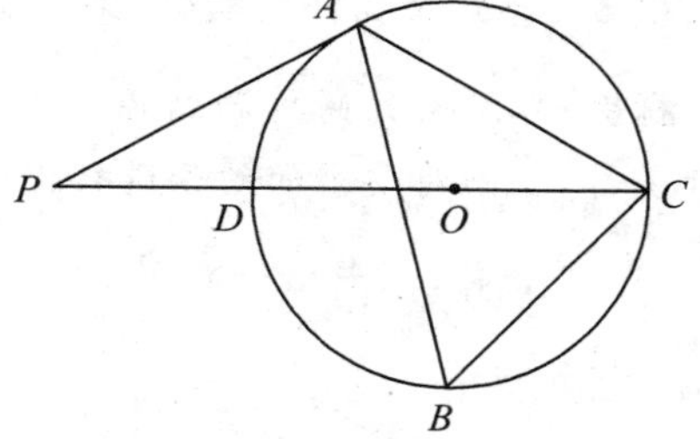

例 4 图①

(1) 求证:PA 是⊙O 的切线;

(2) 若 $PD=\sqrt{3}$,求⊙O 的直径.

探究:发展条件去连接 OA,如例 4 图②,要证明 PA 是⊙O 的切线,则证明 $PA\perp OA$ 即可.

我们从发展提取条件中的各种角度和多条相等线段开始.

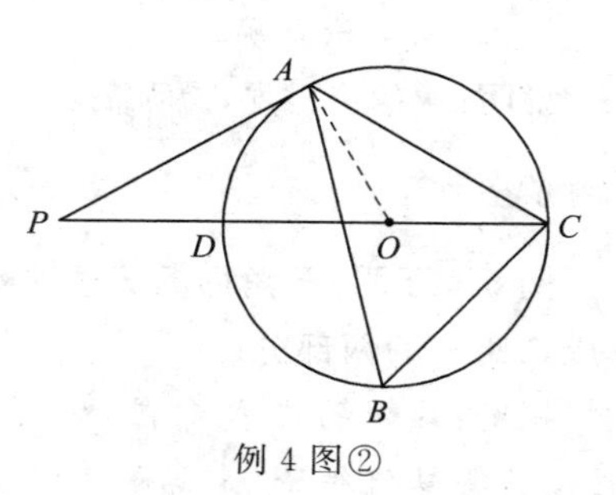

例 4 图②

(1) 因为 $\angle B=60°$,所以 $\angle AOC=2\angle B=120°$. 又因为 $OA=OC$,所以 $\angle OAC=\angle OCA=30°$. 又因为 $AP=AC$,所以 $\angle P=\angle ACP=30°$,所以 $\angle OAP=\angle AOC-\angle P=90°$,即 $OA\perp PA$,所以 PA 是⊙O 的切线.

(2) 在 Rt$\triangle OAP$ 中,因为 $\angle P=30°$,所以 $PO=2OA=OD+PD$.

又因为 $OA=OD$,所以 $PD=OA$;

因为 $PD=\sqrt{3}$,所以 $2OA=2PD=2\sqrt{3}$,即⊙O 的直径为 $2\sqrt{3}$.

说明:只要耐心地去发展条件,不断地将其推陈出新,同时考虑结论的需要，就能在所发展的条件和要求的结论之间架构起一座桥梁，从而将问题解决.

二、转化结论

对条件简单而结论复杂的问题，其解法则往往以转化结论为主要特征.从转化结论开始，利用已知的数学定理、性质和公式，将复杂的问题转化成一个稍微简单一点的问题，然后再将其转化成一个更简单的问题，直到转化成问题的条件或数学常识(分析法).

从复杂的结论入手，也是因为这样符合我们的一般认知特点和习惯，易于展开和得到结果.

例5　已知 x 为任意实数，求证 $x^2+|x-2|-1\geqslant\frac{3}{4}$ 恒成立.

探究：本题条件简单而结论复杂，我们只能从转化结论入手，将绝对值符号去掉，从而对要求的结论进行化简.

当 $x\geqslant2$ 时，$x^2+|x-2|-1=x^2+x-3\geqslant2^2+2-3=3>\frac{3}{4}$，此时结论正确.

当 $x<2$ 时，$x^2+|x-2|-1=x^2-x+1=\left(x-\frac{1}{2}\right)^2+\frac{3}{4}\geqslant\frac{3}{4}$，此时结论也正确.

综上，原结论正确.

说明：从结论出发，局面很快被打开.通过分类讨论去掉绝对值符号，结论得到了全面证明.该问题其实就是求函数 $y=x^2+|x-2|-1-\frac{3}{4}$ 的最小值.

例6　证明：三角形的三条中线交于一点(重心)，该点将每一条中线都分成二比一的两部分.

探究：该题的内容都在结论里面，复杂而多项.全力去转化结论，是解题的中心工作.

根据结论，可以这样设计解题策略：如例6图，分别作$\triangle ABC$的AC，AB上的中线BE，CF，交于O点.连接AO并延长，交BC于D点.那么，现在要证明的就是D是BC的中点，且$\frac{OD}{OA}=$

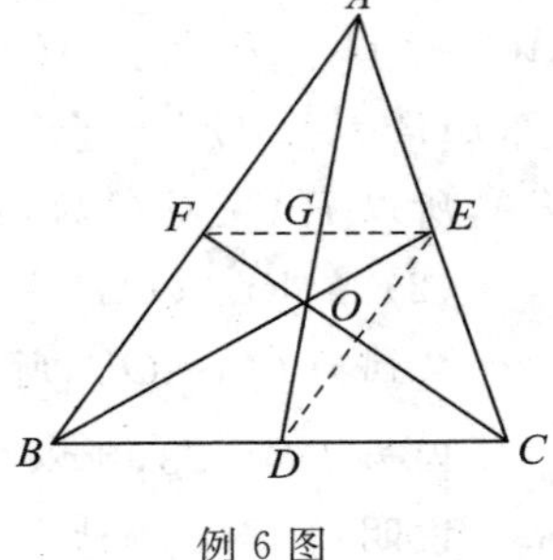

例6图

$\frac{OE}{OB}=\frac{OF}{OC}=\frac{1}{2}$.

连接三角形中位线 EF 交 AD 于 G，连接 DE.

显然 $\triangle OEF\backsim\triangle OBC$，所以 $\frac{OE}{OB}=\frac{OF}{OC}=\frac{EF}{BC}=\frac{1}{2}$.

又显然 $\triangle OEG\backsim\triangle OBD$，所以 $\frac{OG}{OD}=\frac{OE}{OB}=\frac{1}{2}$.

又因为 $EF\parallel BC$，$AF=BF$，所以 $AG=DG$（平行线等分线段定理）.

设 $OG=a$，则 $OD=2a$，$DG=3a$，

所以 $AG=DG=3a$，所以 $AD=6a$，所以 $OA=4a$，

所以 $\frac{OD}{OA}=\frac{1}{2}$（此时任务完成一半，下面应该证明的是：$D$ 为 BC 中点）.

又因为 $\frac{OE}{OB}=\frac{1}{2}=\frac{OD}{OA}$，$\angle AOB=\angle DOE$，所以 $\triangle AOB\backsim\triangle DOE$，

所以 $\angle BAO=\angle EDO$，所以 $AB\parallel DE$.

又因为 E 为 AC 中点，所以 D 为 BC 中点.

以上证明说明：三角形三条中线都经过点 O，且该点将每一条中线都分割成 $1:2$ 的两部分，此点称为三角形的重心.

说明：条件和结论都是相对的，从某种意义上来讲，结论也是一种条件，它的分析和转化能带给我们很多有用的信息. 因此，如果一个问题的结论是多项的，这其实是一件好事，它可以给我们更加全面的启迪.

例 7　如例 7 图①，矩形 $OABC$ 中，$OA=6$，$AB=4$，在平面直角坐标系中，动点 M，N 以每秒 1 个单位的速度分别从点 A，C 同时出发. 其中，点 M 沿 AO 向终点 O 运动，点 N 沿 CB 向终点 B 运动. 当两个动点运动了 t s 时，过点 N 作 $NP\perp BC$，交 OB 于点 P，连接 MP.

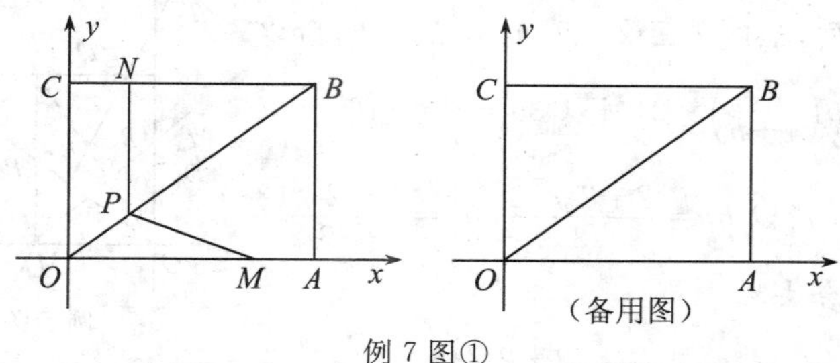

例 7 图①

(1) t 为何值时，$\triangle OMP$ 的面积 S 有最大值？($0<t<6$)；

(2) 试探究：当 S 有最大值时，在 y 轴上是否存在点 T，使直线 MT 把

$\triangle ONC$ 分割成三角形和四边形两部分，且三角形的面积是 $\triangle ONC$ 面积的 $\frac{1}{3}$？若存在，求出点 T 的坐标；若不存在，请说明理由.

探究：(1) 要研究面积 S 的最大值，需要构建它的目标函数，而这需要先搞定点 P 的坐标.

$CN=t$，所以 P 点的横坐标为 t，直线 OB 的函数表达式为 $y=\frac{2}{3}x$.

所以 $P\left(t,\frac{2}{3}t\right)$；

$S=\frac{1}{2}\times OM\times\frac{2}{3}t=\frac{1}{2}(6-t)\times\frac{2}{3}t=-\frac{1}{3}t^2+2t=-\frac{1}{3}(t-3)^2+3(0<t<6)$，所以当 $t=3$ 时 S 有最大值.

此时 $M(3,0)$，$N(3,4)$，直线 ON 的函数关系式为 $y=\frac{4}{3}x$.

(2) 根据 T 点的动态变化，可以画出直线 MT. 通过动态演示，可以发现，有两种情况可以满足题目要求，进而断言“这样的 T 不仅存在，而且极有可能是两个”.

设点 T 的坐标为 $(0,b)$，则直线 MT 的函数关系式为 $y=-\frac{b}{3}x+b$，

解方程组 $\begin{cases}y=\frac{4}{3}x\\ y=-\frac{b}{3}x+b\end{cases}$ 得 $\begin{cases}x=\frac{3b}{4+b}\\ y=\frac{4b}{4+b}\end{cases}$，所以直线 ON 与 MT 的交点 $R\left(\frac{3b}{4+b},\frac{4b}{4+b}\right)$.

① 当点 T 在点 O，C 之间时，分割出的三角形是 $\triangle OR_1T_1$，如例 7 图②，因为 $S_{\triangle OCN}=6$，所以 $S_{\triangle OR_1T_1}=\frac{1}{2}b\left(\frac{3b}{4+b}\right)=2$，所以 $3b^2-4b-16=0$，$b=\frac{2\pm2\sqrt{13}}{3}$，所以 $b_1=\frac{2+2\sqrt{13}}{3}$，$b_2=\frac{2-2\sqrt{13}}{3}$（不合题意，舍去）.

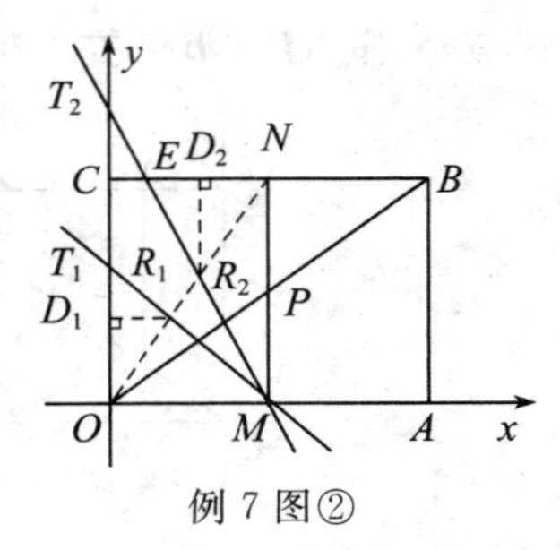

例 7 图②

此时点 T_1 的坐标为 $\left(0,\frac{2+2\sqrt{13}}{3}\right)$.

② 当点 T 在 OC 的延长线上时，分割出的三角形是 $\triangle R_2NE$，如例 7 图②，MT 与 CN 的交点为 E，

因为点 E 的纵坐标为 4，其坐标满足直线 MT 的函数关系式：$y=-\frac{b}{3}x+b$，所以 E 的横坐标为 $\frac{3b-12}{b}$.

则 $S_{\triangle R_2NE}=\frac{1}{2}\cdot\left(3-\frac{3b-12}{b}\right)\cdot\left(4-\frac{4b}{4+b}\right)=\frac{96}{b(4+b)}=2$.

所以 $b^2+4b-48=0$，所以 $b_1=2\sqrt{13}-2$，$b_2=-2\sqrt{13}-2$（不合题意，舍去）.

所以此时点 T_2 的坐标为 $(0,2\sqrt{13}-2)$.

综上，在 y 轴上存在符合条件的点 $T_1\left(0,\frac{2+2\sqrt{13}}{3}\right)$，$T_2\ (0,2\sqrt{13}-2)$.

说明：本题的第一小题，由于兼顾到结论的需要，要研究某一元素的最值，往往是构建它的目标函数，在转化结论方面，方向明确，我们比较自然地得到了结论.

第二小题是开放性问题，结论确定但是条件尚待探究. 我们在结论成立的前提下，对其进行等价转化，如果最后的问题有解，则条件是肯定的；如果最后的问题无解，则条件自然就是否定的，这是此类问题的一般方法特征.

例 8　求证：三角形的角平分线将对边分成的两段之比等于两条邻边之比.

探究：写出已知求证，就是一个审题的过程，同时也将数学命题转化成了具体的问题，为后面解题过程的规范化做好了充分的铺垫.

已知：$\triangle ABC$ 中，$\angle A$ 的平分线交 BC 于 D，求证：$\frac{BD}{CD}=\frac{BA}{AC}$.

证法 1：看到结论，我们不难想到将其转化成相似三角形问题或者是平行截割问题，所以做平行线就是转化结论的首选.

如例 8 图①，过 D 做 $DE\parallel AC$，交 BA 于 E，所以 $\frac{BD}{DC}=\frac{BE}{EA}$.

$\angle DAC=\angle ADE$（因为 $AC\parallel ED$），$\angle DAC=\angle EAD$（因为 DA 为 $\angle EAC$ 的角平分线），所以 $\angle ADE=\angle EAD$，所以 $ED=EA$，$\frac{BD}{DC}=\frac{BE}{EA}=$

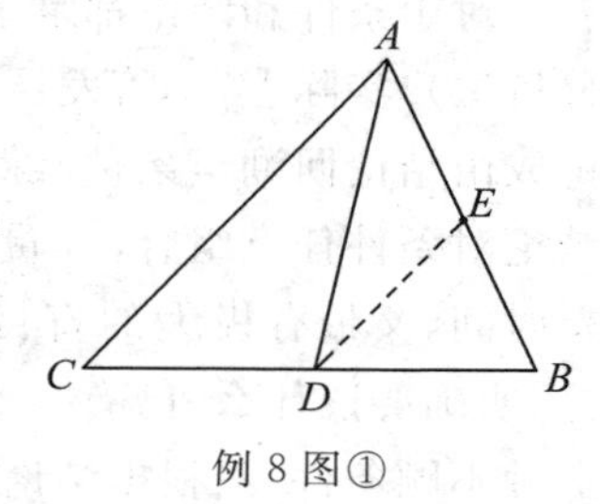

例 8 图①

$\frac{BE}{ED}=\frac{BA}{AC}$.

证法 2：和上面的想法一致，还有另一条辅助线，也可以有效地转化结论.

如例 8 图②，过 C 作 $CE /\!/ DA$，交 BA 的延长线于 E. 因为 $CE /\!/ DA$，所以 $\angle 1=\angle E$，$\angle 2=\angle 3$；又因为 $\angle 1=\angle 2$，所以 $\angle E=\angle 3$，所以 $AE=AC$，因为 $CE /\!/ DA$，所以 $\frac{BD}{DC}=\frac{BA}{AE}$，所以 $\frac{BD}{DC}=\frac{BA}{AC}$.

证法 3：线段之比有时候还可以转化成三角形的面积之比.

$\triangle ABD$ 与 $\triangle ACD$ 中，由于 A 到 BD，CD 的距离相同，故二者面积之比为 $\frac{BD}{CD}$. 在 $\triangle ABD$ 与 $\triangle ACD$ 中，由于 D 到 AB，AC 的距离相等，故二者面积之比为 $\frac{BA}{AC}$，所以 $\frac{BD}{DC}=\frac{BA}{AC}$.

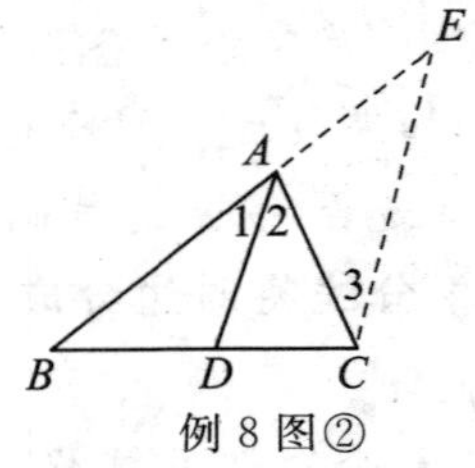

例 8 图②

说明：请看本题的三种证明方法，都是通过转化结论而获得的. 通过对结论的分析，结合条件，借助辅助线，我们完成了对结论的转化和简化，从而精准地得到了问题的解决思路.

三、综合分析

对于条件和结论都复杂的问题，一般是上述两种方法的结合运用(综合分析法). 实际上，不管发展条件还是转化结论，都不是单纯地由条件导出结论或由结论回溯至条件. 综合法的推理方向，要体现结论的需要. 那种不顾结论对条件任意组合，大量地、无目的地推导过渡性结论的解题方法，既浪费时间，又带有极大的盲目性；同样，分析法也要结合条件，充分地分析结论，明确要证什么、已有什么、还需要什么，瞻前顾后，逐步靠近条件；相反，那种不顾条件、只根据结论便划定需证需求范围从而逐个试探的方法，搜索范围太大. 不确定探索方向，无异于盲人骑瞎马，做题效率是很低的.

例 9　**如例 9 图，已知 $AB \parallel EF \parallel CD$，$AB=20$，$CD=80$，$BC=100$，那么 EF 的值是（　　）**

A. 10　　　　**B. 12**

C. 16　　　　**D. 18**

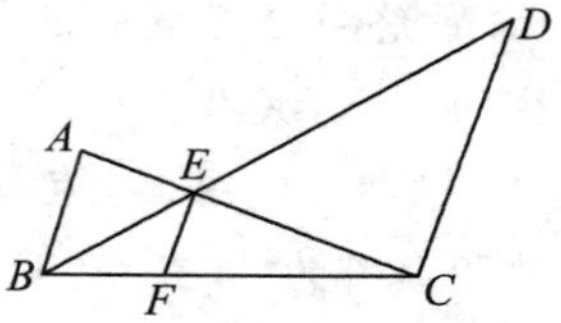

例 9 图

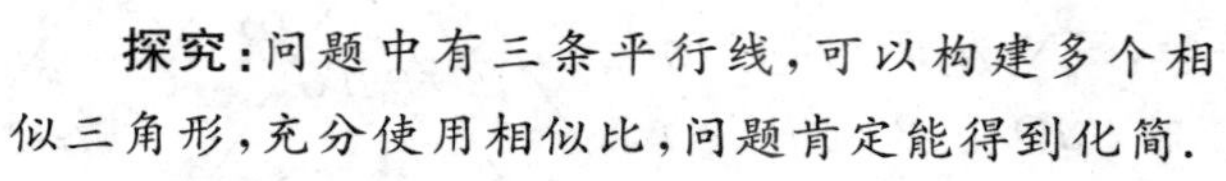

探究：问题中有三条平行线，可以构建多个相似三角形，充分使用相似比，问题肯定能得到化简.

因为 $AB \parallel CD$，所以 $\triangle EAB \backsim \triangle ECD$，所以 $\frac{BE}{ED}=\frac{AB}{CD}=\frac{20}{80}=\frac{1}{4}$①（发展条件）；

应该关注结论的要求，即 EF.

同样，因为 $EF \parallel CD$，所以 $\triangle BEF \backsim \triangle BDC$，所以 $\frac{EF}{CD}=\frac{BE}{BD}$ ②（转化结论）；

要求 EF，只要在②中求出 $\frac{BE}{BD}$ 即可（瞻前顾后），

而由①知 $\frac{BE}{ED}=\frac{1}{4}$，又因为 B,E,D 三点共线，所以 $\frac{BE}{BD}=\frac{1}{5}$（建立联系），

所以 $\frac{EF}{CD}=\frac{1}{5}$，又 $CD=80$，所以 $EF=16$.

说明：尽管本题简单，但是我们在对条件和结论的综合分析中获得了越来越多的信息，这样，通向结论的路径越来越清晰了.

问题升级：如果 $\triangle EAB$ 的面积为 S，你能求出图中其他三角形的面积吗？

例 10　**如例 10 图①，已知等边 $\triangle ABC$ 的高为 4，在这个三角形所在的平面内有一点 P，若点 P 到 AB 的距离是 1，点 P 到 AC 的距离是 2，这样的点 P 共有多少个？求出它到 BC 的最小距离和最大距离.**

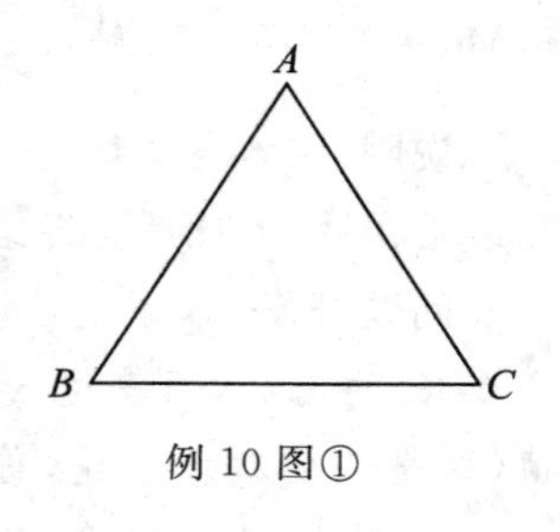

例 10 图①

探究：我们先从发展条件开始，这样可以得到很多有用的过渡性结论：等边 $\triangle ABC$ 的高为 4，则其边长为 $\frac{8\sqrt{3}}{3}$. P 点的运动状态比较复杂，可以根据题意画出相应的图形，一步步地发展.

若点 P 到 AB 的距离是 1，则点 P 在与 AB 平行且距离为 1 的两条直线上；若点 P 到 AC 的距离是 2，则点 P 在与 AC 平行且距离为 2 的两条直线

上. 最终符合题意的点 P 应该是上述四条直线产生的交点, 共有 4 个.

如例 10 图②, 直线 DM 与直线 NF 与 AB 的距离都为 1, 直线 NG 与直线 ME 与 AC 的距离都为 2. 当 P 与 N 重合时, HN 为 P 到 BC 的最小距离; 当 P 与 M 重合时, MQ 为 P 到 BC 的最大距离.

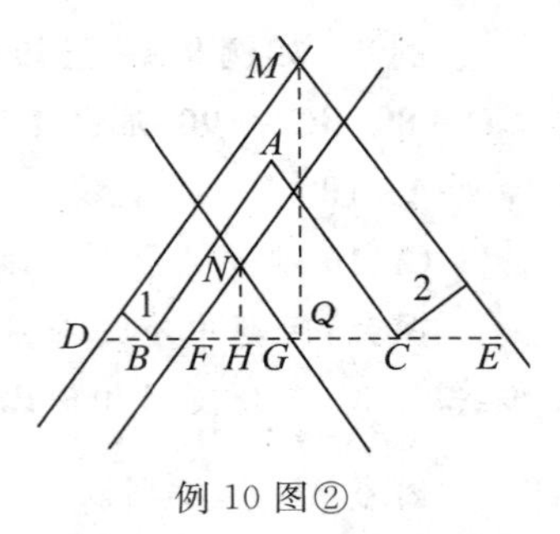

例 10 图②

发展条件初见成效, 我们再去转化结论.

在刚才直线的平移过程中, 几乎所有的夹角都是不变的, 所以图形中的三角形几乎都是等边三角形.

我们要求的垂线段 HN 和 MQ 分别是等边三角形 $\triangle NFG$ 与 $\triangle MDE$ 的高, 所以只要搞定这两个三角形的边长即可.

在对应的直角三角形中, $DB=FB=\dfrac{1}{\sin 60^\circ}=\dfrac{2\sqrt{3}}{3}$, $CE=CG=\dfrac{2}{\sin 60^\circ}=\dfrac{4\sqrt{3}}{3}$, 所以 $DE=DB+BC+CE=\dfrac{2\sqrt{3}}{3}+\dfrac{8\sqrt{3}}{3}+\dfrac{4\sqrt{3}}{3}=\dfrac{14\sqrt{3}}{3}$, $FG=BC-BF-CG=\dfrac{2\sqrt{3}}{3}$, 所以在两个等边三角形 $\triangle NFG$ 与 $\triangle MDE$ 中, $NH=\dfrac{\sqrt{3}}{2}FG=1$, $MQ=\dfrac{\sqrt{3}}{2}DE=7$, 则点 P 到 BC 的最小距离和最大距离分别是 1, 7.

说明: 在本题的解题过程中, 发展条件在前, 为我们做好了充分的功课; 转化结论在后, 为最后获得结论的探索指明了方向. 二者相辅相成, 相得益彰.

问题开发: 本题还可以用等面积法获得结论: 到底边距离最小的点 P 在 $\triangle ABC$ 的内部, 而等边三角形内部的点到三条边所在直线的距离之和为定值(这是一个二级结论, 你可以试试证明一下); 到底边距离最大的点 P 在 $\triangle ABC$ 的外部的 M 处, 而 $\triangle MBC$ 的面积等于 $\triangle MAB$, $\triangle MAC$ 与 $\triangle ABC$ 的面积之和. 你也试试呗.

例 11　在发生某公共卫生事件期间, 有专业机构认为该事件在一段时间内没有发生大规模群体感染的标志为"连续 10 天, 每天新增疑似病例不超过 7 人". 根据过去 10 天甲、乙、丙、丁四地新增疑似病例数据, 一定符合该标志的是(　　)

A. 甲地: 总体均值为 3, 中位数为 4;

B. 乙地:总体均值为1,总体方差大于0;

C. 丙地:中位数为2,众数为3;

D. 丁地:总体均值为2,总体方差为3.

探究:根据题目给的信息可知,连续10天内,每天的新增疑似病例不能超过7.

选项A中,总体均值为3,中位数为4,可能存在大于7的数,只要前9个数据尽量小即可.0,0,0,0,4,4,4,4,4,10就是一组反例.

同理,在选项C中也可能存在大于7的数:0,0,1,1,2,2,3,3,3,9是一组反例.

选项B中,也可能存在大于7的数,只要前9个数据尽量小即可.比如,0,0,0,0,0,0,0,0,0,10,显然存在大于7的数.

选项D中,根据方差公式,如果有大于7的数存在,这个数至少为8,那么方差为$\frac{(8-2)^2}{10}>3$,得到矛盾的结果,所以假设错误,故答案选D.

说明:选择题的解法就是应该关注结论,在条件和结论的结合中寻找问题的突破口.

排除法是选择题的解法之一,否定了三个选项,那就肯定了一个选项.要否定一个结论,就应该找到一个反例,反例的标志就是它能满足条件,但是它却不能让结论成立.反例的取得,往往可以"矫枉过正",在满足条件的极端边界处,进行搜索确定,也就是在条件和结论的综合信息中进行分析,做到条件结论兼顾.

例12 二次函数$y=2x^2-2(k-5)x-3k+31$.对于任意一个实数k,都对应不同的抛物线.

(1) 求证:所有这样的抛物线都经过同一个定点P,并求出点P的坐标;

(2) 求证:所有这样的抛物线的顶点都在同一条抛物线上,并求出该抛物线的函数表达式;

(3) 求出所有的k,使得$y=2x^2-2(k-5)x-3k+31$与x轴的两个交点的横坐标皆为整数.

探究:(1) 可以将函数表达式重组一下,让含常数k的项分在一组,其他的项分在另一组:

$y=-k(2x+3)+(2x^2+10x+31)$.

很显然,当$2x+3=0$时,k就"失效了",即$x=-\frac{3}{2}$时,$y=\frac{41}{2}$,其图象过

定点$\left(-\frac{3}{2},\frac{41}{2}\right)$.

(2) 要证明:所有这样的抛物线的顶点都在同一条抛物线上,其实就是证明抛物线顶点的纵坐标 y 为横坐标 x 的二次函数.

抛物线的顶点为 $M(x,y)$,则 $x=\frac{k-5}{2}$,$y=\frac{-k^2+4k+37}{2}$.

联立上述等式消去 k 可得 $y=-2x^2-6x+16$,这就是顶点所在的抛物线.

另外,也可以求出三个具体的顶点坐标,进而得到过这三个点的抛物线,最后把顶点坐标的通式代入检验即可.

(3) 首先是否应该用韦达定理发展一下,从而取得一点阶段性成果呢?把能做的事情做好,是解出一个难题的必要条件.

设原方程的两根为 x_1,x_2,则 $x_1+x_2=k-5$,$x_1x_2=\frac{31-3k}{2}$.

由于方程的根为整数,所以 k 不仅为整数,而且是奇数.

由求根公式得 $x=\frac{k-5\pm\sqrt{k^2-4k-37}}{2}$.

当我们面对一个复杂结构的时候,耐心分析其结构特征,力图从中发现规律,是唯一正确的选择.

方程的根为整数,被开方数必须为正整数.面对 $k^2-4k-37$,我们只能委托配方法.

$k^2-4k-37=(k-2)^2-41=n^2$(引进新字母、构建等式经常是我们解决问题时思考的方向).

移项可得$(k-2)^2-n^2=41$,所以$(k-2-n)(k-2+n)=41$——质数,

所以$\begin{cases}k-2-n=\pm1,\pm41\\k-2+n=\pm41,\pm1\end{cases}$,两式相加可得,$k=23$ 或 -19.

说明: 问题(1)中,适当改变一下函数表达式的结构,重组一下就能推陈出新,找出进一步解决问题的思路.

问题(2)中把结论进行转化,要证明所有这样的抛物线的顶点都在同一条抛物线上,其实就是证明抛物线顶点的纵坐标 y 为横坐标 x 的二次函数.通过这样的转化,完成了整体思路的逆袭.

问题(3)在没有确定思路的情况下,用韦达定理发展条件获得了阶段性成果.

在最关键的时候,当我们断言判别式为完全平方数的时候,对其采用配

方，并且引进字母，让判别式等于一个完全平方数，使得问题变成了一个方程，最后通过移项，问题又产生了积极的变化——可以使用平方差公式．这样一来，我们就在不断求变中，获得新的发现，走向成功的概率不断增加．

例 13　**如例 13 图①，在平面直角坐标系 xOy 中，抛物线 $y=a(x+1)^2-3$ 与 x 轴交于 A,B 两点(点 A 在点 B 的左侧)，与 y 轴交于点 $C\left(0,-\frac{8}{3}\right)$，顶点为 D，对称轴与 x 轴交于点 H，过点 H 的直线 l 交抛物线于 P,Q 两点，点 Q 在 y 轴的右侧．**

(1) 当直线 l 将四边形 $ABCD$ 分为面积比为 $3:7$ 的两部分时，求直线 l 的函数表达式；

(2) 当点 P 位于第二象限时，设 PQ 的中点为 M，点 N 在抛物线上，则以 DP 为对角线的四边形 $DMPN$ 能否为菱形？若能，求出点 N 的坐标；若不能，请说明理由．

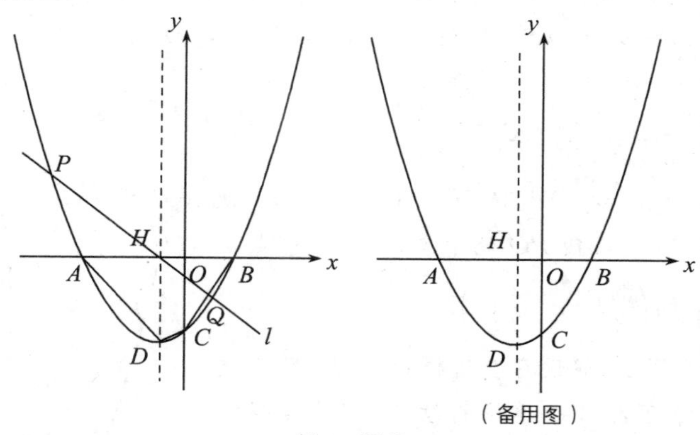

例 13 图①

探究：(1) 首先要化简题目条件，最大限度地求出相关点的坐标、直线和抛物线的方程．

将点 $C\left(0,-\frac{8}{3}\right)$代入二次函数表达式，可得 $a=\frac{1}{3}$．此时 $y=\frac{1}{3}(x+1)^2-3$，进而容易得到 $D(-1,-3)$，$A(-4,0)$，$B(2,0)$．

因为 $S_{\triangle ADH}=\frac{1}{2}\times3\times3=\frac{9}{2}$，$S_{梯形OCDH}=\frac{1}{2}\times\left(\frac{8}{3}+3\right)=\frac{17}{6}$，$S_{\triangle BOC}=\frac{1}{2}\times2\times\frac{8}{3}=\frac{8}{3}$，所以 $S_{四边形ABCD}=10$．

从前三个面积比例分析可知，当直线 l 将四边形 $ABCD$ 分为面积比为 $3:7$的两部分时，直线 l 只能与边 AD 或边 BC 相交，这就为后面的深入求解指明了方向.

所以有两种情况:

①当直线 l 与边 AD 相交于点 M_1 时,则 $S_{\triangle AHM_1}=\frac{3}{10}\times10=3$,所以 $\frac{1}{2}\times3\times(-y_{M_1})=3$,所以 $y_{M_1}=-2$. 点 $M_1(-2,-2)$. 过点 $H(-1,0)$ 和 $M_1(-2,-2)$ 的直线 l 的解析式为 $y=2x+2$.

②当直线 l 与边 BC 相交于点 M_2 时,同理可得点 $M_2\left(\frac{1}{2},-2\right)$,过点 $H(-1,0)$ 和 $M_2\left(\frac{1}{2},-2\right)$ 的直线 l 的解析式为 $y=-\frac{4}{3}x-\frac{4}{3}$.

综上,直线 l 的函数表达式为 $y=2x+2$ 或 $y=-\frac{4}{3}x-\frac{4}{3}$.

(2) 设过点 $H(-1,0)$ 的直线 PQ 的解析式为 $y=kx+b$,所以 $-k+b=0$,所以 $b=k$,所以 $y=kx+k$. 设 $P(x_1,y_1)$,$Q(x_2,y_2)$.

由 $\begin{cases}y=kx+k\\y=\frac{1}{3}x^2+\frac{2}{3}x-\frac{8}{3}\end{cases}$,可得 $\frac{1}{3}x^2+\left(\frac{2}{3}-k\right)x-\frac{8}{3}-k=0$,

所以 $x_1+x_2=-2+3k$,$y_1+y_2=kx_1+k+kx_2+k=3k^2$,

因为点 M 是线段 PQ 的中点,所以由中点坐标公式可知 $M\left(\frac{3}{2}k-1,\frac{3}{2}k^2\right)$.

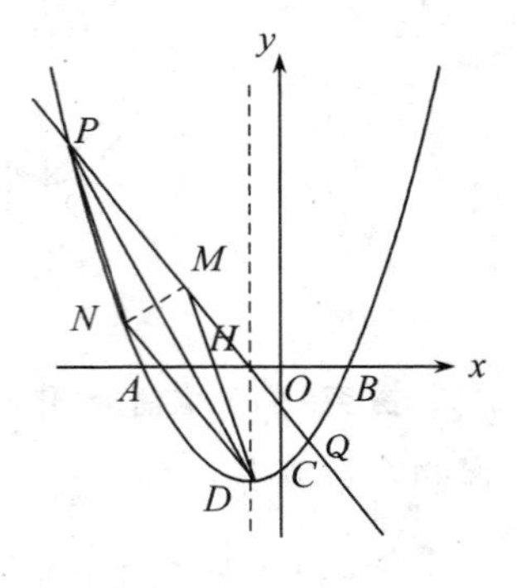

例 13 图②

如例 13 图②,假设存在这样的 N 点,则直线 DN 为 PHQ 下移 3 个单位的结果,可设其解析式为 $y=kx+k-3$.

由 $\begin{cases}y=kx+k-3\\y=\frac{1}{3}x^2+\frac{2}{3}x-\frac{8}{3}\end{cases}$,可得 $x^2+(2-3k)x+(1-3k)=0$,即 $(x+1)(x-3k+1)=0$,可以解得 $x_1=-1$,$x_2=3k-1$,所以 $N(3k-1,3k^2-3)$.

问题开发:该方程组必有一组解为点 D 的坐标,韦达定理可以发挥较大作用. 你试一下,可能没有必要硬干.

因为四边形 $DMPN$ 是菱形,所以 $DN=DM$,所以 $(3k)^2+(3k^2)^2=\left(\frac{3k}{2}\right)^2+\left(\frac{3}{2}k^2+3\right)^2$,整理得 $3k^4-k^2-4=0$,$(k^2+1)(3k^2-4)=0$,$3k^2-4=$

$0, k=\pm\frac{2\sqrt{3}}{3}$. 因为 $k<0$，所以 $k=-\frac{2\sqrt{3}}{3}$，代回原方程组不难得到 $P(-3\sqrt{3}-1, 6)$.

又 $M(-\sqrt{3}-1, 2)$，$N(-2\sqrt{3}-1, 1)$，所以 $PM=DN=2\sqrt{7}$，因为 $PM // DN$，所以四边形 $DMPN$ 是平行四边形. 因为 $DM=DN$，所以四边形 $DMPN$ 为菱形，所以 DP 为对角线的四边形 $DMPN$ 能成为菱形. 此时，点 N 的坐标为 $(-2\sqrt{3}-1, 1)$.

说明：充分地利用题目所给信息，化简条件和结论中那些复杂而多项的内容，不管是求函数表达式，还是求相关点的坐标，甚至联立方程组求解，都会使我们的思路更加清晰.

最后一问是条件探究型问题，我们对结论进行了充分的等价转化，在化简中转化，在转化中化简，在所有的方程获得解决之后，最后验证结论也是将结论的应用达到了充分的地步. 经过了这些步骤，我们获得结论成立的条件，能够完整地解决该问题.

综合分析是初等数学的基本研究方法之一，而其主要形式是不断化简，发展条件与转化结论相辅相成，这是解题的基本原则. 一方面，只有对问题的条件和结论不断化简，才能对其进行深刻的综合分析；另一方面，只有综合分析，才能为进一步化简指明方向. 通过这种双向反馈，可以对解题过程不断做出肯定或否定的评价，使解题在不断调控的过程中沿着正确的方向前进.

四、转化与求变

数学问题是千变万化的，要摒弃那种静止的、一成不变的思维模式. 这种思维模式是不会给我们带来新发现的，要主动求变. 其实，很多具有挑战性的问题，我们不能洞察它们的基本思路，只能在不断发展变化过程中，发现正确的思维方向；有时候还要在发展变化的过程中，不断调控或者改变解题的方式和方向.

主动创新，积极变化，是做好所有事情的基本方法，数学研究也不例外. 很多数学题目，在你没有明确思路的情况下，就像在黑夜里前行，最有效的方法就是大胆创新求变，改变原来问题的结构特征，把那些力所能及的工作做完，力争使自己有所作为；哪怕是一丁点举措，也可能使问题产生积极的变化，从而觅得一线生机.

换个角度会怎么样？变换问题的观察角度，也可能让你发现不一样的风景.

很多时候，我们都要通过问题的转化，将其变成一个标准性问题. 通过积极求变，才能有新的发现. 只要推陈出新，必定能开阔视野而打开新的局面.

要完成对难题的逆袭，积极主动的心态和发展求变的措施缺一不可.

例 14　在一块钢板上切割出一块特殊的三角形，设计要求是有一个内角为 120°且三条边长依次递增 4 cm，求该三角形的周长和面积.

探究：如例 14 图，$\angle ABC=120^\circ$，可设 $AB=x$，$BC=x+4$，$AC=x+8$.

过 A 作 $AD\perp CB$，交 CB 的延长线于 D.

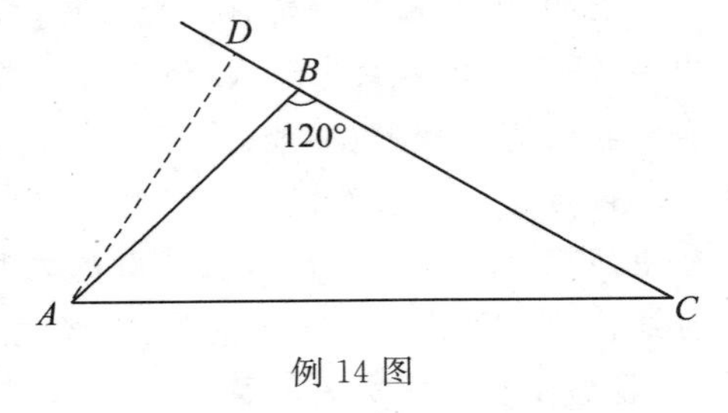

例 14 图

在 Rt△ABD 中，$\angle ABD=60^\circ$，

所以 $BD=\frac{x}{2}$，$AD=\frac{\sqrt{3}x}{2}$.

Rt△ACD 中，由勾股定理可得

$\left(x+4+\frac{x}{2}\right)^2+\left(\frac{\sqrt{3}x}{2}\right)^2=(x+8)^2$，

解得 $x_1=6$，$x_2=-4$（舍）.

所以，三角形的周长和面积分别为 30 cm，$15\sqrt{3}$ cm^2.

说明：几乎所有的平面几何计算问题都是先转化成直角三角形的间距，然后利用勾股定理结合三角函数，再将问题标准化，最后完成解题.

例 15　如例 15 图，图中的三块阴影部分由两个半径为 1 的圆及其外公切线分割而成，如果中间一块阴影的面积等于上、下两块阴影面积之和，则这两圆的公共弦长是(　　)

A. $\frac{\sqrt{5}}{2}$　　**B.** $\frac{\sqrt{6}}{2}$　　**C.** $\frac{1}{2}\sqrt{25-\pi^2}$　　**D.** $\frac{1}{2}\sqrt{16-\pi^2}$

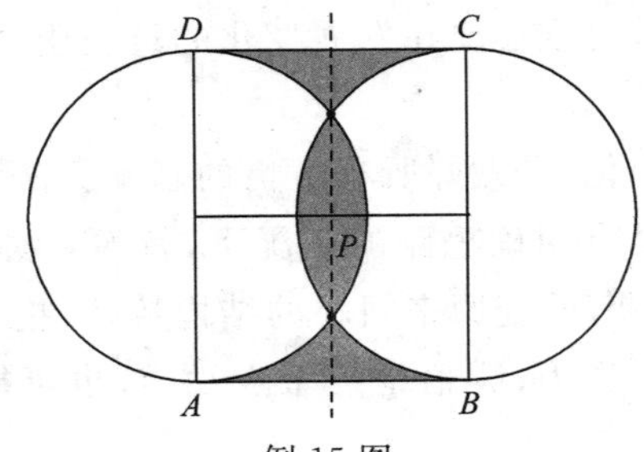

例 15 图

探究:(针对阴影图形进行割补)

因为中间一块阴影的面积等于上、下两块阴影面积之和,所以两圆的公共弦所在直线与连心线将阴影分为等面积的八部分.通过进一步割补可知,矩形$ABCD$的面积等于圆的面积.

发展这个发现可得$\pi\times1^2=2AB$,所以$AB=\frac{\pi}{2}$.

由垂径定理可得弦心距,公共弦的一半与半径构成直角三角形,所以公共弦为$2\sqrt{1^2-\left(\frac{\pi}{4}\right)^2}=2\times\frac{\sqrt{16-\pi^2}}{4}=\frac{\sqrt{16-\pi^2}}{2}$.

说明:非规则几何图形的体积和面积,往往是利用图形的对称全等等性质,通过割补法,将其转化为规则几何图形的体积和面积.

例 16　如例 16 图①,在平面直角坐标系中,直线 $y=-3x+3$ 与 x 轴、y 轴分别交于 A,B 两点,以 AB 为边在第一象限作正方形 $ABCD$,点 D 恰好在某一条双曲线上.将正方形 $ABCD$ 沿 x 轴负方向平移 a 个单位长度后,点 C 也落在双曲线上,则 a 的值是(　　)

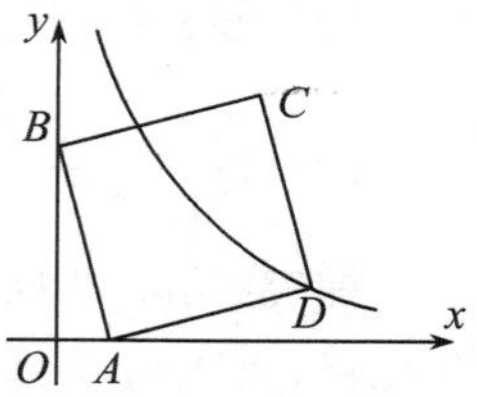

A. 1　　　　**B.** 2

C. 3　　　　**D.** 4

例 16 图①

探究:本题中有两个未知数 a 和 k,思路不明确,只有充分地转化求变,才能在变化过程中逐步明确,找到解题的大方向.

首先,易得 $A(1,0)$,$B(0,3)$.

考虑到坐标系和正方形的背景,可以由 C,D 分别作坐标轴的垂线,进行必要的试探,希望能由此求出它们的坐标.

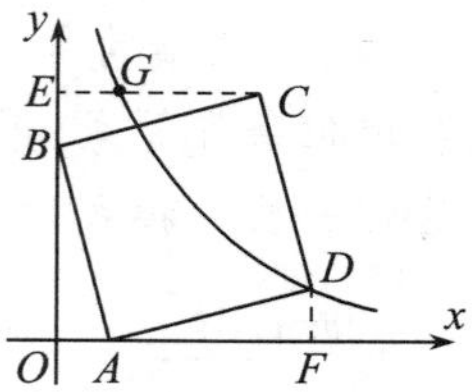

如例 16 图②,作 $CE\perp y$ 轴于点 E,交双曲线于点 G.作 $DF\perp x$ 轴于点 F.

例 16 图②

因为$\angle BAD=90^\circ$,所以$\angle BAO+\angle DAF=90^\circ$;又因为直角$\triangle ABO$中,$\angle BAO+\angle OBA=90^\circ$,所以$\angle DAF=\angle OBA$,

所以$\triangle OAB\cong\triangle FDA$(AAS).

同理,$\triangle OAB\cong\triangle FDA\cong\triangle BEC$,所以 $AF=OB=EC=3$、$DF=OA=BE=1$,所以 $D(4,1)$,$C(3,4)$.

设双曲线表达式为 $y=\frac{k}{x}$. 将 $D(4,1)$ 代入得 $k=4$, 则函数的解析式是 $y=\frac{4}{x}$.

因为 $OE=4$, 所以 C,G 的纵坐标都是 4; 把 $y=4$ 代入 $y=\frac{4}{x}$, 得 $x=1$. 即 $G(1,4)$, 所以 $CG=2$, 故答案为 2.

说明: 在困境之中, 不要轻言放弃, 最大限度地对当前的研究对象施加影响, 在问题的最近发展区充分释放自己的能量, 其效果很可能出乎你的想象.

做, 总有收获; 变, 就有新发现. 这是人生的哲理, 也是数学研究的原则.

例 17　已知 x,y,z 为非零实数.

(1) 若 $x+y+z=0$, 求证 $\frac{x}{y+z}+\frac{y}{z+x}+\frac{z}{x+y}=-3$;

(2) 若 $\frac{x}{y+z}+\frac{y}{z+x}+\frac{z}{x+y}=1$, 求 $\frac{x^2}{y+z}+\frac{y^2}{z+x}+\frac{z^2}{x+y}$ 的值.

探究: 消元以后肯定离结论更近了, 把分母的多项式化为单项式也是一种化简, 以上两项都是积极的变化.

(1) 因为 $x+y+z=0$, 所以 $x+y=-z$, $y+z=-x$, $z+x=-y$,

则 $\frac{x}{y+z}+\frac{y}{z+x}+\frac{z}{x+y}=\frac{x}{-x}+\frac{y}{-y}+\frac{z}{-z}=-3$.

(2) 综合考察条件和结论的结构信息, 要完成条件向结论的转化, 似乎应该把条件等式(第一小题的结论)的两边同时乘以某一个代数式, 兼顾到这是一些轮换式, x,y,z 有同等的地位, 应该考虑两边同时乘以 $x+y+z$,

即 $\left(\frac{x}{y+z}+\frac{y}{z+x}+\frac{z}{x+y}\right)(x+y+z)=x+y+z$.

化简过程中, 应该尽量多地使用抵消约分等化简方式; 也就是说, 根据分母的信息, $x+y+z$ 可以是 $x+(y+z)$, 也可以是 $(z+x)+y$, 还可以是 $(x+y)+z$, 即 $\frac{x^2}{y+z}+x+\frac{y^2}{z+x}+y+\frac{z^2}{x+y}+z=x+y+z$,

所以 $\frac{x^2}{y+z}+\frac{y^2}{z+x}+\frac{z^2}{x+y}=0$.

说明: 创新求变, 其实还是应该紧紧围绕题目的条件和结论展开; 如果不能直达目标, 也要在其周边把力所能及的事情做好. 量变肯定能引起质

变. 这也是数学研究和探索的一项原则.

另外,第二小题也可以在转化结论方面创新求变. 在这个过程中,兼顾条件的特征,也可以达成目标.

考虑条件$\frac{x}{y+z}+\frac{y}{z+x}+\frac{z}{x+y}=1$的特征:

$$\text{原式}=\frac{x^2}{y+z}+\frac{y^2}{z+x}+\frac{z^2}{x+y}=x\frac{x}{y+z}+y\frac{y}{z+x}+z\frac{z}{x+y}$$

$$=x\left(1-\frac{y}{z+x}-\frac{z}{x+y}\right)+y\left(1-\frac{x}{y+z}-\frac{z}{x+y}\right)+z\left(1-\frac{x}{y+z}-\frac{y}{z+x}\right)$$

$$=x+y+z-\frac{xz+yz}{x+y}-\frac{xy+xz}{y+z}-\frac{xy+zy}{z+x}=x+y+z-z-x-y=0.$$

耐心求变,结论条件兼顾,也能有一个完美的结局.

例 18　我们知道,连续的正整数 $k,k+1,k+2,\cdots,k+m$,全体的平均数等于其中最大者和最小者的平均数,即平均数可以通过一组数据求和的方式来获得.

小明将 $1,2,3,\cdots,n$ 这 n 个数输入电脑求其平均值. 当他认为输完时,电脑上只显示输入$(n-1)$个数,且平均值为 30.75. 假设这$(n-1)$个数输入无误,求漏输入的数.

探究: 要求漏输入的数,一般来说,应该列出其方程,但是在本题中很难做到,因为我们不知道漏掉的是哪一个数,所以只能在问题的"外围"做一些力所能及的发展和变化.

如果漏掉的数是最大的 n,则它们的和为:

$1+2+\cdots+(n-1)=\frac{(n-1)n}{2}$(平均数为$\frac{n}{2}$,将加法运算升级为乘法运算);

同样,如果漏掉的数是最小的 1,则它们的和为:

$2+3+\cdots+n=\frac{(n-1)(n+2)}{2}$(平均数为$\frac{n+2}{2}$,将加法运算升级为乘法运算).

而输入的那些数的总和 $30.75(n-1)$应该介于上述两个数之间,即:

$$\frac{(n-1)n}{2}\leqslant 30.75(n-1)\leqslant\frac{(n-1)(n+2)}{2},$$

所以$\frac{n}{2}\leqslant 30.75\leqslant\frac{n+2}{2}$,即 $59.5\leqslant n\leqslant 61.5$,所以 $n=60$ 或 61.

因为 $30.75(n-1)$ 是整数，所以 $n=61$.

所以，漏输入的数为 $1+2+3+\cdots+61-30.75\times(61-1)=\frac{61\times62}{2}-30.75\times60=46$.

说明：在列方程不能搞定的情况下，我们退而求其次，构建一个不等式组，对问题进行必要的变化，从而锁定所求元素的范围. 打开问题的突破口之后，我们终于可以进入确定性的研究方向了.

例 19　已知 α，2α 都是锐角，求证：$\tan 2\alpha=\frac{2\tan\alpha}{1-\tan^2\alpha}$.

探究：观察结论，这是一个三角函数问题，那最好将其归结到直角三角形中. 但是，如果看到条件，我们也能受到启发，这可能是一个角平分线问题. 所以我们做出右边的直角三角形（例 19 图①）.

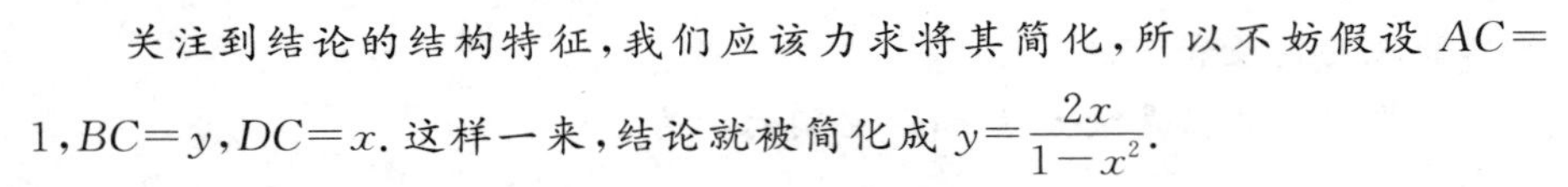

例 19 图①

如例 19 图②，在 Rt$\triangle ABC$ 中，$\angle A=2\alpha$，$\angle A$ 的平分线交 BC 于 D.

在 Rt$\triangle ABC$ 中，$\tan 2\alpha=\frac{BC}{AC}$.

在 Rt$\triangle ADC$ 中，$\tan\alpha=\frac{DC}{AC}$.

关注到结论的结构特征，我们应该力求将其简化，所以不妨假设 $AC=1$，$BC=y$，$DC=x$. 这样一来，结论就被简化成 $y=\frac{2x}{1-x^2}$.

要证明它，我们应该试图找到 x 与 y 的等量关系，而这只能依赖于发展条件.

因为 D 在 $\angle A$ 的平分线上，D 到 AC 的距离为 x，

所以 D 到 AB 的距离也为 x.

过 D 作 $DE\perp AB$ 于 E，我们立刻可以发现一对相似三角形：$\triangle BAC\backsim\triangle BDE$.

继续发展条件：$AB=\sqrt{y^2+1}$，$BD=y-x$. 所以 $\frac{1}{x}=\frac{\sqrt{y^2+1}}{y-x}$.

去分母、去根号永远是一种化简措施：$y^2-2xy+x^2=x^2(y^2+1)$.

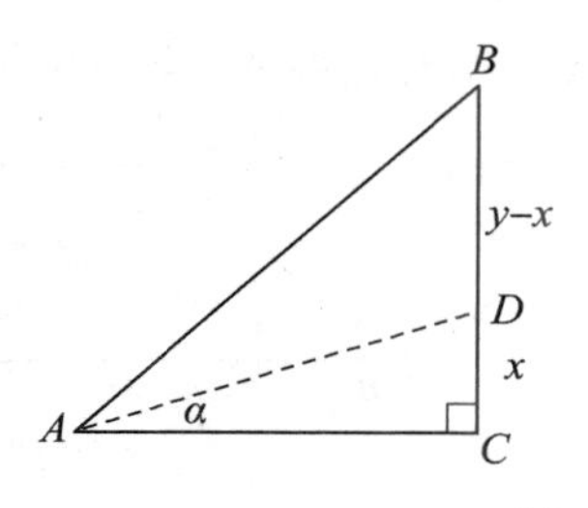

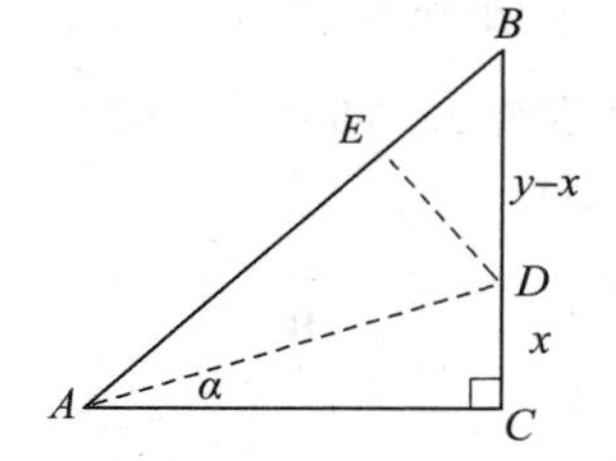

例 19 图②

显然这个等式可以抵消约分，这又是一个化简措施，我们离结论可能越来越近了：$y-2x=x^2y$.

从中解出 y 就应该得到结论. 你来试试！

说明：这个问题极富创造性. 我们在发展条件与转化结论之间做到了兼顾，在二者之间的不断跳转中，把三角函数的证明转化成了一个几何问题，进而又转化成了一个代数恒等式的证明，逐步靠近问题的核心思路，将三角函数问题转化成了一个代数式的推算. 其中，假设 $AC=1$，看似一个不起眼的小小的简化，却起到了防患于未然的作用，为后来的代数运算省去了一个大麻烦.

另外，在发展条件的时候，我们也可以借助于角平分线的另一性质，角平分线 AD 将 BC 分成的两条线段之比等于两条邻边之比，所以 $\frac{y-x}{x}=\frac{\sqrt{y^2+1}}{1}$，对它进行化简，几乎用同样的方法也可以得到结论.

五、充分应用条件的原则

一般来说，数学问题中的条件是完备的、有用的，只有让它们发挥应有的作用，问题才能获得解决.

在对问题进行分析时，力求使得两项以上的条件结合，产生新的过渡性结论；或者根据结论和某一项条件，确定好需求、需证的明确信息，使所用条件达到充分的地步，我们的数学研究就能够沿着正确的方向前进. 这样做下去，我们的每一步变换都是有效的，都有利于问题的解决.

当探索停滞不前的时候，看一下是否还有未使用的条件，将这个条件与你的研究成果结合，往往会有所突破.

例 20 如例 20 图，平行四边形 $ABCD$ 的对角线 AC 与 BD 相交于点 O，$AE \perp BC$，垂足为 E，$AB=\sqrt{3}$，$AC=2$，$BD=4$，则 AE 的长为（　　）

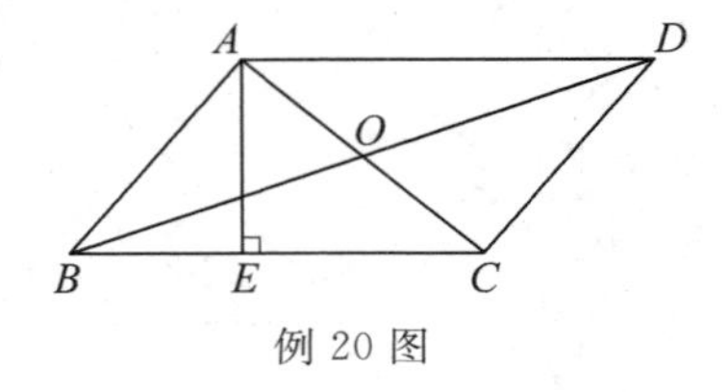

例 20 图

A. $\frac{\sqrt{3}}{2}$ 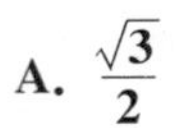　　B. $\frac{3}{2}$

C. $\frac{\sqrt{21}}{7}$　　D. $\frac{2\sqrt{21}}{7}$

探究：求 AE 的长，应该关注其所在的三角形（最好是将之置于一个直角三角形），但是其对应的直角三角形已知条件太少.

为了充分使用题目的条件，我们应该关注信息最丰富的 $\triangle OAB$：$AB=\sqrt{3}$，$OA=1$，$OB=2$，刚好符合勾股定理的逆定理，所以 $\triangle OAB$ 是直角三角形，进而 $\triangle ABC$ 也是直角三角形. 这样一来，作为斜边上的高，AE 就能较为容易地解决了，利用等面积法可得答案为 D.

说明：带着积极主动的心态，在充分使用条件的原则下去开发那些未知的图形，便会豁然开朗.

例 21 如例 21 图①，$\triangle ABC$ 内角 $\angle ABC$ 的平分线 BP 与外角 $\angle ACD$ 的平分线 CP 相交于 P，连接 AP，若 $\angle BPC=40^\circ$，求 $\angle CAP$ 的度数.

例 21 图①

探究：怎么才能获得结论呢？在思路未形成的情况下，我们只能去开发题目的条件：两条角平分线.

延长 BA，作 $PN \perp BD$，$PF \perp BA$，$PM \perp AC$，垂足分别为 N，F，M.

因为 BP 为 $\angle ABC$ 的平分线，所以 $PF=PN$；同理，$PN=PM$，

所以 $PF=PM$，所以 AP 为 $\angle FAC$ 的平分线.

可设 $\angle FAP=\angle CAP=x$.

要求出 $\angle CAP$ 的度数，须列出关于 x 的方程.

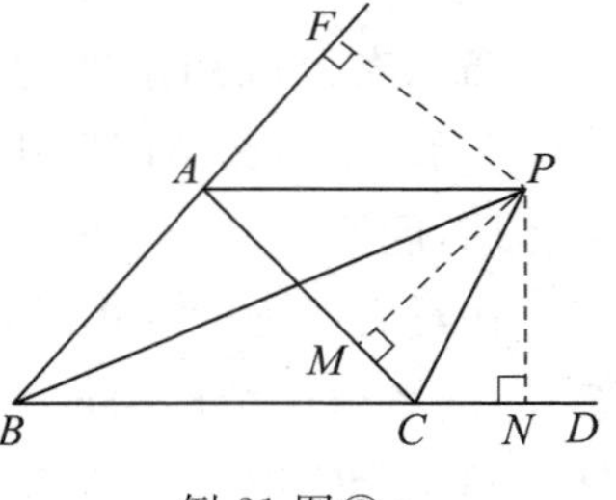

例 21 图②

可能要用到外角定理，也必须用上 40° 和两个角平分线的条件.

设 $\angle PBA=\angle PBC=y$，$\angle PCA=\angle PCD=z$.

在 $\triangle PBC$ 中，

$$z=y+40^\circ. \qquad ①$$

在$\triangle ABC$中，

$$2x=2y+(180°-2z).\qquad ②$$

消元总能更靠近结论.

将①代入②可得$x=50°$(本来只想消掉y,万万没想到,z也被消掉了,幸福来得有点突然!),所以$\angle CAP=50°$.

说明:这虽然令人难以置信,但不是巧合.充分使用问题的所有条件,最后得到问题的答案是必然的.

例 22　已知$a>b>c$,二次函数$y=ax^2+bx+c$的图象过点$(1,0)$,一次函数表达式为$y=-bx$.

(1) 求证:两个函数的图象有两个不同的交点A,B;

(2) 求$\frac{c}{a}$的取值范围;

(3) 过(1)中的两点A,B分别作x轴的垂线,垂足为A_1,B_1.求线段A_1B_1长的取值范围.

探究:(1) 首先耐心地发展条件,争取让每一个条件都能发挥作用.

因为$y=ax^2+bx+c$的图象过点$(1,0)$,

所以$a+b+c=0$,所以$b=-(a+c)$(以备消元之用).

又$a>b>c$,所以$a>0,c<0$.

由$\begin{cases}y=ax^2+bx+c\\y=-bx\end{cases}$得$ax^2+2bx+c=0$,

$\Delta=4b^2-4ac=4(-a-c)^2-4ac=4(a^2+ac+c^2)$.

要证明$\Delta>0$,只要证明$a^2+ac+c^2>0$即可,面对这个结构,我们应该考虑配方法.

$a^2+ac+c^2=\left(a+\frac{c}{2}\right)^2+\frac{3}{4}c^2>0$,所以$\Delta>0$,

即两函数的图象有两个不同的交点.

(2) 还是应该从充分使用条件开始,考虑到结论里面没有了b,我们应该消掉b.这样一来,条件$a>b>c$就变成$a>-a-c>c$了.

由$a>-a-c$可得$2a>-c$,所以$\frac{c}{a}>-2$;

由$-a-c>c$可得$-2c>a$,所以$\frac{c}{a}<-\frac{1}{2}$.

综上,$-2<\frac{c}{a}<-\frac{1}{2}$.

(3) 设方程 $ax^2+2bx+c=0$ 的两根为 x_1 和 x_2，

则 $x_1+x_2=-\frac{2b}{a}, x_1x_2=\frac{c}{a}$.

$|A_1B_1|^2=(x_1-x_2)^2=(x_1+x_2)^2-4x_1x_2$

$=\left(-\frac{2b}{a}\right)^2-\frac{4c}{a}=\frac{4b^2-4ac}{a^2}=\frac{4(-a-c)^2-4ac}{a^2}=\frac{4(a^2+ac+c^2)}{a^2}$.

为了充分让第二小题的过渡性结论(也是一种条件)发挥作用，上式应该化为：

$|A_1B_1|^2=4\left[\left(\frac{c}{a}\right)^2+\frac{c}{a}+1\right]=4\left[\left(\frac{c}{a}+\frac{1}{2}\right)^2+\frac{3}{4}\right]$.

因为 $-2<\frac{c}{a}<-\frac{1}{2}$，所以 $-\frac{3}{2}<\frac{c}{a}+\frac{1}{2}<0$，所以 $3<|A_1B_1|^2<12$，故 $\sqrt{3}<A_1B_1<2\sqrt{3}$.

说明：问题的解决，是条件和结论浑然天成的结果. 充分地发展条件，力求让每一个条件最大限度地发挥作用，问题的解决便是十分自然的事情.

若把解题比成“作战”，条件就如“后勤”，应该主动向“前线”提供源源不断的支援；如果这种支援不能精准投放，那么也应该将它们整理好，整齐有序地摆放在“前沿阵地”的旁边，最关键的时候，它们总能发挥作用. 数学解题也是这样，这既是一种研究方式，也是一种得分手段.

主动发展，和谐转化，既是人生之道，也是数学探究之法.“发展是硬道理”不仅是一句口号，也是初中数学的一个研究原则，尤其在你面对困难一筹莫展的时候.

例 23　如例 23 图①，抛物线 $y=ax^2+bx$ ($a>0$) 与双曲线 $y=\frac{k}{x}$ 相交于点 A，B. 已知点 A 的坐标为 $(1,4)$，点 B 在第三象限内，且 $\triangle AOB$ 的面积为 3(O 为坐标原点).

(1) 求实数 a，b，k 的值；

(2) 过抛物线上点 A 的直线 $AC\parallel x$ 轴，交抛物线于另一点 C，求所有满足 $\triangle EOC\backsim\triangle AOB$ 的点 E 的坐标.

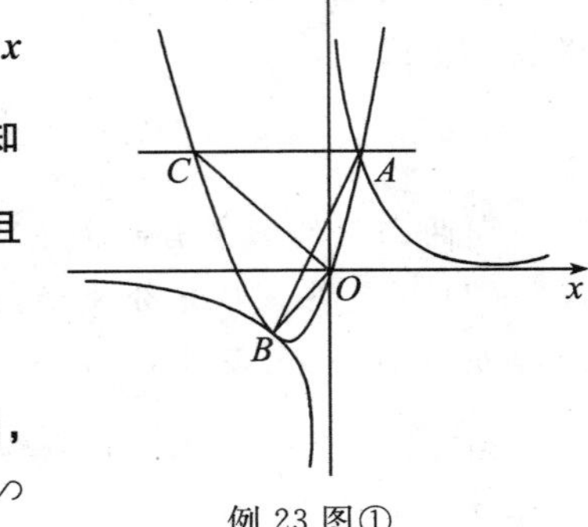

例 23 图①

探究：(1) 点 $A(1,4)$ 在双曲线 $y=\frac{k}{x}$ 上，故双曲线的函数表达式为 $y=\frac{4}{x}$.

要求实数 a,b 的值，需要搞定抛物线 $y=ax^2+bx$ 上的 A,B 两个点的坐标，而这就要用上"$\triangle AOB$ 的面积为 3"的条件来求得直线 AB 的方程；利用它与 y 轴的交点，可以将这个面积割补成规则图形.

设点 $B\left(t,\dfrac{4}{t}\right)$，$t<0$，$AB$ 所在直线的函数表达式为 $y=mx+n$，则有 $\begin{cases}4=m+n\\ \dfrac{4}{t}=mt+n\end{cases}$，解得 $m=-\dfrac{4}{t}$，$n=\dfrac{4(t+1)}{t}$.

于是，直线 AB 与 y 轴的交点坐标为 $P\left(0,\dfrac{4(t+1)}{t}\right)$，故 $S_{\triangle AOB}=S_{\triangle AOP}+S_{\triangle BOP}=\dfrac{1}{2}\times\dfrac{4(t+1)}{t}(1-t)=3$，整理得 $2t^2+3t-2=0$，解得 $t=-2$ 或 $t=\dfrac{1}{2}$（舍去）. 所以，点 B 的坐标为 $(-2,-2)$.

因为点 A,B 都在抛物线 $y=ax^2+bx$ 上，所以 $\begin{cases}a+b=4\\ 4a-2b=-2\end{cases}$，解得 $\begin{cases}a=1\\ b=3\end{cases}$.

(2) 条件、结论都很复杂，思路有些不清晰. 我们先从发展题目的条件开始，希望不断开发出问题的隐含条件并加以应用.

如例 23 图②，因为 $AC/\!/x$ 轴，所以 $C(-4,4)$，于是 $CO=4\sqrt{2}$. 又 $BO=2\sqrt{2}$，所以 $\dfrac{CO}{BO}=2$（相似比）.

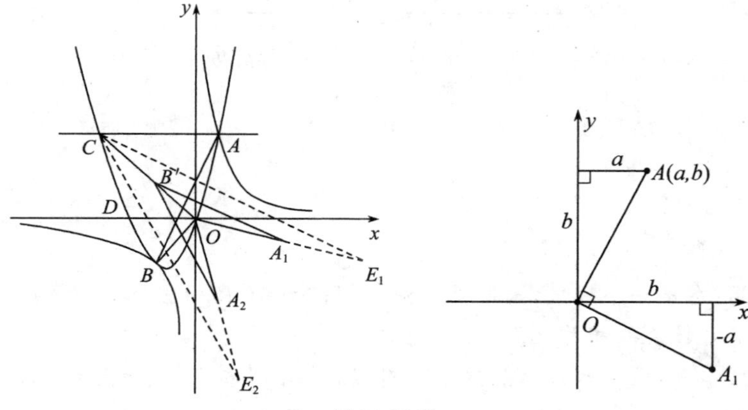

例 23 图②

抛物线与 x 轴负半轴交于点 $D(-3,0)$.

显然,$\triangle AOB$ 与 $\triangle EOC$ 均为钝角三角形.

直线 CO 的函数表达式为 $y=-x$,这是第二、四象限的平分线.结合图象可知,E 点肯定在第四象限,而且点 E 可能在直线 CO 的上方,也可能在直线 CO 的下方.

因为 $\angle COD=\angle BOD=45°$,所以 $\angle COB=90°$(两个相似三角形的对应点的关系被发现了).

① 将 $\triangle AOB$ 绕点 O 顺时针旋转 $90°$,得到 $\triangle B'OA_1$.

这时,点 B' 应该是 CO 的中点,坐标为 $(-2,2)$.

由 A,A_1 分别向 y 轴、x 轴作垂线,可以发现两个全等的直角三角形,由此可得:点 A_1 的坐标为 $(4,-1)$.

延长 OA_1 到点 E_1,使得 $OE_1=2OA_1$,这时点 $E_1(8,-2)$ 是符合条件的点.

② 作 $\triangle AOB$ 关于 x 轴的对称图形 $\triangle B'OA_2$,这时,点 $B'(-2,2)$ 落在 CO 上且是 CO 的中点;$A_2(1,-4)$;

延长 OA_2 到点 E_2,使得 $OE_2=2OA_2$,这时点 $E_2(2,-8)$ 是符合条件的点.

所以,点 E 的坐标是 $(8,-2)$ 或 $(2,-8)$.

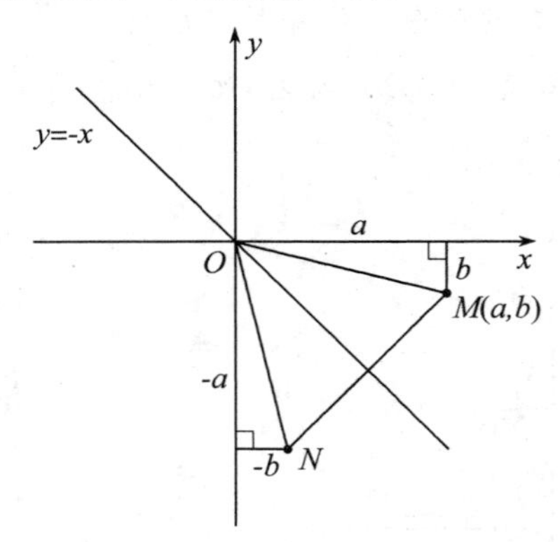

例 23 图③

说明:在第一小题里,采取割补法,巧用"$\triangle AOB$ 的面积为 3"的条件,简化了待定系数法的相关计算.

第二小题中,当我们感到迷茫的时候,结合图象变换、数形结合,让每一个条件都能最大限度地发挥作用,从而发现了不少隐含条件,进一步推进,

问题自然得到了解决.

另外,第二小题中的两个答案明显关于直线 CO(即第二、四象限角平分线)对称,如果发现这个隐含条件,问题还可以简化:如果 M,N 两点关于直线 $y=-x$ 对称,若 $M(a,b)$,则 $N(-b,-a)$(由 M,N 分别向 y 轴、x 轴作垂线,如例 23 图③,可以发现两个全等的直角三角形,由此可得上述结论).

对于很多数学问题,如果我们不能洞察它们的基本思路,对它们的研究就会像在黑夜里前行,无法提前确定每一步的具体方案. 但是,我们还是有自己的数学方法论的,那就是上面的五条基本原则. 数学研究有其固有的规律和方法,而这些规律和方法应该融入我们的数学观念和数学意识当中,在自己的数学学习过程当中要有意识地总结、积累、强化它们. 只有这样,才能提高数学研究的确定性,提高解题的自觉意识和目标意识,牢牢把握住解题的大方向.

数学观念、数学意识的形成,是一个有意识地主动生成的过程. 数学观念就是人们在数学实践当中形成的对数学相关问题的综合认识和价值判断. 观念体现方法、规律和原则,观念来自实践、感知和反省. 观念反映客观现实,数学观念能根据对客观现实的反映为实践操作确立目标和方法. 意识是人脑对客观事物间接的和概括的主观反映,是人脑对刺激的第一反应. 数学观念、数学意识是指铭刻于头脑中的数学思想、研究原则、推理方法,可以长期地在人的生活和工作中随时发生作用. 它不仅仅是一种知识内容,更是内化在我们认知体系中的鲜活理念和价值标准,不会随着时间的流逝而失去. 数学观念和数学意识是人所特有的对数学相关问题的高级心理反应形式,具有自觉性、主动性、创造性等特点,在数学问题的研究过程中,它们发挥着引导、调节、控制的作用. 希望本节的论述,会让你的数学研究更加自觉、更有方向感、更有确定性.

数学思考要坚持上述五条基本原则,数学解题的基本策略是发展条件、转化结论、综合分析、不断化简.

第二节 规律的发现和应用

一、知识方法提示

规律是客观事物内部的、本质的、必然的、稳定的联系，数学规律也是如此，它在数学问题、数学现象和数学探究中经常反复出现，只要我们不断实践、细心观察、耐心分析、反复总结，就一定能发现这些规律. 充分珍惜这些发现和总结，数学研究将如虎添翼.

无论是中考还是自主招生测试以及数学竞赛，不仅仅考查同学们的逻辑思维能力，还要考查大家的直觉思维能力，包括观察分析、类比归纳猜想和论证. 在数学探究中，应该不断地发现规律、总结规律、应用规律，这样应变能力和创新意识就会不断提升.

在数学探究中，应该大胆猜想、小心求证，对获得的结论和规律可以充分使用，使之能对目标问题的解决产生积极作用.

从个别事实概括出一般结论的推理，我们称之为归纳；由一类事物的某种性质猜测出与其类似的事物也具备这种特性的方法，我们称之为类比. 归纳和类比都是合情推理，都未必完全可靠，但是它们对很多数学问题的研究具有重要的启发和导向作用，它们都是本节的研究重点.

试验—猜想—分析—归纳—应用，这是此类问题的基本研究流程，可以借助于问题的特殊形态，从列举开始，从猜想入手，观察分析，逆向思维，归纳整合，不断揭示问题的规律，这也是对数学创新能力的考查方向.

本节对于概率和排列组合中的列举法、树状图也进行了专门的问题研究.

概率就是随机事件的可能性的数字化表示，它是目标事件数量与基本事件总量的比值，这种数量可能是个数(古典概型)，也可能是长度、面积或者体积(几何概型).

树状图和列举法是自主招生考试中求解概率问题的常用方法. 树状图多适用于无序的概率事件，利用它可以写出全部事件的可能. 列举法则注重发现规律，在列举中学会分类，将加法升级为乘法，将复杂问题分解为简单的子问题，是解决这类问题的基本策略.

二、例题探究

例 1　(1) 世界杯足球赛小组赛的积分方法如下:赢一场得 3 分,平一场得 1 分,输一场得 0 分. 某一组甲、乙、丙、丁 4 个队进行单循环赛,其中甲队可能的积分值有(　　)

A. 7 种　　B. 8 种　　C. 9 种　　D. 10 种

(2) 小明、小林和小颖共解出 180 道数学题,每人都解出了其中的 60 道,如果将其中只有 1 人解出的题叫作难题,2 人解出的题目叫作中档题,3 人都解出的题叫作容易题,那么难题比容易题多________道.

(3) 猴子们分食一堆桃子,2 个猴子均分则剩下 1 个,3 个猴子均分则剩下 2 个,4 个猴子均分则剩下 3 个…9 个猴子均分则剩下 8 个. 问:这堆桃子有多少个?

探究:(1) 甲队共有 3 场比赛,得分从高到低依次列举如下:全胜得 9 分,两胜一平得 7 分,两胜一负得 6 分,一胜两平得 5 分,一胜一平一负得 4 分,一胜两负或三平得 3 分,两平一负得 2 分,一平两负得 1 分,三战皆负得 0 分. 共 9 种情况.

(2) 假设容易题数为 x,难题数为 y,则中档题数为 $100-x-y$.

3 个人总共解出了 180 道题,其中容易题被数了 3 次,中档题被数了 2 次,难题被数了 1 次,所以 $3x+2(100-x-y)+y=180$.

整理可得 $y-x=20$,也就是难题比容易题多 20 道.

(3) 2 只猴子均分剩 1 个,则桃子的个数为 2 的倍数减去 1;

3 只猴子均分剩 2 个,则桃子的个数为 3 的倍数减去 1;

4 只猴子均分剩 3 个,则桃子的个数为 4 的倍数减去 1;

5 只猴子均分剩 4 个,则桃子的个数为 5 的倍数减去 1;

依次类推……

9 只猴子均分剩 8 个,则桃子的个数为 9 的倍数减去 1.

通过列举会发现,桃子的个数加上 1 以后,是 2,3,4,…,9 的公倍数,最小公倍数为:$5\times7\times8\times9=2\ 520$.

所以,该题的最终答案是 $2\ 520-1=2\ 519$,答案的通式为 $2\ 520n-1$(n 为正整数).

例 2　用分期付款的方式购买家电一件,价格为 1 150 元,购买当天先付 150 元,以后每月这一天都交付 50 元,并加付欠款利息,月利率为 1%,全部

贷款还清后,买这件家电实际花了多少钱?

探究:购买当天先付150元,尚欠银行1 000元;

一个月后交付50元,加付一个月的1 000元欠款利息10元,共计60元,欠银行950元;

两个月后交付50元,加付一个月的950元欠款利息9.5元,共计59.5元,欠银行900元;

三个月后交付50元,加付一个月的900元欠款利息9元,共计59元,欠银行850元;

……

最后一个月交付50元,加付一个月的50元欠款利息0.5元,共计50.5元,欠银行0元.

全部贷款还清后,买这件家电实际花钱:

$0.5\times(1+2+3+\cdots+20)+20\times 50+150=1\ 255$元.

例3 $\boldsymbol{2^s+2^t}$**(**$\boldsymbol{0\leqslant s<t}$**且**$\boldsymbol{s,t}$**均为自然数)可以表示很多奇妙的数,将它们的计算结果从小到大排列成一列数,即**$\boldsymbol{a_1=3,a_2=5,a_3=6,a_4=9,a_5=10,a_6=12,\cdots}$**按照上小下大、左小右大的原则写成如下的三角形数表:**

3

5 6

9 10 12

……

(1) 写出这个三角形数表的第五行各数;

(2) 求第100个数.

探究:(1) 为了表述方便,记$2^s+2^t=(s,t)$.通过列举可以发现:

第一行各数为:(0,1);

第二行各数为:(0,2),(1,2);

第三行各数为:(0,3),(1,3),(2,3);

第四行各数为:(0,4),(1,4),(2,4),(3,4);

第五行各数为:(0,5),(1,5),(2,5),(3,5),(4,5),计算可得它们分别为:33,34,36,40,48.

(2) $1+2+3+\cdots+12+13+9=100$,所以第100个数位于第14行的第9个,$(8,14)=2^8+2^{14}=16\ 640$.

例 4　求和问题.

(1) $\frac{1}{1+\sqrt{2}}+\frac{1}{\sqrt{2}+\sqrt{3}}+\frac{1}{\sqrt{3}+\sqrt{4}}+\cdots+\frac{1}{\sqrt{n}+\sqrt{n+1}}$;

(2) $(\sin 1°)^2+(\sin 2°)^2+(\sin 3°)^2+\cdots+(\sin 89°)^2$;

(3) $\frac{1}{1\times2}+\frac{1}{2\times3}+\frac{1}{3\times4}+\cdots+\frac{1}{n(n+1)}$;

(4) “一尺之棰，日取其半，万世不竭”，中国古代文化蕴含着丰富的数学内涵，上面这句话意味着 $\frac{1}{2}+\frac{1}{4}+\frac{1}{8}+\cdots+\frac{1}{2^n}=$________;

(5) 分别计算 1，1+3，1+3+5，1+3+5+7，1+3+5+7+9，…，根据你的发现，1+3+5+7+…+(2n−1)的化简结果为________;

(6) 分别计算 1，1+2，1+2+4，1+2+4+8，1+2+4+8+16，…，根据你的发现，1+2+4+8+16+…+2^{n-1}的化简结果为________.

探究：求和问题的方法有：逐项相消法，配对求和法，裂项相消法，倒序相加法，猜想验证法.

不管哪种方法，都要对问题的结构特点进行细致观察和耐心分析，从中找到合并升级的策略.

(1) 逐项相消法.

$$\frac{1}{1+\sqrt{2}}+\frac{1}{\sqrt{2}+\sqrt{3}}+\frac{1}{\sqrt{3}+\sqrt{4}}+\cdots+\frac{1}{\sqrt{n}+\sqrt{n+1}}$$
$$=(\sqrt{2}-\sqrt{1})+(\sqrt{3}-\sqrt{2})+(\sqrt{4}-\sqrt{3})+\cdots+(\sqrt{n+1}-\sqrt{n})$$
$$=\sqrt{n+1}-1.$$

(2) 配对求和法. 在直角三角形中，互余的两个锐角，它们正弦的平方和为 1. $(\sin 1°)^2+(\sin 2°)^2+(\sin 3°)^2+\cdots+(\sin 89°)^2=\frac{89}{2}$.

(3) 裂项相消法.

$$\frac{1}{1\times2}+\frac{1}{2\times3}+\frac{1}{3\times4}+\cdots+\frac{1}{n(n+1)}$$
$$=\left(\frac{1}{1}-\frac{1}{2}\right)+\left(\frac{1}{2}-\frac{1}{3}\right)+\cdots+\left(\frac{1}{n-1}-\frac{1}{n}\right)+\left(\frac{1}{n}-\frac{1}{n+1}\right)$$
$$=1-\frac{1}{n+1}=\frac{n}{n+1}.$$

可以想象，最后剩下的只有$\frac{1}{2^n}$，所以$\frac{1}{2}+\frac{1}{4}+\frac{1}{8}+\cdots+\frac{1}{2^n}=1-\frac{1}{2^n}$.

(4) 倒序相加法.

设 $S=1+3+5+7+\cdots+(2n-1)$,

则 $S=(2n-1)+(2n-3)+\cdots+1$;

两式相加可得:$2S=2n^2$,所以 $S=n^2$.

(5) 猜想验证法.

$1+2+4+8+16+\cdots+2^{n-1}=2^n-1$.

问题发现:例 3 中,可以求出第 n 行所有数的和吗?答案是 $(n+1)2^n-1$,你试试看.

例 5 列举法.

(1) 四张卡片上分别写着 1,2,3,4,任意抽取三张,可以构成几个三位数?它们的和等于几?

(2) 不定方程问题(一个方程多个未知数):若 m,n 为正整数,则方程 $mn=108$ 有________组解;

(3) 假设某商店只有每盒 10 支装的铅笔和每盒 7 支装的铅笔两种包装类型.学生打算购买 2 015 支铅笔,不能拆盒,则满足学生要求的方案中,购买的两种包装的总盒数的最小值是________,满足要求的所有购买方案的总数为________.

探究:(1) 画出树状图后,可以发现:能构成 24 个三位数,其中按照个位数字的不同可以分为四类,每一类有六个数字,即个位数字为 1,2,3,4 的都是 6 个.所以,个位数字之和为 $6\times(1+2+3+4)=60$,十位数字之和与百位数字之和也是如此,所以这 24 个三位数的和为:$60+600+6\ 000=6\ 660$.

(2) 不定方程问题,大多靠列举法,在列举中发现规律:$2^2\times3^3=108$,$m=2^i3^j$,$i=0,1,2$,$j=0,1,2,3$.所以,这样的 m 有 12 种,对应的 n 也是 12 种情况,故该方程有 12 组解.

(3) 设购买 10 支装的铅笔 x 盒,7 支装的铅笔 y 盒,则 $10x+7y=2\ 015$.

要使购买的两种包装的总盒数最小,则 x 取最大、同时 y 取最小即可,则当 $y=5$ 时,$x=198$,此时 $x+y$ 最小为 $198+5=203$.

由 $10x+7y=2\ 015$,得 $y=\dfrac{2\ 015-10x}{7}=\dfrac{5(403-2x)}{7}$,

则 $403-2x$ 为 7 的整数倍,设 $403-2x=7n$,n 为自然数,$x=\dfrac{403-7n}{2}$,

则 $7n$ 是奇数,则 n 是奇数,即 $n=1,3,5,\cdots,57$,共有 29 个,

故答案为 203,29.

另外,对于 $10x+7y=2\,015$,也可以变成 $x=\frac{2\,015-7y}{10}$,从而 y 为 5 的奇数倍,$y=5\times1,5\times3,5\times5,\cdots,5\times57$,共有 29 个.

例 6　概率问题.

(1) 二路电车每间隔 5 min 发一班,其乘客随机到达车站,则其等待时间不大于 2 min 的概率是________.

(2) 5 张奖券,其中有两张可以获奖.甲、乙两人先后从中抽取一张,中奖率一样吗?为什么?

(3) 有一张水平支起的大网,其网格均为边长为 6 cm 的正方形.现把一枚均匀的圆形硬币保持水平状态落下,若硬币的直径为 2 cm,则硬币不碰到网线的概率为(　　).

A. $\frac{4}{9}$　　B. $\frac{2}{3}$　　C. $\frac{1}{9}$　　D. $\frac{1}{2}$

探究:(1) $\frac{2}{5}$;(2) 均为$\frac{2}{5}$.

(3) 考察一个正方形即可.

硬币的中心可以落在正方形内部的任何地方,基本事件总量为其面积 36 cm^2,可以在该正方形内部设计一个新的小正方形,其每条边都在原正方形的基础上,向着中心平移了 1 cm(硬币的半径),当硬币中心在这个小圆内时,硬币不碰到网线.所以小正方形的面积 16 cm^2 就是目标事件的数量,硬币不碰到网线的概率 $P=\frac{4}{9}$.

例 7　我们知道无限循环小数都是有理数,整数 $a_1,a_2,a_3,\cdots,a_n$ 分别为 $1^2,1^2+2^2,1^2+2^2+3^3,\cdots,1^2+2^2+3^3+\cdots+n^2$ 的个位数,判断无限小数 $0.a_1a_2a_3\cdots a_n\cdots$ 是否为有理数?如果是,请给出证明;否则请说明理由.

探究:列举可得(只关注个位数)$a_1,a_2,a_3,\cdots,a_n,\cdots$ 的前 25 个值:1,5,4,0,5,1,0,4,5,5,6,0,9,5,0,6,5,9,0,0,1,5,4,0,5.

这需要相当的耐心和毅力.此时,你当然会发现:第 19 和 20 两项连续为 0,清零以后,从第 21 项开始了新的周期.所以,我们有理由猜想,这是一个无限循环小数,循环节为 20.

下面我们证明,每隔 20 项,这种个位数会重复出现,

也就是要证 $(n+1)^2+(n+2)^2+(n+3)^2+\cdots+(n+20)^2$ 的个位数为 0.

$(n+1)^2+(n+2)^2+(n+3)^2+\cdots+(n+20)^2$

$=20n^2+2(1+2+3+\cdots+20)n+(1^2+2^2+3^2+\cdots+20^2)$

$=20n^2+420n+(1^2+2^2+3^2+\cdots+20^2)$.

通过开始的列举，我们知道上面的最后部分个位数为 0，进而上面整体的个位数为 0.

三、强化训练题

(一) 选择题

1. 现有 100 个从小到大排列的数据，其中有 15 个数在中位数和平均数之间，如果这组数据的中位数和平均数都不在这 100 个数中，那么这组数据中小于平均数的有(　　)

A. 15 个　　　　B. 35 个

C. 65 个　　　　D. 35 个或 65 个

2. 某班有 50 名同学，其中有 32 名参加了绘画比赛，24 名参加了体育比赛，还有 3 名同学这两项比赛都没有参加，这个班级中同时参加了这两项比赛的同学人数为(　　)

A. 6　　B. 9　　C. 10　　D. 24

3. 有一正方体，六个面上分别写有数字 1,2,3,4,5,6，有三个人从不同的角度观察的结果如图所示. 如果记 1 的对面的数字为 a，3 的对面的数字为 b，那么 $a+b$ 的值为(　　)

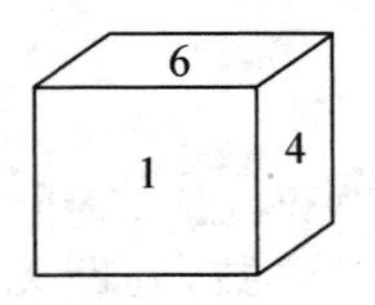

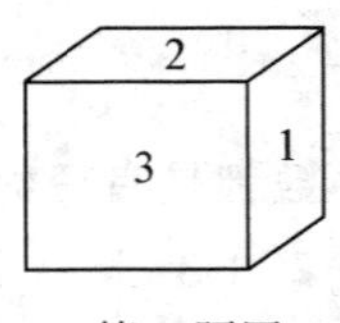

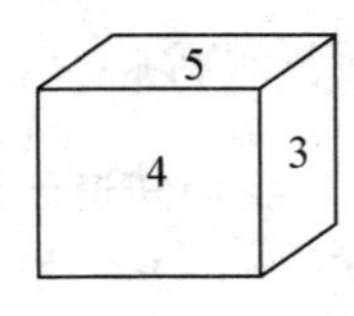

第 3 题图

A. 3　　B. 7　　C. 8　　D. 11

4. 如图，某广场上一个形状是平行四边形的花坛 $ABCD$，分别有红、黄、蓝、绿、橙、紫 6 种颜色的花，如有 $AB \parallel EF \parallel CD$，$BC \parallel GH \parallel AD$（$BD$，$EF$，$GH$ 三线共点），则有下列四种说法：

① 红花、绿花的种植面积一定相等

② 紫花、橙花的种植面积一定相等

③ 红花、蓝花的种植面积一定相等

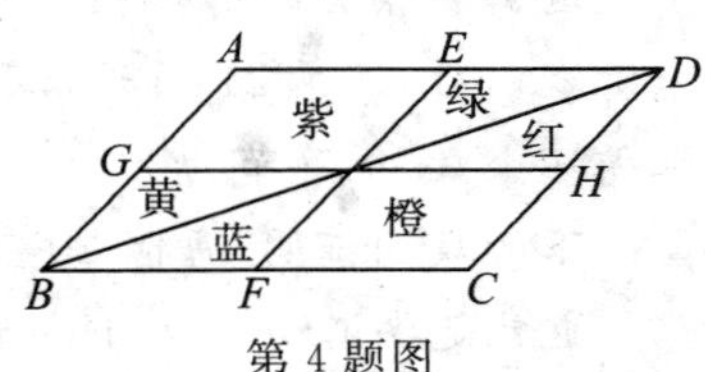

第 4 题图

④ 蓝花、黄花的种植面积一定相等

其中**错误**的有(　　)

A. 1个　　B. 2个　　C. 3个　　D. 4个

5. 某次"迎奥运"知识竞赛中共20道题，对于每一道题，答对得10分，答错或不答扣5分，选手至少要答对(　　)道题，其得分才不会少于95分？

A. 14　　B. 13　　C. 12　　D. 11

6. 四边形$ABCD$的对角线AC，BD的长分别为m，n. 可以证明当$AC\perp BD$时，四边形$ABCD$的面积$S=\frac{1}{2}mn$. 那么当AC，BD所夹的锐角为θ时，四边形$ABCD$的面积$S=$(　　)

A. $\frac{1}{2}mn$　　B. $\frac{1}{2}mn\sin\theta$

C. $\frac{1}{2}mn\cos\theta$　　D. $\frac{1}{2}mn\tan\theta$

7. 若自然数n使得作竖式加法$n+(n+1)+(n+2)$均不产生进位现象，则称n为"连数". 例如12是"连数"，因为12+13+14不产生进位现象；但13不是"连数"，那么小于1 000的"连数"的个数为(　　)

A. 27　　B. 47　　C. 48　　D. 60

8. 在空间里，如果两条直线既不相交也不平行，则称其为一对异面直线，那么正方体的棱所在的12条直线中，异面直线共有(　　)

A. 12对　　B. 24对　　C. 36对　　D. 48对

9. 如果甲的身高或体重数至少有一项比乙大，则称甲不亚于乙，在100个小伙子中，如果某人不亚于其他99人，就称他为棒小伙子，那么，100个小伙子中的棒小伙子最多可能有(　　)

A. 1个　　B. 2个　　C. 50个　　D. 100个

10. 黑板上写有$1,\frac{1}{2},\frac{1}{3},\cdots,\frac{1}{100}$共100个数字，每次操作先从黑板上的数中选取2个数a，b，然后删去a，b，并在黑板上写上数$a+b+ab$，则经过99次操作后，黑板上剩下的数是(　　)

A. 2 012　　B. 101　　C. 100　　D. 99

11. 正方形$ABCD$所在平面内有一点P满足：$\triangle PAB$，$\triangle PBC$，$\triangle PCD$，$\triangle PDA$均为等腰三角形，则这样的点P有(　　)

A. 1个　　B. 5个　　C. 9个　　D. 11个

12. 设 $A(0,0)$, $B(4,0)$, $C(t+4,4)$, $D(t,4)$，记 $N(t)$ 为平行四边形 $ABCD$ 内部(不含边界)的整点的个数，其中整点是指横、纵坐标都是整数的点，则 $N(t)$ 的所有的值为(　　)

A. 9,10,11　　B. 9,10,12　　C. 9,11,12　　D. 10,11,12

(二) 填空题

1. 一枚骰子连续抛掷两次，点数之和大于 9 的概率为________.

2. 一容器内装有 4 升纯酒精，倒出 1 升后用水加满，这是第一次操作，再倒出 1 升后用水加满，这是第二次操作，…，要使得杯中酒精浓度低于 25%，至少要进行________次操作.

3. 已知 a,b,c 为整数，且 $a+b=2\,006$, $c-a=2\,005$，若 $a<b$，则 $a+b+c$ 的最大值为________.

4. 观察并计算 $3,3^2,3^3,3^4,3^5,\cdots$ 前 100 个数的个位数字之和为________.

5. 平面内的 n 条直线的交点数最多有________个.

6. 一列数 $1,2,-3,-4,5,6,-7,-8,9,10,-11,-12,\cdots$，这列数的前 43 项和为________.

7. 元旦期间，甲、乙两人到特价商品店购买商品，已知两人购买商品的件数相同，且每件商品的单价只有 8 元和 9 元两种. 若两人购买的商品一共花费了 172 元，则其中单价为 9 元的商品有________件.

8. 编号为 1,2,3,4 的四个小球分别放入四个编号为 1,2,3,4 的盒子内，球的号码与所在盒子的号码均不同，符合要求的方法共有________种.

9. 某城市有四条南北向的街道，三条东西向的街道. 如果从城市的一端点 O 走向另一端点 A(如图)，最短的走法有________种.

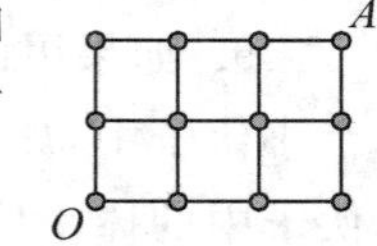

第 9 题图

10. 甲、乙两支球队水平相当，他们要进行五局三胜制的比赛，当甲队以二比零领先的时候，它获得最终比赛胜利的概率等于______.

11. 甲、乙两支排球队进行比赛，大数据表明：前者对后者的胜率为 $\frac{2}{3}$，后者对前者的胜率为 $\frac{1}{3}$，他们要进行三局两胜制的比赛或者一局定输赢，采用________方式甲队的胜率更大.

12. 将一根细长的绳子，沿中间对折后再沿中间对折，这样连续对折 5 次后，从中间剪断，此时绳子被剪成________段.

（三）解答题

1. 计算 $1+2+4+8+\cdots+2^{n-1}$ 的时候，可以使用以下方法：因为 $2^k=2^{k+1}-2^k$，所以，原式 $=(2^1-2^0)+(2^2-2^1)+(2^3-2^2)+\cdots+(2^n-2^{n-1})=2^n-1$，类比上述方法，化简计算 $1+q+q^2+q^3+\cdots+q^{n-1}(q\neq1)$.

2. 一棋子游戏，棋盘为一横排 20 格，只有一枚棋子，开始棋子在第一格，对弈双方轮流走动同一枚棋子，一次可以走动一格或者两格，走入最后一格者胜. 先行者可否有必胜的策略？请你写出对弈方案.

3. 一辆客车、一辆货车和一辆小轿车在一条笔直的公路上朝同一方向匀速行驶. 在某一时刻，客车在前，小轿车在后，货车在客车与小轿车的正中间. 过了 10 min，小轿车追上了货车；又过了 5 min，小轿车追上了客车；再过几分钟，货车可以追上客车？

4. 一队学生排成 a 米长队行军，在队尾的学生要与在最前面的老师取得联系，他用 t_1 min 的时间跑步追上了老师；为了回到队尾，他在追上老师的地方等待了 t_2 min，如果该学生的跑步速度是不变的，那么他从最前头跑步回到队尾要多长时间？

5. 计算 $1^2-2^2+3^2-4^2+5^2-6^2+\cdots+99^2-100^2$ 的结果，研究计算 $1^2-2^2+3^2-4^2+5^2-6^2+\cdots+(-1)^{n+1}n^2$ 的方法与结果.

6. 一个切割机器人要将一块矩形钢板割出一个 $\triangle ABC$，它沿着已经划好切割线的 $\triangle ABC$ 的三条边匀速行进，路径是 $A\to B\to C\to A$，三条路径上所用时间依次递增 2 s，如果机器人的速度是每秒 2 m，$\triangle ABC$ 有一内角为 $120°$.

（1）求该三角形的周长和面积；

（2）如果要在该三角形内部切割出一块圆形钢板，求该圆形钢板的最大面积.

7. 10 个人围成一个圆圈做游戏，游戏的规则是：每个人心里都想好一个数，并把自己想好的数如实地告诉他两旁的两个人，然后每个人将他两旁的两个人告诉他的数的平均数报出来. 若报出来的数如图所示，求报 3 的人心里想的那个数.

第 7 题图

8.（1）给出两块相同的正三角形纸片（图①，图②），要求用其中一块剪拼成一个正三棱锥模型，另一块剪拼成一个正三棱柱模型，使它们的全面积都与原三角形的面积相等. 请设计一种剪拼方法，分别用虚线标示在图①、图②中，并作简要说明.

(2) 试求出你剪拼的正三棱柱的体积.

(3) 如果给出的是一块任意三角形的纸片(图③)，要求剪拼成直三棱柱模型，使它的全面积与给出的三角形的面积相等，请设计一种剪拼方法，用虚线标示在图③中，并作简要说明.

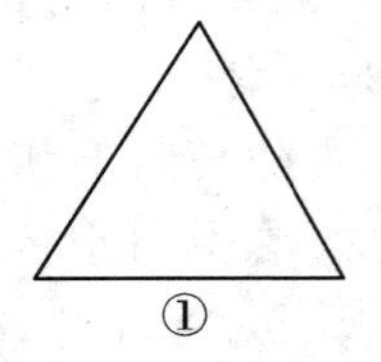
①

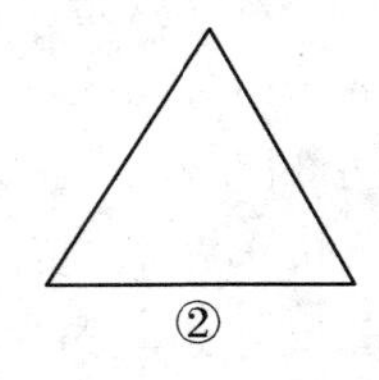
②

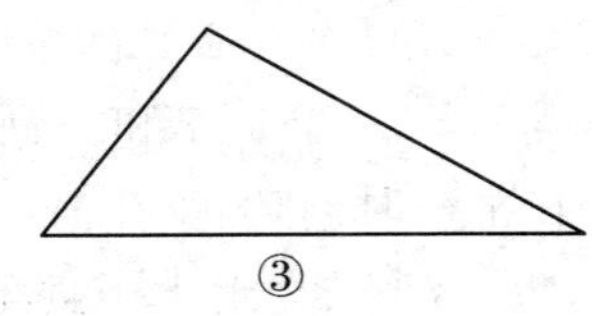
③

第 8 题图

第二章 初中数学拓展研究

学生的数学研究能力，可以在其数学学习过程中，自发地形成. 但是这个过程是缓慢的，甚至是混乱无序的，所以我们把相关问题及其方法整理集中起来，力求通过对同一专题的专门练习和集中强化，快速地提高学生的创新意识和应变能力.

要培养学生的创新能力、挖掘学生的学习潜能，既要夯实其初中数学的基础知识、基本方法、基本技能、基本思想和基本活动经验，更要学会怎样去辩证地思考，所以在问题的探究过程中，我们的主要目的是让学生学会思考，实现认知升级，讲求通性通法和特殊技巧的和谐统一，让他们在以后的问题研究中，遇见树木便知森林，看到江河便知大海，在数学研究中，有章可循，有法可依.

本章内容既是初中数学的拓展探究，也可以作为初中数学竞赛的初级参考资料.

中考和竞赛都是选拔性考试，重点之一是考查学生的创新能力和应变能力. 问题创新、方法创新以及开放性探究型问题，应该在我们的提高性学习中占有较大比重. 这是本章的核心内容.

本章问题的难度低于对应级别的初中数学竞赛，在灵活性、新颖性上超过中考，问题设计可能比传统的教辅材料更加开放，生活化问题占据一定比重，吸收或编制了很多探究型项目式问题，但是在选题方面，我们还是力求兼顾到问题的典型性、示范性、科学性甚至可考性.

数学能力是指直观想象能力、抽象概括能力、推理论证能力、运算求解能力、数据处理能力、数学建模能力以及应用意识和创新意识，它们是中等数学核心素养的中心内容. 有些问题尽管不是中考的重点，我们也做了一定的探究;有些题目需要的知识不多,但是对能力的要求较高,它们也是本章的常见问题.

本章问题在以下六个方面呈现创新的特点:

1. 数学的生活化

更加贴近生活,从现实生活中提取信息,编制相关问题.学生应该善于从生活中积累提取数学信息,善于把生活问题转化成标准的数学问题.

2. 数学的趣味性和美学意义

鉴赏美、创造美是人的天性,数学教育应该在更高的层次上开发培养学生的这种能力.

数学的美学价值、趣味性和挑战性,一直是数学发展的重要动力.在这方面加大学习比重,会让学生有更大收获.

数学的美到处可见,发现和利用这些美,可以帮助我们充分利用问题的结构特征,从而找到简单的方法.

3. 数学的学科活动与数学经历

学生在阅读、观察、实验、计算、推理、验证等活动过程中所积累的经验和经历,对经验经历的总结应用和升级,也是数学学习的重点之一.

有些数学实验、数学活动,不仅仅丰富了我们的数学学习和实验经历,同时在其构造和创造的过程中,充分提升了学生真正的数学能力.在某些问题的研究中,就能够借助于相应的数学经历和经验,这些数学体验无疑是学习过程中最宝贵的积累.

4. 数学问题的开放性

很多数学问题不能轻易地只用一个简单的"是"或者"不是"来回答,有些问题可能根本就没有答案或者答案不确定、不唯一,还有些问题是让你研究在何种条件下,某种特定结论成立,这些都是数学问题开放性的体现.

开放性问题的研究一般都是假设结论正确,在此基础上对结论进行等价转化,或者从发展条件出发,逐步发现该问题应该具备的条件,或者发现那些不太确定的结论.

5. 数学的实际应用

数学的应用非常广泛,在工程设计、国土测量、实际生活中,都可以出现非常精致的数学应用题.应用题的一般方法是:设定字母表示题目中的基本量,建立方程和函数关系式,构建问题要素间的直接联系,发展题目中的主要信息,通过建立数学模型,把应用题变成一个纯粹的数学题.完成解答后,

再将最终的数学答案信息还原成实际问题.

6. **学科融合性**

恰当体现各个学科间的融合是学科教学的基本趋势,数理化生物甚至语文英语的交叉信息,都可以组合命题.

数学是物理等学科的重要杠杆,研究过程中,它们相辅相成,相得益彰.相信数学与其他学科的结合也会产生非常奇妙的“化学反应”.

本章力求开阔学生的数学视野,让他们认识数学的科学价值和人文价值,崇尚数学的理性精神,形成审慎的思维习惯,体会数学的美学意义,以实事求是的科学态度研究数学问题.学习过程中,面对困难,要有科学的方法,要耐心细致灵活,思想要更加解放,思维要更加大胆,更要有勇敢执着的探究精神.

第一节　数与式的运算

由于在高中的学习中，会遇到更复杂的多项式的乘法运算、根式运算，因此本节中将拓展乘法公式的内容，补充三个数的和的完全平方公式、立方与立方差公式以及和与差的立方公式，补充根式运算与绝对值的概念及其运算法则.

很多问题的研究特点是从发展条件开始，利用已知的数学定理、性质和公式，逐步推向结论.

大部分代数问题的基本特征是连续化简，如果把条件化简到充分的地步，从条件通往结论的路径也就一览无遗了.

对于条件复杂而结论简单的问题，我们应该采用综合法，从发展条件出发，逐步得到结论. 化繁为简符合人的一般认知习惯和规律. 这样，不仅容易打开局面，而且通常能得到有效的化简结果.

化简的基本方式有去分母、去根号、去绝对值号、通分、合并同类项、有序排列、消元、降幂、缩小相关元素的范围等等. 当我们采取这些措施以后，距离得出结论就不远了.

一、主干知识和例题探究

（一）乘法公式

【公式 1】$(a+b+c)^2=a^2+b^2+c^2+2ab+2bc+2ca$.

例 1　计算：$\left(x^2-\sqrt{2}x+\frac{1}{3}\right)^2$.

探究：多项式乘法的结果一般是按某个字母的降幂或升幂排列，这种有序排列会帮助我们发现表达式的结构规律.

$$\left(x^2-\sqrt{2}x+\frac{1}{3}\right)^2=x^4-2\sqrt{2}x^3+\frac{8}{3}x^2-\frac{2\sqrt{2}}{3}x+\frac{1}{9}.$$

【公式 2】$(a+b)(a^2-ab+b^2)=a^3+b^3$（立方和公式）.

例 2　计算：$(a-b)(a^2+ab+b^2)$.

答案：$(a-b)(a^2+ab+b^2)=a^3-b^3$.

总结:【公式 3】________________(立方差公式).

例 3　(1) 计算:$(a+b)^3$　　【公式 4】见答案.

(2) 计算:$(a-b)^3$　　【公式 5】见答案.

(3) 求函数 $y=(1+x)^3+(1-x)^3$ 的最小值.

答案:

(1) $(a+b)^3=a^3+3a^2b+3ab^2+b^3$.

(2) $(a-b)^3=a^3-3a^2b+3ab^2-b^3$.

(3) $y=(1+x)^3+(1-x)^3=6x^2+2$,显然当 $x=0$ 时,最小值为 2.

请观察上述公式的区别与联系,公式 1,2,3,4,5 均称为乘法公式.

例 4　计算:

(1) $\left(\frac{1}{5}m-\frac{1}{2}n\right)\left(\frac{1}{25}m^2+\frac{1}{10}mn+\frac{1}{4}n^2\right)$.

(2) $(a+2)(a-2)(a^4+4a^2+16)$.

答案:(1) $\left(\frac{1}{5}m-\frac{1}{2}n\right)\left(\frac{1}{25}m^2+\frac{1}{10}mn+\frac{1}{4}n^2\right)=\frac{1}{125}m^3-\frac{1}{8}n^3$.

(2) $(a+2)(a-2)(a^4+4a^2+16)=a^6-64$.

(二) 根式

式子$\sqrt{a}(a\geqslant 0)$叫作二次根式,其性质如下:

(1) $(\sqrt{a})^2=a(a\geqslant 0)$　　(2) $\sqrt{a^2}=|a|$

(3) $\sqrt{ab}=\sqrt{a}\cdot\sqrt{b}(a\geqslant 0,b\geqslant 0)$　　(4) $\sqrt{\frac{b}{a}}=\frac{\sqrt{b}}{\sqrt{a}}(a>0,b\geqslant 0)$

(三) 幂的运算法则(m,n 为任意整数)

$a^m a^n=$________,$\frac{a^m}{a^n}=$________,$(a^m)^n=$________$=(a^n)^m$

$a^m b^m=$________,$\frac{a^m}{b^m}=$________

例 5　化简下列各式:

(1) $\sqrt{(\sqrt{3}-2)^2}+\sqrt{(\sqrt{3}-1)^2}$.

(2) $\frac{\sqrt{a}}{a-\sqrt{ab}}+\frac{\sqrt{a}}{a+\sqrt{ab}}$.

(3) $\sqrt{(1-x)^2}+\sqrt{(2-x)^2}(x\geqslant 1)$.

(4) 化简函数 $y=\sqrt{x^2-2x+1}+\sqrt{x^2+2x+1}$的表达式,说明其几何意义

并求其最小值.

答案:(1) $\sqrt{(\sqrt{3}-2)^2}+\sqrt{(\sqrt{3}-1)^2}=1$.

(2) $\dfrac{\sqrt{a}}{a-\sqrt{ab}}+\dfrac{\sqrt{a}}{a+\sqrt{ab}}=\dfrac{2\sqrt{a}}{a-b}$.

(3) $\sqrt{(1-x)^2}+\sqrt{(2-x)^2}(x\geqslant 1)=\begin{cases}2x-3, x>2\\ 1, 1\leqslant x\leqslant 2\end{cases}$.

(4) $y=\sqrt{x^2-2x+1}+\sqrt{x^2+2x+1}=|x-1|+|x+1|$.

它表示数轴上的动点 x 到两个定点 1 和 -1 的距离之和,由图象可得最小值为 2.

探究:$y=\sqrt{x^2-2x+1}-\sqrt{x^2+2x+1}$是否有最大值或者最小值?

有的话,请求出该值;没有的话,请说明理由.

答案:最大值 2,最小值 -2.

(四) 绝对值

$|a-b|$在数轴上有什么几何意义? $|a-b|^2=(a-b)^2$.

$||a|-|b||\leqslant|a-b|\leqslant|a|+|b|$,这个不等式永远成立吗? 等号在何种情况下取得?

探究:

$y=|x-1|+|x-2|+|x-3|+\cdots+|x-100|$有最小值吗?

有的话,请求出该值;没有的话,请说明理由.

答案:当 x 介于 50 和 51 之间时,最小值为$(x-1)+(x-2)+(x-3)+\cdots+(x-50)+(51-x)+(52-x)+(53-x)+\cdots+(100-x)=2\ 500$(多项求和,须寻找规律,利用规律,前后配对求和).

$|x-1|+|x-2|+|x-3|+\cdots+|x-100|\geqslant|(x-1)+(x-2)+(x-3)+\cdots+(x-50)+(51-x)+(52-x)+(53-x)+\cdots+(100-x)|=2\ 500$.

二、课后练习

1. 若$\dfrac{1}{x}-\dfrac{1}{y}=2$,求$\dfrac{3x+xy-3y}{x-xy-y}$的值.

2. 比较$\sqrt{2}$与$\sqrt[3]{3}$的大小并说明理由.

3. 当 $3a^2+ab-2b^2=0(a\neq 0, b\neq 0)$时,求$\dfrac{a}{b}-\dfrac{b}{a}-\dfrac{a^2+b^2}{ab}$的值.(齐次

式的应用）

4. 设 x,y 为实数，且 $xy=4$，求 $x\sqrt{\frac{y}{x}}+y\sqrt{\frac{x}{y}}$ 的值.（分类讨论）

5. 若 $3x+2y-6z=0, x+2y-7z=0(xyz\neq 0)$，求 $\frac{x+2y-z}{2x-2y+z}$ 的值.

三、强化训练题

（一）选择题

1. 已知 $a^2+2b^2+c^2+2a-4b-6c+12=0$，则 $(a+b)^c=$（　　）

A. 8　　B. -8　　C. 0　　D. $\frac{1}{2}$

2. 我们定义 $\begin{vmatrix} a & b \\ c & d \end{vmatrix}=ad-bc$，例如 $\begin{vmatrix} 2 & 3 \\ 6 & 5 \end{vmatrix}=2\times 5-3\times 6=10-18=-8$，已知 $\begin{vmatrix} 4x & 3y \\ 3y & x \end{vmatrix}=12$，$\begin{vmatrix} x & y \\ 3 & 2 \end{vmatrix}=-3$，则 $\begin{vmatrix} x & -y \\ 3 & 2 \end{vmatrix}=$（　　）

A. 4　　B. -4　　C. 3　　D. -3

3. 已知 $0<a<b$，$x=\sqrt{a+b}-\sqrt{b}$，$y=\sqrt{b}-\sqrt{b-a}$，则 x,y 的大小关系是（　　）

A. $x>y$　　B. $x=y$

C. $x<y$　　D. 与 a,b 的取值有关

4. 已知 $x+\frac{1}{x}=3$，那么 $\frac{x^4+x^2+1}{x^2}$ 的值是（　　）

A. 10　　B. 8　　C. $\frac{1}{10}$　　D. $\frac{1}{8}$

5. 若 $a_1,a_2,\cdots,a_{2\,014}$ 均为正数，且满足 $M=(a_1+a_2+\cdots+a_{2\,013})(a_2+a_3+\cdots+a_{2\,014})$，$N=(a_1+a_2+\cdots+a_{2\,014})(a_2+a_3+\cdots+a_{2\,013})$，则 M 与 N 的大小关系是（　　）

A. $M>N$　　B. $M=N$　　C. $M<N$　　D. 无法确定

6. a,b,c 为非零实数，那么 $\frac{a}{|a|}+\frac{b}{|b|}+\frac{c}{|c|}+\frac{abc}{|abc|}$ 的所有可能的值为（　　）

A. 0 或 4 或 -4　　B. 1 或 -1 或 4

C. 2 或 -2　　D. 0 或 -2

7. 已知 $b>a>0$, $a^2+b^2=4ab$, 则 $\frac{a+b}{a-b}$ 等于（　　）

A. $-\frac{1}{\sqrt{2}}$　　B. $\sqrt{3}$　　C. $\sqrt{2}$　　D. $-\sqrt{3}$

8. 如果 a, b 都是正实数，且 $\frac{1}{a}+\frac{1}{b}+\frac{1}{a-b}=0$, 那么 $\frac{a}{b}=$（　　）

A. $\frac{1+\sqrt{5}}{2}$　　B. $\frac{1+\sqrt{2}}{2}$

C. $\frac{-1+\sqrt{5}}{2}$　　D. $\frac{-1+\sqrt{2}}{2}$

（二）填空题

1. 已知非零实数 a, b 满足 $|2a-4|+|b+2|+\sqrt{(a-3)b^2}+4=2a$, 则 $a+b$ 的值为________.

2. 若 $|x+2|+|x-3|=5$, 则实数 x 的取值范围为________.

3. 若 $|x+2|+|x-3|=9$, 则 $x=$________.

4. 设 $a^2+1=3a$, $b^2+1=3b$ 且 $a\neq b$, 则代数式 $\frac{1}{a^2}+\frac{1}{b^2}$ 的值为________.

（三）解答题

1. 化简 $\frac{1}{1+\sqrt{2}}+\frac{1}{\sqrt{2}+\sqrt{3}}+\frac{1}{\sqrt{3}+\sqrt{4}}+\cdots+\frac{1}{\sqrt{2\ 018}+\sqrt{2\ 019}}$.

2. 先化简，再求值：$\frac{a^2+ab}{a^2+2ab+b^2}-(a-b)\div\frac{a^2-b^2}{b}$, 其中 $a=\sin 45^\circ$, $b=\cos 30^\circ$.

3. 已知 $a+b+c=0$, 并且 $a>b>c$, 求 $\frac{c}{a}$ 的取值范围.

4. 若 $a^2-3a+1=0$, 求 $3a^3-8a^2+a+\frac{3}{a^2+1}$ 的值.

5. 已知，实数 a, b, x, y 满足 $a+b=x+y=2$, $ax+by=5$, 求 $(a^2+b^2)xy+ab(x^2+y^2)$ 的值.

第二节　因式分解与运算能力

因式分解是代数式的一种重要的恒等变形，它与整式乘法是相反方向的变形. 因式分解在分式运算、解方程及各种恒等变形中起着重要的作用，是一种重要的基本技能，也是一种常用的化简手段.

因式分解的方法较多，除了初中课本涉及的提取公因式法和公式法（平方差公式和完全平方公式）外，还有十字相乘法、分组分解法和待定系数法等等.

一、基础知识

我们刚刚学习了五个新的乘法公式：________________________.

由于因式分解与整式乘法正好互为逆变形，所以把整式乘法公式反过来写就是因式分解，连同初中课本上的乘法公式，可以得到：______________

____.

二、例题探究

（一）公式法

例 1　用立方和或立方差公式分解下列各多项式：

(1) $8+x^3$　　(2) $0.125-27b^3$　　(3) a^7-ab^6

答案：(1) $8+x^3=(2+x)(4-2x+x^2)$.

(2) $0.125-27b^3=(0.5-3b)(0.25+1.5b+9b^2)$.

(3) $a^7-ab^6=a(a^2-b^2)(a^4+a^2b^2+b^4)$

$=a(a-b)(a+b)(a^2+ab+b^2)(a^2-ab+b^2)$.

例 2　设 $x=\dfrac{2+\sqrt{3}}{2-\sqrt{3}}$，$y=\dfrac{2-\sqrt{3}}{2+\sqrt{3}}$，求 x^3+y^3 的值.

探究：先将条件化简，然后再去转化结论：$x=7+4\sqrt{3}$，$y=7-4\sqrt{3}$，

所以 $x+y=14$，$xy=1$，

进而 $x^3+y^3=(x+y)(x^2-xy+y^2)=(x+y)[(x+y)^2-3xy]=2\ 702$.

（二）分组分解法

四项以上的代数式，一般都采用分组分解的方法，重组的原则是相似相近的项分在同一组内. 正如物以类聚、人以群分，分组分解也是这个原则.

1. 分组后能提取公因式

例 3　分解因式：$2ax-10ay+5by-bx$.

探究：$2ax-10ay+5by-bx=2a(x-5y)-b(x-5y)=(2a-b)(x-5y)$.

2. 分组后能直接运用公式

例 4　分解因式：(1) $x^2-y^2+ax+ay$.

(2) $2x^2+4xy+2y^2-8z^2$.

(3) $xy-4x-5y+20$.

(4) $1+q^3-q-q^2$.

探究：(1) $x^2-y^2+ax+ay=(x+y)(x-y+a)$.

(2) $2x^2+4xy+2y^2-8z^2=2[(x+y)^2-4z^2]=2(x+y+2z)(x+y-2z)$.

(3) $xy-4x-5y+20=(x-5)(y-4)$.

(4) $1+q^3-q-q^2=(1-q)^2(1+q)$.

（三）十字相乘法

例 5　把下列各式因式分解：(1) x^2-7x+6.　(2) $x^2+13x+36$.

答案：(1) $x^2-7x+6=(x-1)(x-6)$.

(2) $x^2+13x+36=(x+4)(x+9)$.

例 6　把下列各式因式分解：

(1) $x^2+xy-6y^2$.　　(2) $(x^2+x)^2-8(x^2+x)+12$.

答案：(1) $x^2+xy-6y^2=(x+3y)(x-2y)$.

(2) $(x^2+x)^2-8(x^2+x)+12=(x^2+x-2)(x^2+x-6)=(x+2)(x-1)(x+3)(x-2)$.

例 7　把下列各式因式分解：

(1) $12x^2-5x-2$.　　(2) $5x^2+6xy-8y^2$.

答案：(1) $12x^2-5x-2=(3x-2)(4x+1)$.

(2) $5x^2+6xy-8y^2=(5x-4y)(x+2y)$.

总结：一般地，把一个多项式因式分解，可以按照下列步骤进行：

(1) 如果多项式各项有公因式，那么先提取公因式；

(2) 如果各项没有公因式，那么可以尝试运用公式来分解；

(3) 如果用上述方法不能分解，那么可以尝试用分组或其他方法（如十

字相乘法）来分解；

(4) 分解因式，必须进行到每一个多项式因式都不能再分解为止.

二、课后练习

1. 已知 $a+b=5$，$ab=2$，求代数式 $a^3b-2a^2b^2+ab^3$ 的值.

2. 已知 a,b,c 是 $\triangle ABC$ 的三边的长，且满足 $a^2+2b^2+c^2-2b(a+c)=0$，判断三角形的形状.

3. 化简 $\left(1-\frac{1}{2^2}\right)\left(1-\frac{1}{3^2}\right)\left(1-\frac{1}{4^2}\right)\cdots\left(1-\frac{1}{n^2}\right)$.

4. 若多项式 $x^4+mx^3+nx-16$ 含有因式 $(x-2)$ 和 $(x-1)$，求 mn 的值.

5. $a>b>1$，比较 $a+\frac{1}{a}$ 和 $b+\frac{1}{b}$ 的大小.

6. 二次函数 $y=x^2+bx+c$：当 $x=m$ 时，$y=y_1$；当 $x=n$ 时，$y=y_2$；当 $x=\frac{m+n}{2}$ 时，$y=y_3$. 比较 $\frac{y_1+y_2}{2}$ 和 y_3 的大小.

三、强化训练题

（一）选择题

1. 方程 $x^4-5x^2-36=0$ 根的个数为（　　）

A. 0　　B. 2　　C. 3　　D. 4

2. 方程组 $\begin{cases}(x+y)+xy=11\\ xy(x+y)=30\end{cases}$ 的解有（　　）组

A. 1　　B. 2　　C. 3　　D. 4

3. 设 n 是大于 1 909 的正整数，使得 $\frac{n-1\,909}{2\,009-n}$ 为完全平方数的 n 的个数是（　　）

A. 3　　B. 4　　C. 5　　D. 6

（二）填空题

1. a,b 满足条件 $a-2b=1$，$2a^2-3ab-2b^2=3$，则 $2a+b=$________.

2. $2^i\cdot 3^j$ 是 108 的约数，i,j 为自然数，则 (i,j) 能表示________个点.

3. 已知 a_1,a_2,a_3,a_4,a_5 是满足条件 $a_1+a_2+a_3+a_4+a_5=9$ 的五个不同的整数，若 b 是关于 x 的方程 $(x-a_1)(x-a_2)(x-a_3)(x-a_4)(x-a_5)=2\,009$ 的整数根，则 b 的值为________.

（三）解答题

1. 已知 a,b 是正整数,且满足 $2\left(\sqrt{\frac{15}{a}}+\sqrt{\frac{15}{b}}\right)$是整数,判断并证明这样的有序数对$(a,b)$共有多少对.

2. 直角三角形的三条边长都是整数,其面积的数值等于周长的数值,求该三角形的三条边长.

第三节　一元二次方程

一、知识梳理

（一）一元二次方程的根的判断

一元二次方程$ax^2+bx+c=0(a\neq 0)$，用配方法将其变形为$\left(x+\frac{b}{2a}\right)^2=\frac{b^2-4ac}{4a^2}$.

（1）当$b^2-4ac>0$时，右端是正数，因此，方程的根为________________________.

（2）当$b^2-4ac=0$时，右端是零，原方程就是一个完全平方式，方程的根为____________________.

（3）当$b^2-4ac<0$时，右端是负数，因此，方程____________________.

（二）一元二次方程的根与系数的关系

若一元二次方程$ax^2+bx+c=0(a\neq 0)$有实数根，则可以表示为：

$x_1=\frac{-b+\sqrt{b^2-4ac}}{2a}$，$x_2=\frac{-b-\sqrt{b^2-4ac}}{2a}$.

计算：$x_1+x_2=$________，$x_1\cdot x_2=$________（韦达定理）.

说明：一元二次方程的根与系数的关系是由16世纪法国数学家韦达发现的，所以通常把此定理称为“韦达定理”.

一般来说，当一元二次方程里面出现字母系数的时候，或者求根公式比较烦琐的时候，我们可以启用韦达定理. 此时，设而不求可以发挥较大作用，它会使问题要素间的关系更加明朗，也可以使运算量大大降低.

二、例题探究

例1　若x_1,x_2是方程$x^2+2x-2\,007=0$的两个实数根，试求下列各式的值：

（1）$x_1^2+x_2^2$.　　（2）$\frac{1}{x_1}+\frac{1}{x_2}$.　　（3）$(x_1-5)(x_2-5)$.

(4) $|x_1-x_2|$.　　　　**(5)** $x_1^3+x_2^3$.

答案:(1) 4 018.　　　　(2) $\frac{2}{2\ 007}$.　　　　(3) $-1\ 972$.

(4) $4\sqrt{502}$.　　　　(5) $-12\ 050$.

例 2　已知:$2\ 011a^2+2\ 012a+500=0$,$500b^2+2\ 012b+2\ 011=0$,且 $ab\neq 1$,求 $\frac{a}{b}$ 的值.

探究:a,$\frac{1}{b}$ 可以看作 $2\ 011x^2+2\ 012x+500=0$ 的两个实数根,由此可得 $\frac{a}{b}=\frac{500}{2\ 011}$.

例 3　已知 x_1,x_2 是一元二次方程 $4kx^2-4kx+k+1=0$ 的两个实数根.

(1) 是否存在实数 k,使 $(2x_1-x_2)(x_1-2x_2)=-\frac{3}{2}$ 成立?若存在,求出 k 的值;若不存在,请说明理由.

(2) 求使 $\frac{x_1}{x_2}+\frac{x_2}{x_1}$ 的值为整数的整数 k 的值.

答案:(1) 利用韦达定理,原方程为 $2(x_1+x_2)^2-9x_1x_2=-\frac{3}{2}$,即 $2\cdot\left(\frac{4k}{4k}\right)^2-9\cdot\frac{k+1}{4k}=-\frac{3}{2}$,所以 $k=\frac{9}{5}$,但此时 $\Delta<0$,所以舍去.

(2) $k=-5,-3,-2$.

例 4　求使得代数式 $\frac{2x^2+2x-4}{x^2-x+2}$ 为正整数的所有实数 x 的值.

探究:设 $\frac{2x^2+2x-4}{x^2-x+2}=k$,$k$ 为正整数,则 $(2-k)x^2+(2+k)x-(4+2k)=0$.

若 $k=2$,则容易得到 $x=2$.

若 $k\neq 2$,则有求根公式可得 $x=\frac{k+2\pm\sqrt{-7k^2+4k+36}}{2(k-2)}$.

$\Delta=-7k^2+4k+36\geqslant 0$,$k$ 为正整数,列举一下 k 可得只有 $k=1$,$x=\frac{-3\pm\sqrt{33}}{2}$. 总之,$x=2$ 或 $\frac{-3\pm\sqrt{33}}{2}$.

说明:方程是一种重要工具.具备方程意识,自觉地构建方程,往往能把

问题转化到规范的轨道上来.

例 5 解下列关于 x 的方程:

(1) $x^2-x-a(a+1)=0$.

(2) $x^2-|2x-1|-4=0$.

(3) $x^2+x-1=\frac{2}{x^2+x}$.

(4) $a^2x+b^2(1-x)=[ax+b(1-x)]^2$.($a$,$b$ 为不相等的正数)

(5) $\frac{a^2}{x}+\frac{b^2}{1-x}=(a+b)^2$.($a$,$b$ 为不相等的正数)

探究:(1) $x_1=-a$,$x_2=a+1$.

(2) $x_1=3$,$x_2=-1-\sqrt{6}$.(分类讨论)

(3)(换元法)令 $x^2+x=t$ 可得:$t-1=\frac{2}{t}\cdots x_1=-2$,$x_2=1$.

(4) 尽量将方程标准化,移项合并同类项,按照主元 x 进行降幂排列:$x(x-1)(a-b)^2=0$,所以 $x_1=0$,$x_2=1$.

(5) 尽量将方程标准化,移项合并同类项,按照主元 x 进行降幂排列:$(a+b)^2x^2-2a(a+b)x+a^2=0$.

越是复杂的结构越要观察研究它的结构特征,可以发现上式为完全平方式:$[(a+b)x-a]^2=0$,所以 $x=\frac{a}{a+b}$.

说明:解方程,体现的就是转化思想.无论是无理方程还是分式方程甚至是绝对值方程,都要通过化简,转化成标准型的一元一次或者是一元二次方程.

三、课后练习

(一) 选择题

1. 关于 x 的方程 $x^2-ax-2=0$ 的根的情况是( )

A. 有两个相等的实数根　　B. 有两个异号的实数根

C. 有两个同号的实数根　　D. 没有实数根

2. 设 $a^2+1=3a$,$b^2+1=3b$,且 $a\neq b$,则代数式$\frac{1}{a^2}+\frac{1}{b^2}$的值为( )

A. 5　　B. 7　　C. 9　　D. 11

3. 已知菱形 $ABCD$ 的边长为 5,两条对角线交于点 O,且 OA,OB 的长度分别是关于 x 的方程 $x^2+(2m-1)x+m^2+3=0$ 的实数根,则 m 的值为( )

A. -3　　B. 5　　C. -3 或 5　　D. -5 或 3

（二）填空题

1. 关于 x 的方程 $ax^2+bx+c=0$ 的实数根为 2 和 3，则方程 $cx^2-bx+a=0$ 的实数根为________.

2. 已知一个直角三角形的两条直角边的长恰为方程 $2x^2-8x+7=0$ 的两个实数根，则这个直角三角形的斜边长为________.

3. 若方程 $2x^2-(k+1)x+k+3=0$ 的两个实数根之差为 1，则 k 的值是________.

（三）解答题

1. 已知 $(x+a)(x+b)+(x+b)(x+c)+(x+c)(x+a)$ 是完全平方式．求证：$a=b=c$.

2. 已知关于 x 的一元二次方程 $x^2+(4m+1)x+2m-1=0$.

（1）求证：不论 m 为任何实数，方程总有两个不相等的实数根；

（2）若方程的两个实数根为 x_1,x_2，且满足 $\frac{1}{x_1}+\frac{1}{x_2}=-\frac{1}{2}$，求 m 的值.

3. 已知关于 x 的一元二次方程 $x^2+cx+a=0$ 的两个整数根恰好比方程 $x^2+ax+b=0$ 的两个根都大 1，求 $a+b+c$ 的值.

四、强化训练题

（一）选择题

1. 如果关于 x 的方程 $x^2-px-q=0$（p,q 是正整数）的正根小于 3，那么这样的方程的个数是（　　）

A. 5　　B. 6　　C. 7　　D. 8

2. 如果关于 x 的方程 $x^2+4x+\sqrt{10-a}+2=0$ 有两个有理根，那么所有满足条件的正整数 a 的个数是（　　）

A. 1　　B. 2　　C. 3　　D. 4

3. 若实数 $a\neq b$，且 a,b 满足 $a^2-8a+5=0$，$b^2-8b+5=0$，则代数式 $\frac{b-1}{a-1}+\frac{a-1}{b-1}$ 的值为（　　）

A. -20　　B. 2　　C. -20 或 2　　D. 2 或 20

4. 已知 $5x^2+2\,011x+9=0$，$9y^2+2\,011y+5=0$，且 $xy\neq1$，则 $\frac{x}{y}$ 的值等于（　　）

A. $\frac{5}{9}$　　B. $\frac{9}{5}$　　C. $-\frac{2\ 011}{5}$　　D. $-\frac{2\ 011}{9}$

5. 方程 $x^2+2xy+3y^2=34$ 的整数解(x,y)的组数为(　　)

A. 3　　B. 4　　C. 5　　D. 6

6. 如果方程$(x-2)(x^2-4x+m)=0$的三根可以作为一个三角形的三边之长,那么实数 m 的取值范围是(　　)

A. $0<m\leqslant 4$　　B. $m\geqslant 3$　　C. $m\geqslant 4$　　D. $3<m\leqslant 4$

(二) 填空题

1. 关于 x 的方程$\frac{x-a}{x-1}-\frac{3}{x}=1$无解,则 $a=$________.

2. 如果关于 x 的方程 $x^2+kx+\frac{3}{4}k^2-3k+\frac{9}{2}=0$ 的两个实数根分别为 x_1,x_2,那么$\frac{x_1^{2\ 011}}{x_2^{2\ 012}}$的值为________.

3. x 是方程 $x^2-2\ 017x+1=0$ 的根,则 x^4+x^{-4} 的个位数字为________.

(三) 解答题

1. 人体的最佳形体结构是黄金比例,即上身与下身之比等于下身与全身之比,试求该比值.

2. 一个正数,其整数部分的平方等于其小数部分与其本身之积,求这个正数.

3. 已知关于 x 的一元二次方程 $ax^2+bx+c=0(a\neq 0)$的两个实数根的和为 S_1,两个实数根的平方和为 S_2,两个实数根的立方和为 S_3.

求证:$aS_3+bS_2+cS_1$ 为定值.

4. 已知关于 x 的方程$(m^2-1)x^2-3(3m-1)x+18=0$ 有两个正整数根(m 是正整数),$\triangle ABC$ 的三边 a,b,c 满足 $c=2\sqrt{3}$,$m^2+a^2m-8a=0$,$m^2+b^2m-8b=0$.

(1) 求 m 的值;

(2) 求$\triangle ABC$ 的面积.

5. 很多整数系数的一元二次方程都有有理数根甚至整数根,你能举出几个这样的例子吗?

若整数系数的一元二次方程 $ax^2+bx+c=0(a\neq 0)$的系数 a,b,c 均为奇数,它的根能否为整数? 它的根能为有理数吗? 给出你的判断并证明.

第四节　坐标系与函数

一、知识梳理

（1）两点间距离公式：若 $A(x_1,y_1)$，$B(x_2,y_2)$，则结合图形和勾股定理可得 $|AB|=\sqrt{(x_1-x_2)^2+(y_1-y_2)^2}$.

（2）一次函数 $y=kx+b$ 的图象是一条直线，如何做出一次函数的图象？（两点确定一条直线，直线与坐标轴的交点最有参照价值）

注意：当 $k>0$ 时，函数值 y 随着 x 的增大而增大；当 $k<0$ 时，函数值 y 随着 x 的增大而减小. $|k|$ 越大，直线就越陡峭.

（3）二次函数的三种表达式.

一般式：$y=ax^2+bx+c$（a,b,c 为常数，$a\neq0$）；

顶点式：$y=a(x-h)^2+k$（抛物线的顶点 $P(h,k)$，对称轴为直线 $x=h$）；

零点式：$y=a(x-x_1)(x-x_2)$（仅限于与 x 轴有交点 $A(x_1,0)$ 和 $B(x_2,0)$ 的抛物线）. 此时，对称轴为直线 $x=\dfrac{x_1+x_2}{2}$.

（4）反比例函数 $y=\dfrac{k}{x}$ 的图象是双曲线，如何做出反比例函数的图象？（注意：反比例函数图象的特点：越来越靠近坐标轴）

注意：当 $k>0$ 时，在第一象限，函数值 y 随着 x 的增大而减小；在第三象限，函数值 y 随着 x 的增大而减小.

当 $k<0$ 时，在第二象限，函数值 y 随着 x 的增大而增大；在第四象限，函数值 y 随着 x 的增大而增大.

$k>0$ 时，画出图象的方法一般是选择一个第一象限的特殊点，然后沿着坐标轴的向上向右无限靠近. 反比例函数的图象关于原点中心对称，由此可以画出另一部分的图象.

通过反比例函数图象可以看出：两个正数的大小顺序，在取倒数后颠倒了，两个负数也是如此.

二、例题探究

例 1　(1) 若一次函数 $y=\frac{4}{3}x-\frac{5}{3}$ 表示直线 m，求原点到 m 的距离.

(2) 过点 $P(2,1)$ 的直线中，有一条与原点的距离最远，求其表达式.

(3) 求证 $y=2x-1$，$y=2x-3$ 表示的两条直线平行.

(4) 求证 $y=2x-1$，$y=-\frac{1}{2}x+4$ 表示的两条直线垂直.

探究：数形结合.

(1)（提示：画出 $y=\frac{4}{3}x-\frac{5}{3}$ 的图象与坐标轴的交点，如例 1 图①，问题就变成了求直角三角形斜边上的高）

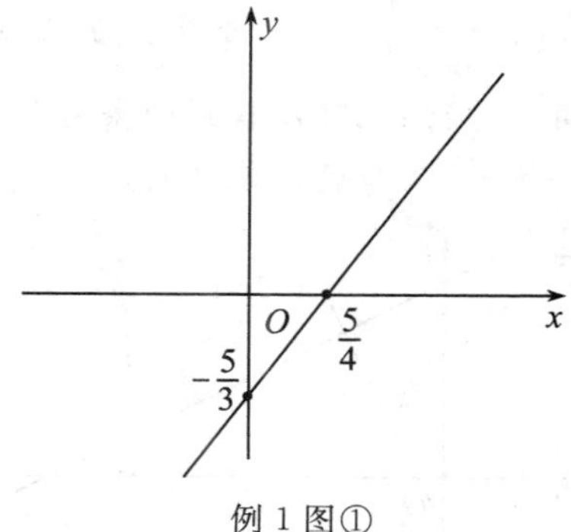

例 1 图①

(2) $y=-2x+5$.（提示：画出图象，如例 1 图②，可以判断所求直线与已知直线垂直，进而结合直角三角形可得所求直线与坐标轴的交点）

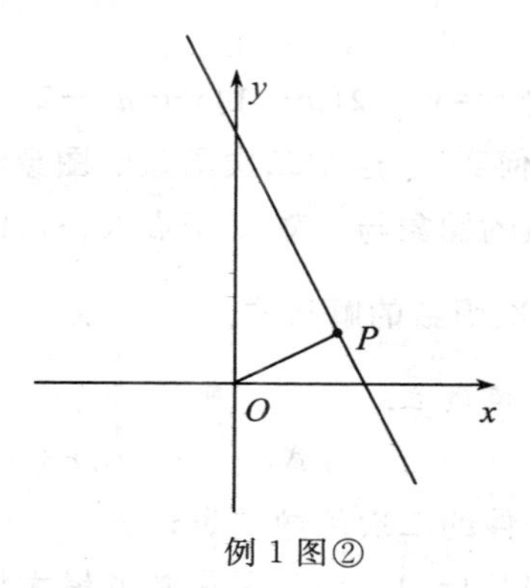

例 1 图②

(3) 画出图象，如例 1 图③，构造相似的直角三角形，可得同位角相等.

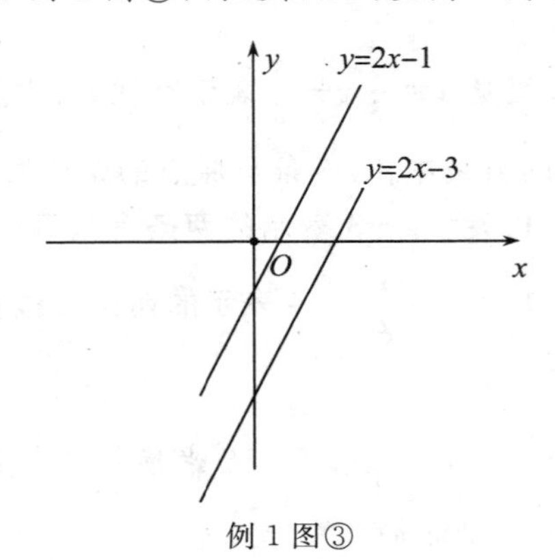

例 1 图③

(4) 画出 $y=2x-1$，$y=-\frac{1}{2}x+4$ 的图象与坐标轴的交点，如例 1 图④，构造相似的直角三角形可得；也可以找到两条直线与 x 轴的交点以及两直线的交点，计算出三条边长，用勾股定理证明.

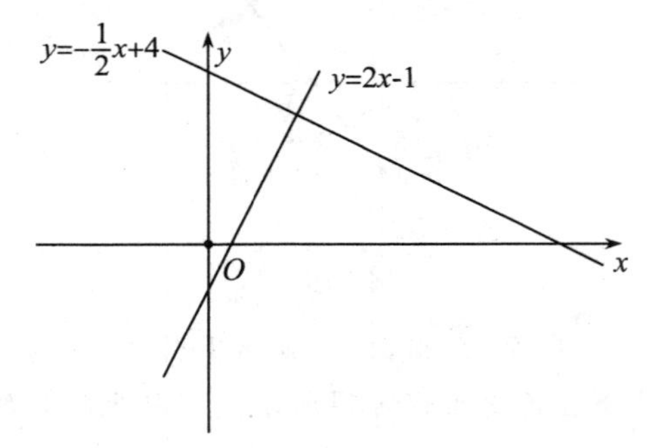

例 1 图④

例 2　已知二次函数 $y=x^2-2(m-1)x+m^2-2m-3$，其中 m 为实数.

(1) 求证：不论 m 取何实数，这个二次函数的图象与 x 轴必有两个交点；

(2) 设这个二次函数的图象与 x 轴交于点 $A(x_1,0)$，$B(x_2,0)$，且 x_1，x_2 的倒数和为 $\frac{2}{3}$，求这个二次函数的解析式.

探究：(1) $\Delta=16>0$ 恒成立.

(2)（韦达定理），$y=x^2+2x-3$ 或 $y=x^2-8x+12$.

例 3　求满足下列条件的二次函数的表达式.

(1) 图象过点$(2,-1)$，$(-1,-1)$，且函数的最大值为 8.

(2) 图象顶点是$\left(-2,\frac{3}{2}\right)$,且与$x$轴的两个交点之间的距离为6.

(3)图象过点(0,3),且关于直线$x=2$对称,相应二次方程两根的平方和为10.

(4) 有一个二次函数的图象,三位学生分别说出了它的一些特点.

甲:对称轴是直线$x=4$;乙:与x轴两个交点的横坐标都是整数;丙:与y轴交点的纵坐标也是整数,且以这三个交点为顶点的三角形面积为3.

请你写出满足上述全部特点的一个二次函数________.

探究:求二次函数的表达式只有一种方法,那就是待定系数法.根据题意设定函数表达式的待定形式,力求简约;然后依据条件列出关于待定系数的方程或方程组,第三步就是解方程组确定最终答案.

(1) $y=-4x^2+4x+7$.　　(2) $y=-\frac{1}{6}x^2-\frac{2}{3}x+\frac{5}{6}$.

(3) $y=x^2-4x+3$.　　(4) 答案不唯一,$y=\frac{1}{5}x^2-\frac{8}{5}x+3$.

例4　判断下列函数的图象是否过某个固定点.若是,请求出定点的坐标;如果不是,请说明理由(动直线、动抛物线过定点问题).

(1) $y=kx-k$.　(2) $y=(3-2k)x-4k-6$.　(3) $y=ax^2-ax+3$.

探究:带有字母系数的函数图象问题,一般是分离参数,让参数部分的系数为零,一般就能得到答案.

(1) $y=k(x-1)$,显然过定点(1,0).

(2) $y=-2k(x+2)+3(x-2)$,显然,$x=-2$时,$y=-12$,其图象过定点(-2,-12).

(3) $y=a(x^2-x)+3$,显然,$x=0$或1时,$y=3$,其图象过定点(0,3)或(1,3).

例5　在平面直角坐标系中,$A(0,0)$,$B(0,3)$,$C(4,0)$,$D(3,4)$.(1) 求点P到上述四点的距离平方和的最小值,并求此时点P的坐标;(2) 求点P到上述四点的距离之和的最小值,并求此时点P的坐标.

探究:(1) 假设点$P(x,y)$,用坐标表示两点距离的平方和,继而配方.则$PA^2+PB^2+PC^2+PD^2=\cdots=(4x^2-14x)+(4y^2-14y)+50$.

由于x,y是两个自由变量,所以当$x=\frac{7}{4}$,$y=\frac{7}{4}$时,$PA^2+PB^2+PC^2+PD^2$的最小值为$\frac{51}{2}$.

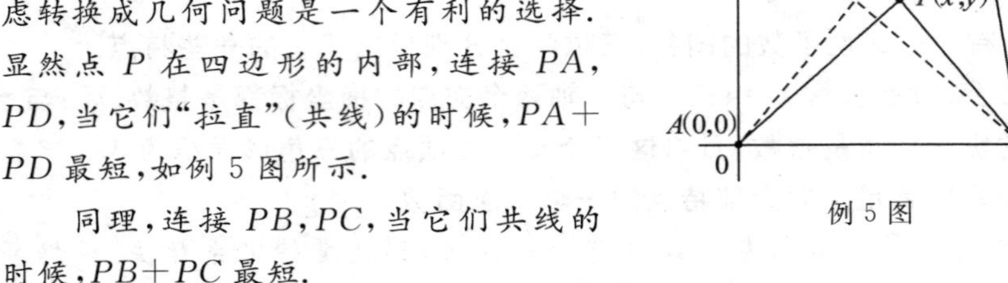

例 5 图

(2) 如果从代数角度考虑，假设点 $P(x,y)$，构建距离和的目标函数……四个根号两个自由变量，难以为继，所以考虑转换成几何问题是一个有利的选择. 显然点 P 在四边形的内部，连接 PA，PD，当它们“拉直”(共线)的时候，$PA+PD$ 最短，如例 5 图所示.

同理，连接 PB，PC，当它们共线的时候，$PB+PC$ 最短.

综上，当 P 为四边形 $ABCD$ 对角线交点时，$PA+PC+PB+PD$ 的最小值为两条对角线长度之和 10.

容易得到两条对角线所在直线的一次函数分别为：

$y=\frac{4}{3}x$，$y=-\frac{3}{4}x+3$，

它们的交点 $P\left(\frac{36}{25},\frac{48}{25}\right)$.

三、课后练习

(一) 选择题

1. 一次函数 $y=kx-k^2-1$ 与反比例函数 $y=\frac{k}{x}$ 在同一坐标系内的图象大致位置是(　　)

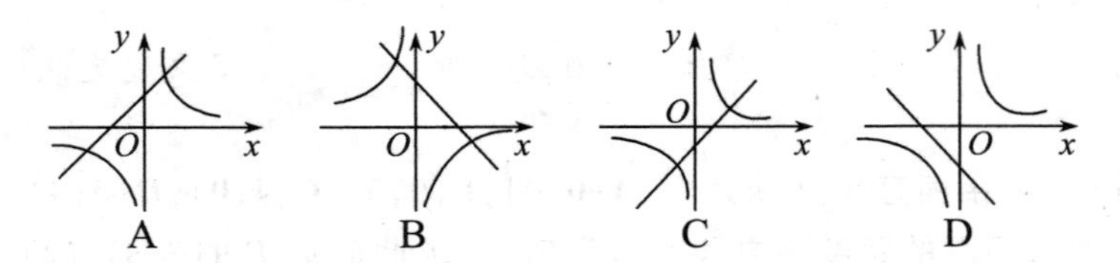

第 1 题图

2. 已知抛物线 $y=ax^2+bx+c(a\neq0)$ 在平面直角坐标系中的位置如图所示，则有(　　)

A. $a>0,b>0$

B. $a>0,c>0$

C. $b>0,c>0$

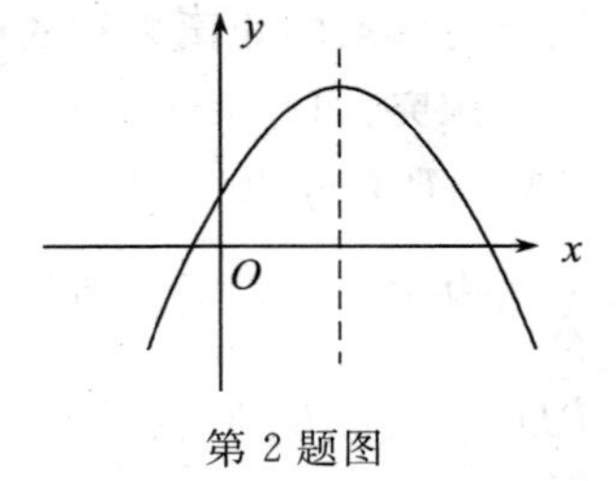

第 2 题图

D. $a<0,b<0$

3. 若直线 $L:y=kx+b$，经过不同的三点 $A(m,n)$，$B(n,m)$，$C(m-n,n-m)$，则该直线经过第(　　)象限.

A. 二、四　　B. 一、三

C. 二、三、四　　D. 一、三、四

4. 二次函数 $y=x^2-4x+3$ 的图象交 x 轴于 A,B 两点，交 y 轴于点 C，则 $\triangle ABC$ 的面积为(　　)

A. 6　　B. 4　　C. 3　　D. 1

5. 以坐标原点 O 为圆心，作半径为 2 的圆，若直线 $y=-x+b$ 与 $\odot O$ 相交，则 b 的取值范围是(　　)

A. $0\leqslant b<2\sqrt{2}$　　B. $-2\sqrt{2}\leqslant b\leqslant 2\sqrt{2}$

C. $-2\sqrt{3}<b<2\sqrt{3}$　　D. $-2\sqrt{2}<b<2\sqrt{2}$

（二）填空题

1. 三个一次函数的一次项系数分别为 k_1,k_2,k_3，其对应图象 l_1,l_2,l_3 如下图所示，则 k_1,k_2,k_3 的大小顺序为________.

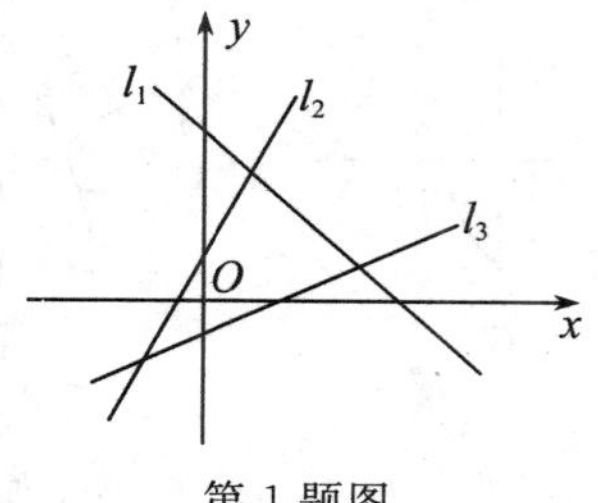

第 1 题图

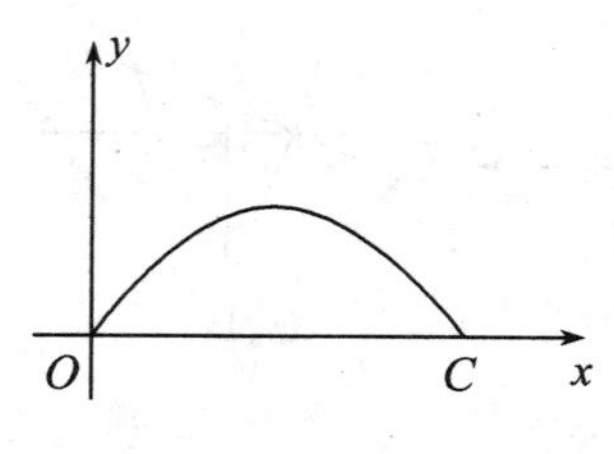

第 2 题图

2. 如图抛物线型的拱梁，抛物线的表达式为 $y=ax^2+bx$. 小强匀速跑步自拱梁一端 O 沿抛物线到 C，第 10 s 时和第 26 s 时拱梁的高度相同，则小强自 O 到 C 共需________ s.

3. 把某一次函数的图象左移 2 个单位，然后再上移 3 个单位，最后得到的直线与原直线重合，则其一次项的系数为________.

4. 抛物线 $y=2x^2-2x-1$ 与 $y=-x^2+7x-7$ 的两交点分别为 A,B，则线段 AB 的中点到 x 轴的距离为________.

（三）解答题

1. 一条从点 $P(-2,1)$ 发出的光线射到 x 轴上，被 x 轴反射至点 $Q(2,3)$，求反射光线所在直线的一次函数表达式.

2. 一个二次函数，当 $x=0,1$ 的时候，函数值均为 1，而且它的图象上的任何一个点，都不可能在一次函数 $y=x$ 的下方，求该二次函数的表达式.

3. 正方形 $ABCD$ 中，A,B 两点在直线上 $l:y=-\frac{3}{4}x+\frac{25}{4}$ 上，C,D 两点在以原点为圆心、以$\sqrt{10}$为半径的圆上，

(1) 求圆上的动点到直线 l 距离的最大值和最小值.

(2) 求正方形 $ABCD$ 的面积.

4. 已知二次函数 $y=x^2+bx+c(c<0)$ 的图象与 x 轴的交点分别为 A，B，与 y 轴的交点为 C. 设$\triangle ABC$ 的外接圆的圆心为点 P.

(1) 证明：$\odot P$ 与 y 轴的另一个交点是与 b,c 无关的定点.

(2) 如果 AB 恰好为$\odot P$ 的直径且 $S_{\triangle ABC}=2$，求 b 和 c 的值.

四、强化训练题

（一）选择题

1. 已知函数 $y=ax+b$ 与 $y=ax^2+bx+c$，则它们的图象在同一个平面直角坐标系中是(　　)

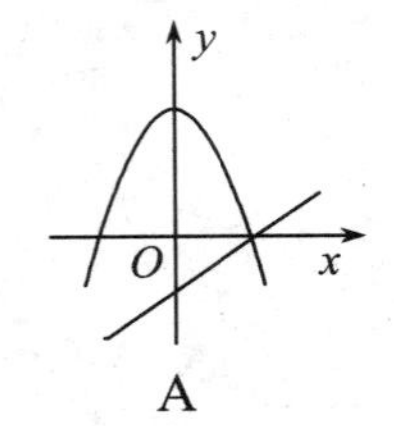

A

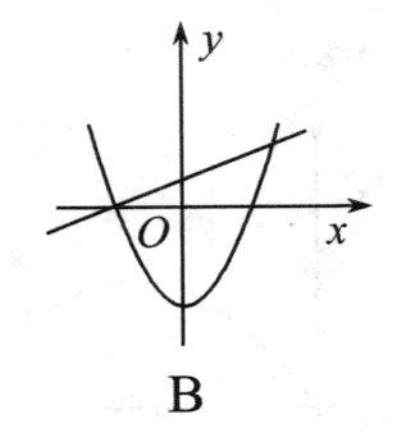

B

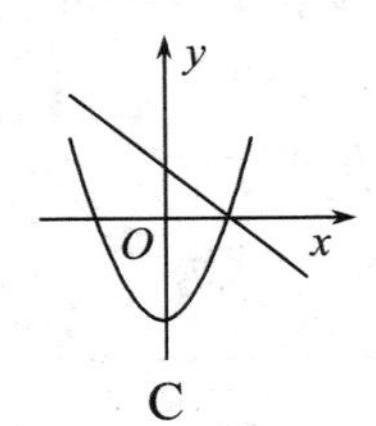

C

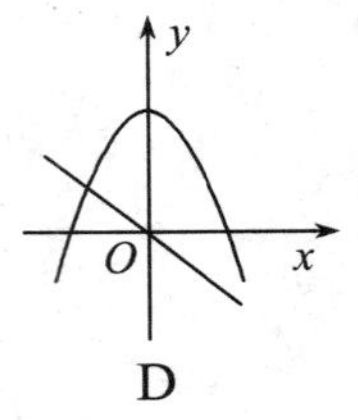

D

第 1 题图

2. 已知函数 $y=ax^2+bx+c$，如果 $a>b>c$ 且 $a+b+c=0$，则它的图象可能为(　　)

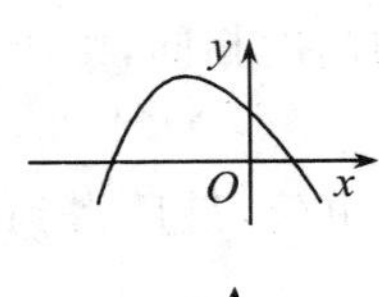

A

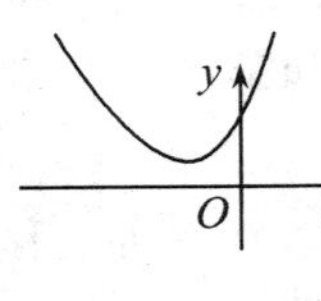

B

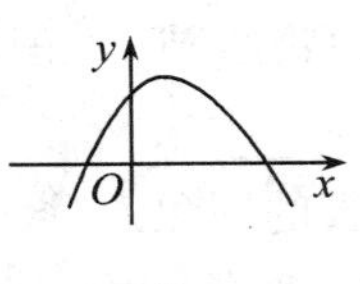

C

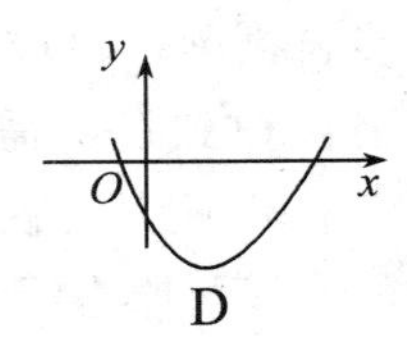

D

第 2 题图

3. 若 $A(-4,y_1)$，$B(-3,y_2)$，$C(1,y_3)$为二次函数 $y=x^2+4x-m$ 的图象上的三点，则 y_1,y_2,y_3 的大小关系是(　　)

A. $y_1<y_2<y_3$　　B. $y_2<y_1<y_3$

C. $y_3<y_1<y_2$　　D. $y_1<y_3$

4. 一次函数 $y=-kx+4$ 与反比例函数 $y=\frac{k}{x}$ 的图象有两个不同的交点，点 $\left(-\frac{1}{2},y_1\right)$，$(-1,y_2)$，$\left(\frac{1}{2},y_3\right)$ 是函数 $y=\frac{2k^2-9}{x}$ 图象上的三个点，则 y_1,y_2,y_3 的大小关系是(　　)

A. $y_2<y_3<y_1$　　B. $y_1<y_2<y_3$

C. $y_3<y_1<y_2$　　D. $y_3<y_2<y_1$

5. 点 A 在双曲线 $y=\frac{6}{x}$ 上，且 $OA=4$，过 A 作 AC 垂直于 x 轴，垂足为 C，OA 的垂直平分线交线段 OC 于 B，则 $\triangle ABC$ 的周长为(　　)

A. $2\sqrt{7}$　　B. 5　　C. $4\sqrt{7}$　　D. $\sqrt{22}$

6. 若函数 $y=x^2-2x+b$ 的图象与坐标轴有三个交点，则 b 的取值范围是(　　)

A. $b<1$ 且 $b\neq0$　　B. $b>1$

C. $0<b<1$　　D. $b<1$

7. 已知二次函数 $y=ax^2+bx+1(a\neq0)$ 的图象的顶点在第二象限，且过点 $(1,0)$. 当 $a-b$ 为整数时，$ab=$(　　)

A. 0　　B. $\frac{1}{4}$　　C. $-\frac{3}{4}$　　D. -2

（二）填空题

1. 下列判断：(1) 若 $a>b,c>d$，则 $a+c>b+d$；(2) 若 $a>b,c>d$，$ac>bd$；(3) 若 $a>b$，则 $a^2>b^2$；(4) 若 $a>b$，则 $a^3>b^3$；(5) 若 $a>b$，则 $\frac{1}{a}<\frac{1}{b}$. 其中，正确的序号为________________.

2. 如图，一抛物线型拱桥，当拱顶到水面的距离为 2 m 时，水面宽度为 4 m；那么当水位下降 1 m 后，水面的宽度为__________.

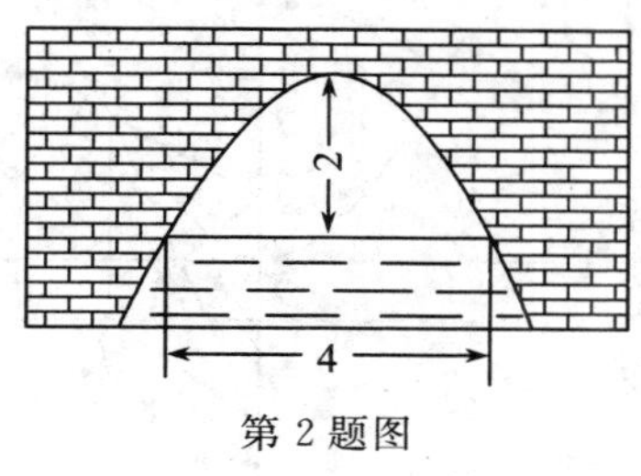

第 2 题图

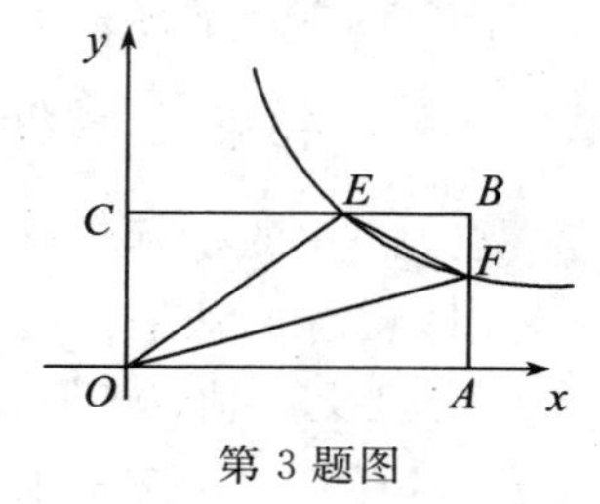

第 3 题图

3. 如图，双曲线 $y=\frac{2}{x}(x>0)$ 与矩形 $OABC$ 的边 CB，BA 分别交于点

E,F,且 $AF=BF$,连接 EF,则$\triangle OEF$ 的面积为________.

(三)解答题

1. 二次函数 $y=(m+5)x^2+2(m+1)x+m$.

(1) 若二次函数的图象过一个定点,求出该定点的坐标;

(2) 若二次函数的图象全部在 x 轴的上方,求 m 的取值范围.

2. 圆与坐标轴都相切而且过点 $M(1,2)$,求圆心坐标和半径长度.

3. 已知点 $A(-2,-3)$,$B(1,0)$,$C(0,-3)$.

(1) 求经过 A,B,C 三点的抛物线顶点 D 和抛物线与 x 轴另一交点 E 的坐标;

(2) 若在线段 OC 上有一动点 M(不在端点),分别以点 O,C 为圆心,OM,MC 为半径作圆,在$\odot O$ 与$\odot C$ 上各有一动点 P,Q,求 $EP+EQ$ 的范围;

(3) 若从点 D 向 y 轴上某点 G 出发,再从点 G 向 x 轴上某点 H 出发,再由点 H 到达点 A,求所走路径长度的最小值.

4. 已知对称轴为 $x=-1$ 的抛物线 $y=ax^2+bx+c(a\neq 0)$ 与 x 轴交于 A,B 两点,与 y 轴交于点 C,其中 $A(-3,0)$,$C(0,-2)$.

(1) 求这条抛物线的函数表达式.

(2) 若在对称轴上存在一点 P,使得$\triangle PBC$ 的周长最小.请求出点 P 的坐标.

(3) 若点 D 是线段 OC 上的一个动点(不与点 O、点 C 重合).过点 D 作 $DE\parallel PC$ 交 x 轴于点 E.连接 PD,PE.设 CD 的长为 m,$\triangle PDE$ 的面积为 S.求 S 与 m 之间的函数关系式.并说明 S 是否存在最大值?若存在,请求出最大值;若不存在,请说明理由.

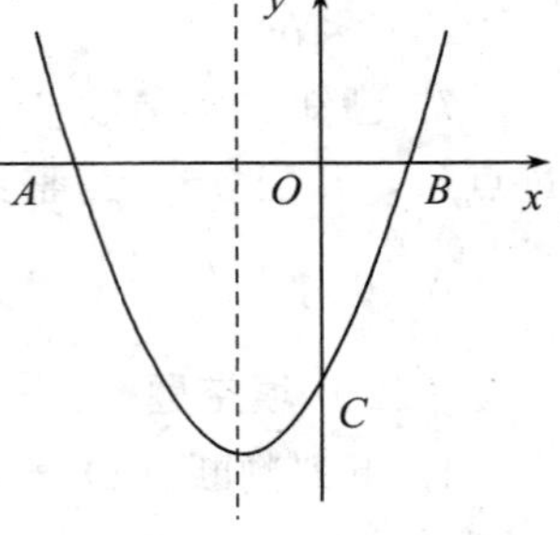

第 4 题图

5. 如图,在直角坐标系 xOy 中,点 P 为函数 $y=\frac{1}{4}x^2$ 在第一象限内的图象上的任意一点,点 A 的坐标为$(0,1)$,直线 l 过点$(0,-1)$且与 x 轴平行,过 P 作 y 轴的平行线,分别交 x 轴、l 于 C,Q,连接 AQ 交 x 轴于 H,直线 PH 交 y 轴于 R.

(1) 求证:H 点为线段 AQ 的中点.

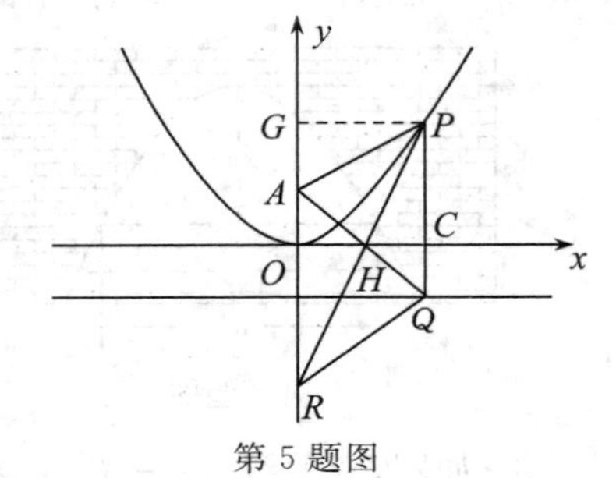

第 5 题图

（2）求证：四边形 $APQR$ 为菱形.

（3）除 P 点外，直线 PH 与抛物线 $y=\frac{1}{4}x^2$ 有无其他公共点？说明理由.

（4）过 A 点的直线与抛物线交于 P,P'，求证这两个点的横坐标之积始终为定值.

（5）若一条直线与抛物线交于 P,P'，如果这两个点的横坐标之积为 -4，求证：该直线必过某一个定点.

第五节　二次函数的最大值、最小值

一、知识梳理

二次函数 $y=ax^2+bx+c(a\neq 0)$ 是初中函数的主要内容，也是高中学习的重要基础. 在初中数学学习中大家已经知道，二次函数在自变量 x 取任意实数时的最值情况：当 $a>0$ 时，函数在 $x=-\frac{b}{2a}$ 处取得最小值 $\frac{4ac-b^2}{4a}$，无最大值；当 $a<0$ 时，函数在 $x=-\frac{b}{2a}$ 处取得最大值 $\frac{4ac-b^2}{4a}$，无最小值.

本节中我们将在这个基础上继续学习当自变量 x 在某个范围内取值时函数的最值问题；同时，还将学习二次函数的最值问题在实际生活中的简单应用以及与二次函数最值问题相关的数学方法.

这部分问题的主要研究方法是图象法，所以一定要注意：数形结合和分类讨论，力求准确地做出函数的图象，尤其是讨论对称轴与函数定义域的相对位置.

二次函数在自变量 x 的给定范围内，对应的图象是抛物线上的一段，那么，最高点的纵坐标即为函数的最大值，最低点的纵坐标即为函数的最小值. 根据二次函数对称轴的位置，函数在所给自变量 x 的取值范围 $m\leqslant x\leqslant n$ 内的图象形状各异. 下图中给出一些常见情况，我们可以发现其最大值和最小值的对应点，以及这些点与对称轴的相对位置关系.

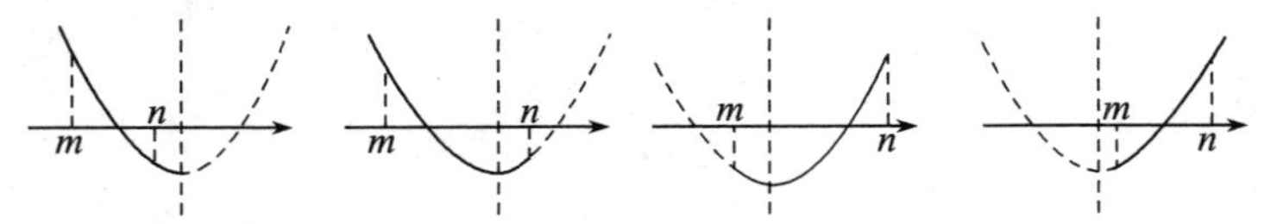

通过本节内容的学习，同学们可以学习配方法、换元法在二次函数问题中的应用，更加深刻地理解和把握变量思想、分类讨论思想、数形结合思想等.

二、例题探究

例 1　已知 $x+y=1$，$w=x^3+y^3$，判断 w 有最大值还是最小值. 若有，请

求出它的值;否则,请说明理由.

探究: 由题知 $y=1-x$,(消元是硬道理)

$w=x^3+(1-x)^3=x^3+(1-x)(1-x)^2=3x^2-3x+1$. 所以当 $x=\frac{1}{2}$ 时,w 的最小值为 $\frac{1}{4}$;w 没有最大值.

说明: 消元以后,我们肯定离结论更近了.

例 2　(1) 当 $1\leqslant x\leqslant 4$ 时,求二次函数 $y=x^2-x-6$ 的最大值和最小值;

(2) 当 $-3\leqslant x\leqslant 1$ 时,求二次函数 $y=x^2-x-6$ 的最大值和最小值;

(3) 当 $t\leqslant x\leqslant t+1$ 时,求二次函数 $y=x^2-x-6$ 的最大值和最小值(t 为已知数).

探究:(数形结合,图象法)结合函数在指定范围内的图象,关注函数在对称轴处和定义域边界处的函数值,容易得到:

(1) 最大值 6,最小值 -6;

(2) 最大值 6,最小值 $-\frac{25}{4}$;

(3) 解:函数 $y=x^2-x-6$ 的对称轴为 $x=\frac{1}{2}$.

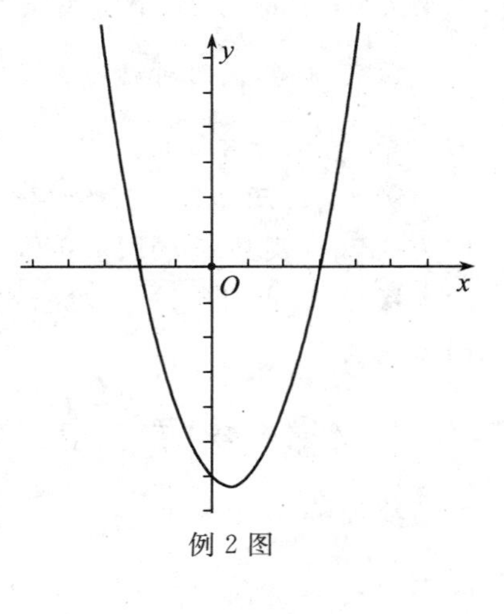

例 2 图

先求最小值.

因为对称轴可能在定义域 $t\leqslant x\leqslant t+1$ 内,也可能在定义域的左右两侧,所以要分三种情况讨论:

① 若 $t+1<\frac{1}{2}$,即 $t<-\frac{1}{2}$,即定义域都在对称轴左侧,则 $x=t+1$ 时,函数的最小值为 t^2+t-6;

② 若 $t\leqslant\frac{1}{2}\leqslant t+1$,即 $-\frac{1}{2}\leqslant t\leqslant\frac{1}{2}$,此时对称轴在定义域之内,则 $x=\frac{1}{2}$ 时,函数的最小值为 $-\frac{25}{4}$;

③ 若 $t>\frac{1}{2}$,即定义域都在对称轴右侧,则 $x=t$ 时,函数的最小值为 t^2-t-6.

再求最大值.

和上面的探究一样，也是让对称轴相对于定义域运动起来，我们很快就会发现，只需关注对称轴与定义域的中点 $x=t+\frac{1}{2}$ 的相对位置即可：

① 若 $t+\frac{1}{2}\leqslant\frac{1}{2}$，即 $t\leqslant 0$，即定义域左侧离对称轴更远，则 $x=t$ 时，函数的最大值为 t^2-t-6；

② 若 $t+\frac{1}{2}>\frac{1}{2}$，即 $t>0$，即定义域右侧离对称轴更远，则 $x=t+1$ 时，函数的最大值为 t^2+t-6.

例 3　是否存在实数 a，当 $-2\leqslant x\leqslant 4$ 时，二次函数 $y=x^2-ax-6$ 的最大值为 6？如果存在，请求出 a 的值；如果不存在，请说明理由.

探究：抛物线的对称轴为直线 $x=\frac{a}{2}$，与例 2(3) 相同，也是讨论定义域的中点 $x=1$ 与对称轴的相对位置关系即可，可得 $a=1$ 或 $a=4$.

例 4　已知函数 $y=x^2-2x+3$，当 $0\leqslant x\leqslant m$ 时，y 的最大值和最小值分别为 3，2，求实数 m 的取值范围.

探究：画出图象，这是抛物线的一段，而且其左端点是不变的，让定义域的右端点不断变化，可得 $1\leqslant m\leqslant 2$.

例 5　求函数 $y=\frac{x^2-4x+1}{x^2}$ 的最小值.

探究：原函数化为 $y=\frac{1}{x^2}-\frac{4}{x}+1$，令 $\frac{1}{x}=t(t\neq 0)$，则 $y=t^2-4t+1$，所以 $t=2$ 时，y 最小值为 -3.（换元法）

例 6　$y=x+2a\sqrt{2-x}+5-a$.

(1) $a=1$ 时，求 y 的最大值；

(2) 若 y 的最大值为 9，求 a 的值.

探究：(1) 令 $\sqrt{2-x}=t(t\geqslant 0)$，则 $x=2-t^2$，

所以 $y=-t^2+2t+6$，

所以 $t=1$ 时，y 的最大值为 7.

(2) $y=-t^2+2at+7-a(t\geqslant 0)$，这是一条开口向下的抛物线，对称轴为 $t=a$. 若 $a\geqslant 0$，则 $t=a$ 时，$y_{\max}=a^2-a+7=9$，所以 $a=-1$（舍去）；若 $a<0$，则 $t=0$ 时，$y_{\max}=7-a=9$，所以 $a=-2$. 综上，$a=-2$.

说明：针对定义域的变化，结合函数图象的变化，分类讨论可以提高问题的确定性，降低探究的难度.

例 7　(1) 已知 $x^2+y^2=1$，求 xy 的最大值和最小值.

(2) 求 $y=x^2+x^{-2}$ 的最小值.

探究：(充分利用条件是一个基本原则，配方法往往在此类问题中有广泛应用)

(1) $xy=\dfrac{(x^2+y^2)-(x-y)^2}{2}=\dfrac{1-(x-y)^2}{2}\leqslant\dfrac{1}{2}$，当 $x=y$ 时，xy 的最大值为 $\dfrac{1}{2}$；

$xy=\dfrac{(x+y)^2-(x^2+y^2)}{2}=\dfrac{(x+y)^2-1}{2}\geqslant-\dfrac{1}{2}$，当 $x=-y$ 时，xy 的最小值为 $-\dfrac{1}{2}$.

(2) (配方法)

$y=x^2+\dfrac{1}{x^2}=\left(x-\dfrac{1}{x}\right)^2+2$，所以当 $x=\dfrac{1}{x}$ 时，即 $x=\pm1$ 时，函数最小值为 2.

说明：利用配方法求函数的最大值或最小值，可以将问题转化到原始状态，问题往往峰回路转.

三、课后练习

1. 当 $x\geqslant0$ 时，函数 $y=-x(2-x)$ 有最大值和最小值吗？若有，请求出来；若没有，请说明理由.

2. 动点 P 在一次函数 $y=-2x+4$ 的图象上且在第一象限，由 P 向两坐标轴作垂线，垂足分别为 A,B,O 为原点，求矩形 $OAPB$ 的最大面积.

3. 如第 3 题图，已知边长为 4 的正方形钢板有一个角锈蚀，其中 $AF=2,BF=1$. 为了合理利用这块钢板. 将在五边形 $EABCD$ 内截取一个矩形块 $MDNP$，使点 P 在 AB 上，且要求面积最大，求钢板的最大利用率.

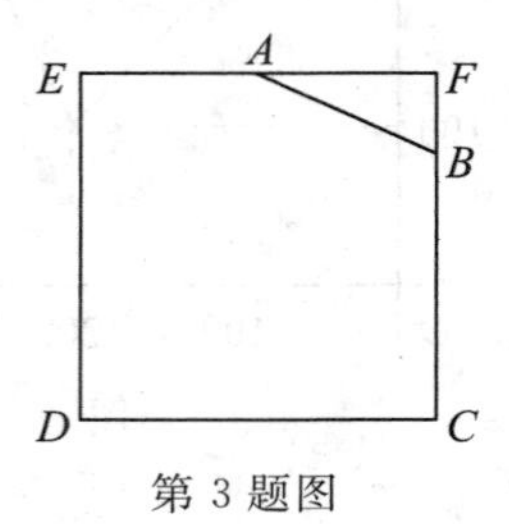

第 3 题图

4. 函数 $y=-x^2+2x+3(t\leqslant x\leqslant t+2)$.

(1) 若函数的最大值为 4，求常数 t 的取值范围；

(2) 若函数的最小值为3,求常数 t 的值.

5. 单位圆的内接矩形在什么情况下取得最大面积?为什么?

6. 点 P 为双曲线 $y=\frac{9}{x}$ 上的动点,由点 P 向 x 轴、y 轴作垂线,垂足分别为 A,B.

(1) 求矩形 $PAOB$ 的面积;

(2) 求矩形 $PAOB$ 周长的最小值,并求出此时点 P 的坐标.

四、强化训练题

1. 设 $a>0$,当 $-1\leqslant x\leqslant 1$ 时,函数 $y=-x^2-ax+b+1$ 的最小值是 -4,最大值是0,求 a,b 的值.

2. 已知函数 $y=x^2+2ax+1$ 在 $-2\leqslant x\leqslant 2$ 上的最大值为4,这样的 a 是否存在?若存在,求 a 的值;若不存在,请说明理由.

3. 设计一幅宣传画,要求画面面积为4 840 cm^2,画面的上、下各留8 cm空白,左、右各留5 cm空白.

(1) 甲方要求宣传画所用纸张面积为6 600 cm^2,这是无理要求吗?可否实现?

(2) 怎样确定画面的高与宽,使宣传画所用纸张面积最小?

4. 某蔬菜基地种植西红柿,由历年市场行情得知,从2月1日起的300天内,西红柿市场售价与上市时间的关系用图①的一条折线表示;西红柿的种植成本与上市时间的关系用图②的抛物线段表示.

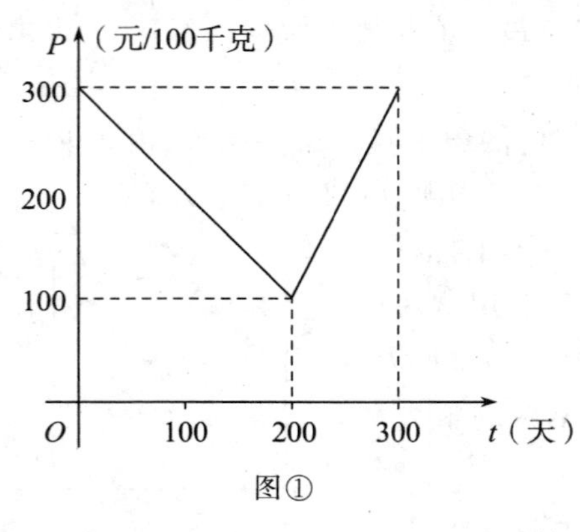

图①

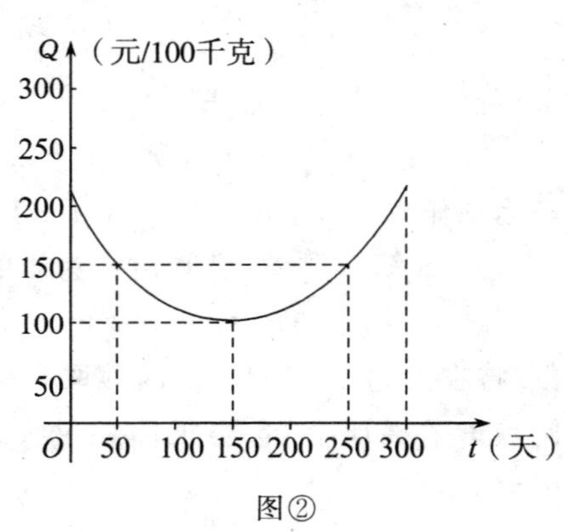

图②

第4题图

(1) 写出图①表示的市场售价与时间的函数关系式.

写出图②表示的种植成本与时间的函数关系式.

(2) 认定市场售价减去种植成本为纯收益,问:何时上市的西红柿收益最大?

5. 如第5题图,半径为2的圆内接等腰梯形 $ABCD$,它的下底 AB 是圆的直径,上底 CD 的端点在圆周上,DO 垂直 AB 于 O.

设梯形周长为 y,腰长为 x,求 y 关于自变量 x 的函数表达式,并求周长 y 的最大值.

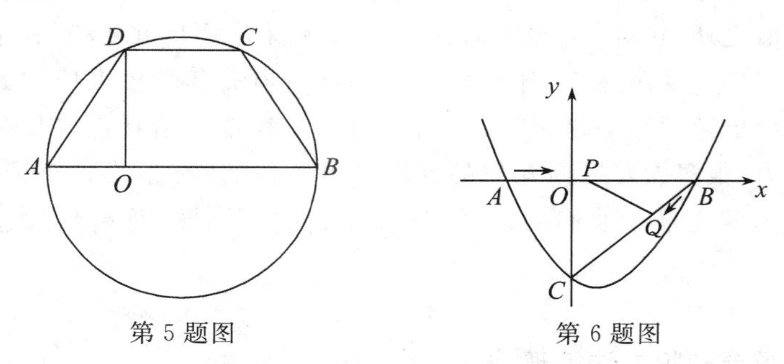

第5题图　　　　第6题图

6. 如第6题图,在平面直角坐标系中,抛物线 $y=ax^2+bx-3(a\neq0)$ 与 x 轴交于点 $A(-2,0)$,$B(4,0)$ 两点,与 y 轴交于点 C.

(1) 求抛物线的解析式.

(2) 点 P 从 A 点出发,在线段 AB 上以每秒3个单位长度的速度向 B 点运动,同时点 Q 从 B 点出发,在线段 BC 上以每秒1个单位长度的速度向 C 点运动,其中一个点到达终点时,另一个点也停止运动. 当 $\triangle PBQ$ 存在时,求运动多少秒时,$\triangle PBQ$ 的面积最大及最大面积是多少.

(3) 当 $\triangle PBQ$ 的面积最大时,在 BC 下方的抛物线上存在点 K,使 $\triangle CBK$ 与 $\triangle PBQ$ 的面积之比为 $5:2$,求 K 点坐标.

第六节　平面几何与三角函数

平面几何的证明与计算，是初等数学的重要组成部分，除了其广泛的实际应用价值之外，它对人的思维能力的培养无疑是极其重要的，其中的思想方法会使很多人受用终生. 什么是教育？就是当离开学校以后，“如果你忘记了在学校里学到的一切，那么所剩下的就是教育”，是真正有长久价值的智慧和能力. 很多人对平面几何的问题和方法，往往终生难以忘记；平面几何的方法体系几乎是他们的最爱，每每遇到相关问题，总是兴致盎然地去解决.

一、重要知识方法梳理

（一）辅助线

平面几何问题的重点和难点往往是辅助线的做法. 作辅助线有自己固有的方法和原则. 一般来说，大致有两种辅助线：发展条件的辅助线和转化结论的辅助线，所有的辅助线都是用来沟通条件和结论间联系的. 如果一条辅助线能把条件向前推进，使之更靠近结论，那么它就是有效的；如果一条辅助线能把结论进行转化，使之能更容易与条件结合，那么它也是有效的. 实际上，一条优秀的辅助线，往往兼具上述两种功能.

（二）三角形的四个心

外心：三角形外接圆的圆心，每条边的中垂线交于该点，它到三角形每个顶点的距离都等于其外接圆的半径. 请根据叙述画出对应的图形.

内心：三角形内切圆的圆心，三个内角的平分线交于该点，它到三角形每条边的距离都等于其内切圆的半径. 请根据叙述画出对应的图形.

重心：三角形三条边上的中线交于该点，它将每条中线分为 $2:1$ 的两部分. 请根据叙述画出对应的图形.

垂心：三角形的三条高线交于该点. 请根据叙述画出对应的图形.

中心：对等边三角形来说，上述四心是重合的，我们称其为等边三角形的中心.

（三）直角三角形与三角函数

直角三角形 ABC 中，三个内角 $\angle A$，$\angle B$，$\angle C$ 的对边分别为 a，b，c. 如果斜边 $AB=c$，则两个锐角 $\angle A$，$\angle B$ 互余.

$\sin^2 A+\sin^2 B=1$，$\cos^2 A+\cos^2 B=1$，$\sin^2 A+\cos^2 A=1$，$\tan A=\dfrac{\sin A}{\cos A}$，$0<\sin A<1$，$0<\cos A<1$.

通过三角形的高线所在的直角三角形，可以发现一般三角形的面积公式：若 $\angle A$ 为锐角，三角形面积 $S=\dfrac{1}{2}ab\sin C$；也就是说，三角形的面积等于两边的长与其夹角的正弦值的乘积的一半.

三角形和多边形的计算问题，大多是通过添加辅助线的方法，将其转化为直角三角形.

（四）三角形的全等与相似

三角形相似的判定与性质；

三角形全等的判定与性质；

三条平行线截两条直线，所得的对应线段成比例；

相似三角形的相似比等于对应中线的比，也等于对应角平分线的比，还等于对应高线的比，也是周长之比，三角形的面积比等于相似比的平方.

（五）多边形

n 边形的内角和：$(n-2)\cdot 180°$.

n 边形的对角线是指不相邻的两个顶点的连线.

平行四边形、矩形、菱形、正方形的概念、性质和判定方法.

对角线垂直的四边形的面积等于其对角线乘积的一半.

正多边形（正六边形是由六个等边三角形拼接而成的，若其边长为 a，则其较长的对角线为 $2a$，较短的对角线长为 $\sqrt{3}a$）.

（六）圆的知识

1. **垂径定理**

垂直于弦的直径平分这条弦，并且平分弦所对的两段弧.

平分弦（不是直径）的直径垂直于这条弦，并且平分这条弦所对的两段弧.

2. **圆周角定理**

同弧或等弧所对的圆周角相等，都等于弧所对圆心角度数的一半；直径所对的圆周角是直角；$90°$所对的弦是直径.

3. **圆的弦、切线、割线**

圆的切线垂直于过切点的半径.

从圆外一点 P 可做圆 O 的两条切线，其长度相等，PO 与切线、对应半径构成直角三角形.

圆的内接四边形对角互补.

$n°$的圆心角所对的弧长计算公式为 $l=\frac{n\pi R}{180}$.

$n°$的圆心角所在的扇形面积为 $S_{扇形}=\frac{n\pi R^2}{360}$.

相交弦定理：圆的两条弦 AB，CD 相交于点 P，则 $PA\cdot PB=PC\cdot PD$.

切割线定理：过圆外一点 P 引两条直线，分别与圆相交于 A，B 和 C，D，则 $PA\cdot PB=PC\cdot PD$.

过圆外一点 P，引两条直线，分别与圆相切于 T、相交于 A，B，则 $PA\times PB=PT^2$.

4. **四点共圆的证明与应用**

对角互补的四边形必有外接圆.

若点 P，Q 在线段 AB 的同侧，且$\angle APB=\angle AQB$，则 A，B，P，Q 四点共圆.

二、例题探究

例 1　光线与地面成 30°，半径 3 m 的木球的影子最长为多少？

探究：如例 1 图，直观想象一下，那条与阳光垂直的直径在地面上的投影就是答案，它其实是一个直角梯形的一条腰（斜腰）……答案是 12 m.

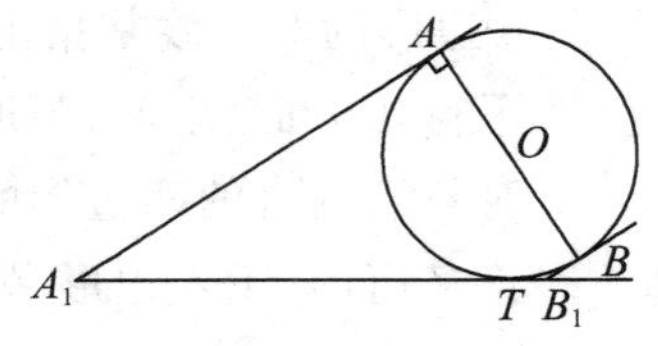

例 1 图

思维升级：做好辅助线就是本题的关键，必须画出两条与球相切的光线，跟进的自然应该是两条切点半径. 直角梯形里的那条固定的辅助线，它可以把梯形分成两个“规范图形”——直角三角形和矩形. 把握规则，一切都会水到渠成.

例 2　如例 2 图，在△ABC 中，AD 是$\angle BAC$ 的平分线，$AB=5$ cm，$AC=4$ cm，$BC=7$ cm，求 BD 的长.

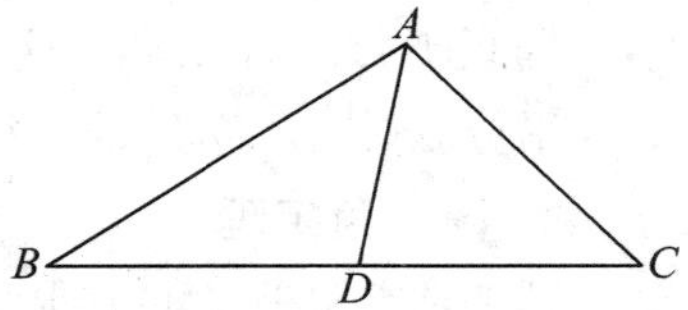

例 2 图

探究：因为 AD 是角平分线，所以点 D 到

AB,AC 的距离相等,设为 h,所以 $S_{\triangle ABD}=\frac{5}{2}h$,$S_{\triangle ACD}=\frac{1}{2}\times 4h=2h$;因为点 A 到 BD,CD 的距离相等,所以 $\frac{BD}{CD}=\frac{S_{\triangle ABD}}{S_{\triangle ACD}}=\frac{\frac{5}{2}h}{2h}=\frac{5}{4}$;因为 $BC=7$ cm,所以 $BD=7\times\frac{5}{5+4}=\frac{35}{9}$(cm).

问题升级:在本题中,求 BC 边上的高线和中线的长度以及 $\angle BAC$ 的平分线的长度.哪一个问题是最基本的?哪一个问题难度最大?解这类问题有一定之规吗?在构建方程引进未知数的时候,以目标元素为未知数还是以 BC 边上的某一通用元素为未知数?

例 3　在$\triangle ABC$中,已知 $AB=8$,BC 的长度比 AC 的长度大 2,$\angle BAC=60°$.求$\triangle ABC$的周长、面积、内切圆半径和外接圆半径.

探究:如例 3 图①,作 $CD\perp AB$ 于 D.设 $AC=x$,解$\triangle ADC$,得 $CD=\frac{\sqrt{3}}{2}x$,$AD=\frac{x}{2}$,则 $BD=8-\frac{x}{2}$.对于$\triangle BCD$,由勾股定理得 $\left(8-\frac{x}{2}\right)^2+\left(\frac{\sqrt{3}}{2}x\right)^2=(x+2)^2$,$x=5$,所以 $BC=7$,$AC=5$,所以周长为 20,面积为$10\sqrt{3}$,内切圆半径$\sqrt{3}$,外接圆半径$\frac{7}{\sqrt{3}}$.

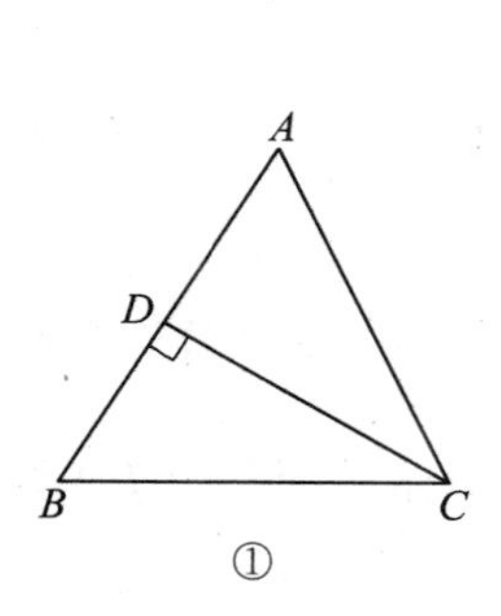

①

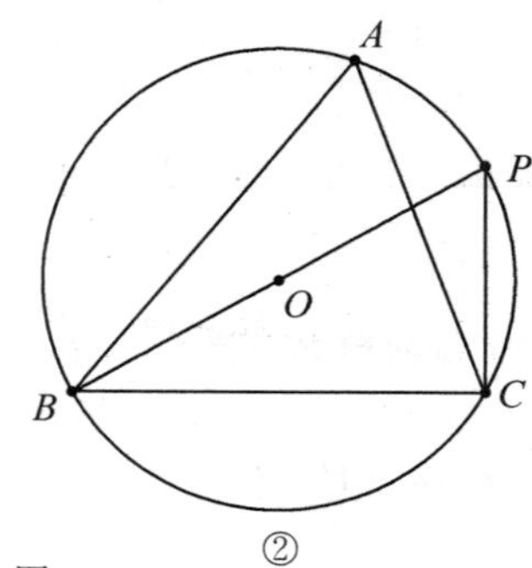

②

例 3 图

内切圆半径用等面积法求解.

外接圆半径:画出三角形及其外接圆,如例 3 图②假设外接圆圆心为 O,连接 BO 并延长与圆交于点 P,连接 PC.

直角三角形 PBC 中,$\angle P=\angle A=60°$,从中可以求出斜边也就是直径 BP.

思维升级:在本题的计算中，我们几乎都是构建直角三角形，从而使问题得以解决的. 但是，构建直角三角形也有一个基本原则，那就是要求其信息最丰富、最大限度地保留和发展题目的条件，最大限度地沟通结论元素. 比如第一次做$\triangle ABC$的高线的时候，我们的选择不是最好的也不是最坏的，你认为最好和最坏的两条高线是谁？为什么？第二次构建三角形外接圆直径的时候，我们本来有三种选择：连接AO并延长、连接BO并延长、连接CO并延长，你认为最不靠谱的是哪一种？为什么？

例4　如例4图①在平面直角坐标系中，半径为1的单位圆圆心的初始位置为(0,1)，该单位圆上有一个瑕疵点P，此时正位于原点处，单位圆沿着x轴滚动，当圆心坐标为$A\left(\frac{2\pi}{3},1\right)$时，求此时点$P$的坐标.

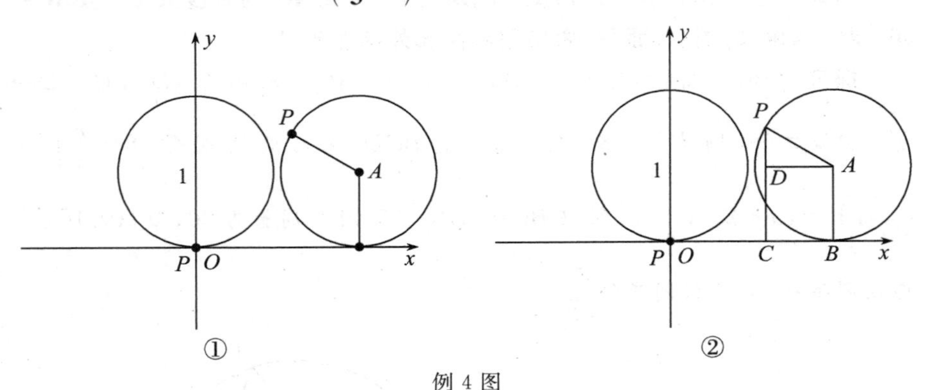

例4图

探究:如例4图②作$AB\perp x$轴于B，作$PC\perp x$轴于C，作$AD\perp PC$于D.

因为圆心移动的距离为$\frac{2\pi}{3}$，所以点P围绕圆心转过的弧长也是$\frac{2\pi}{3}$，这是圆周长的$\frac{1}{3}$，所以$\angle PAB=120°$，$\angle PAD=30°$. 在直角梯形$PABC$内可以计算得到$P\left(\frac{2\pi}{3}-\frac{\sqrt{3}}{2},\frac{3}{2}\right)$.

例5　如例5图①，点E，F分别是矩形$ABCD$的边AB，BC的中点，连接AF，CE交于点G，求四边形$AGCD$与矩形$ABCD$的面积之比.

探究:如例5图②：连接BG，设$S_{\triangle AEG}=a$，$S_{\triangle CFG}=b$，因为点E，F分别是矩形$ABCD$的边AB，BC的中点，所以$S_{\triangle BEG}=S_{\triangle AEG}=a$，所以$S_{\triangle BGF}=$

$S_{\triangle FGC}=b$. 因为 $S_{\triangle ABF}=S_{\triangle BCE}=\frac{1}{4}S_{\text{矩形}ABCD}$、$S_{\triangle ABF}=2a+b$，$S_{\triangle BCE}=2b+a$，所以 $a=b$，$S_{\text{矩形}ABCD}=12a$，所以 $S_{\text{四边形}AGCD}=8a$，

所以四边形 $AGCD$ 与矩形 $ABCD$ 的面积之比为 $\frac{2}{3}$.

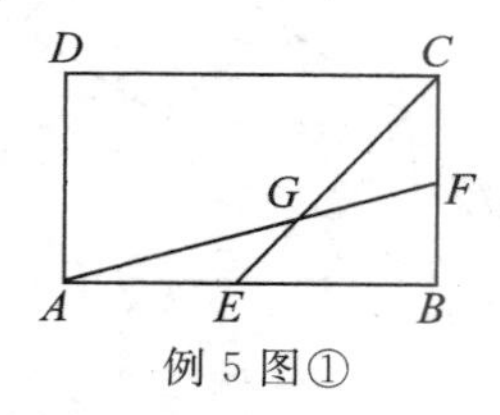

例 5 图①

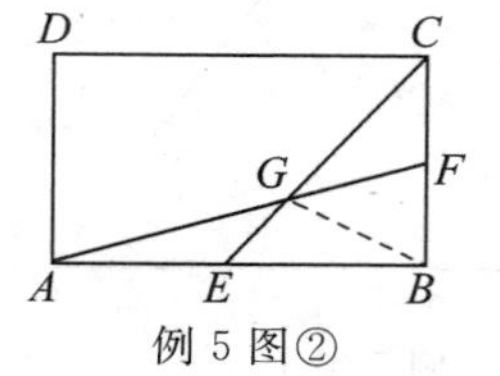

例 5 图②

思维升级：适时地引入方程来助力数形结合，往往可以给你带来突破.

点 G 好像还是某一三角形的重心，它将三条中线分为二比一的两段，发展此条信息，问题好像也能得到解决.

例 6　如例 6 图①，$\triangle ABC$ 内角 $\angle ABC$ 的平分线 BP 与外角 $\angle ACD$ 的平分线 CP 相交于 P，连接 AP，若 $\angle BPC=40°$，求 $\angle CAP$ 的度数.

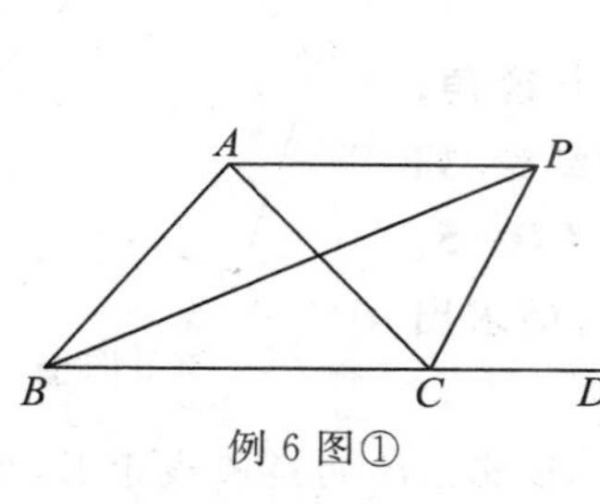

例 6 图①

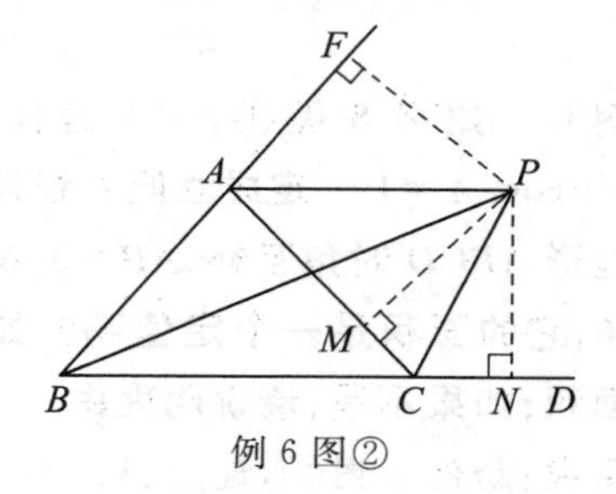

例 6 图②

探究：如例 6 图②，延长 BA，作 $PN\perp BD$，$PF\perp BA$，$PM\perp AC$. 设 $\angle PCD=x°$. 因为 CP 平分 $\angle ACD$，所以 $\angle ACP=\angle PCD=x°$，$PM=PN$. 因为 BP 平分 $\angle ABC$，所以 $\angle ABP=\angle PBC$，$PF=PN$，所以 $PF=PM$.

因为 $\angle BPC=40°$，

所以 $\angle ABP=\angle PBC=\angle PCD-\angle BPC=(x-40)°$，

所以 $\angle BAC=\angle ACD-\angle ABC=2x°-(x°-40°)-(x°-40°)=80°$，

所以 $\angle CAF=100°$.

在 $\text{Rt}\triangle PFA$ 和 $\text{Rt}\triangle PMA$ 中，

因为 $PA=PA$，$PM=PF$，

所以 $\text{Rt}\triangle PFA\cong\text{Rt}\triangle PMA(\text{HL})$，所以 $\angle FAP=\angle PAC=50°$，

故答案为 50°.

例 7 如例 7 图①,在四边形 $ABCD$ 中,$\angle A=135°$,$\angle D=90°$,$AB=\sqrt{2}$,$BC=5$,AD 比 CD 小 1. 求四边形 $ABCD$ 的面积.

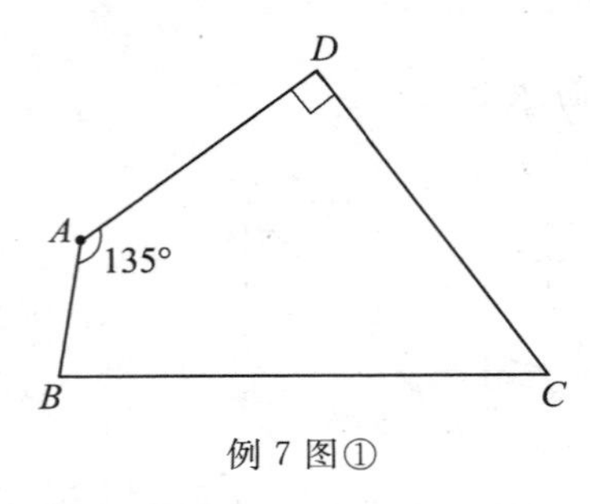

例 7 图①

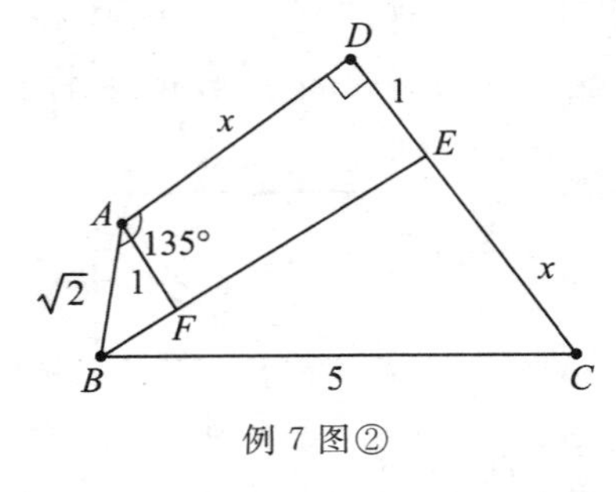

例 7 图②

提示:如例 7 图②,作 $BE\perp CD$ 于 E,$AF\perp BE$ 于 F.

设 $AD=x$,则 $CD=x+1$.

因为 $AF=DE=1$,所以 $CE=x$,

$\triangle BCE$ 中,根据勾股定理,求出 $x=3$,故面积为 $\frac{19}{2}$.

例 8 如例 8 图①,$\angle A$ 是任意一个锐角,$\sin^2 A+\cos^2 A=1$ 一定成立吗?证明你的结论. 如果四边形 $ABCD$ 对角互补,$AB=3$,$BC=4$,$CD=5$,$DA=6$,它的面积是一个定值吗?如果是,请求出这个面积;如果不是,请说明理由.

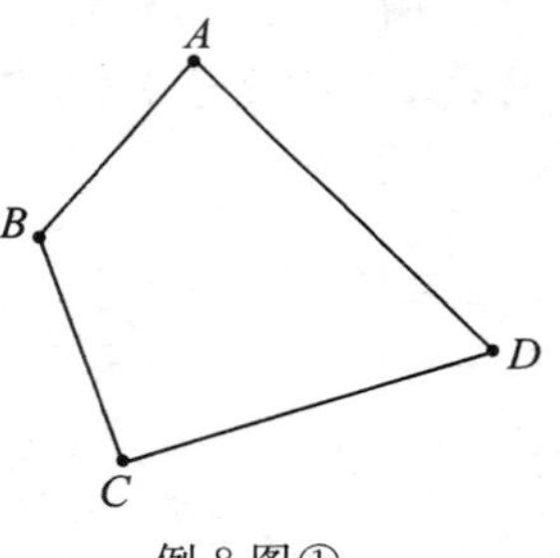

例 8 图①

探究:如例 8 图②,连接 AC,作 $CE\perp AB$ 交 AB 的延长线于 E,作 $CF\perp AD$ 于 F. $\mathrm{Rt}\triangle BCE$ 中,$\angle CBE=\angle D$,所以 $CE=4\sin D$,$BE=4\cos D$;$\mathrm{Rt}\triangle ACE$ 中,$AC^2=(3+4\cos D)^2+(4\sin D)^2=25+24\cos D$. 同样,$\triangle CDF$ 中,$DF=5\cos D$,$CF=5\sin D$. 所以 $\mathrm{Rt}\triangle ACF$ 中,$AC^2=(6-5\cos D)^2+(5\sin D)^2=61-60\cos D$,所以 $25+24\cos D=61-60\cos D$,所以 $\cos D=\frac{3}{7}$,所以 $\sin D=\frac{2\sqrt{10}}{7}$.

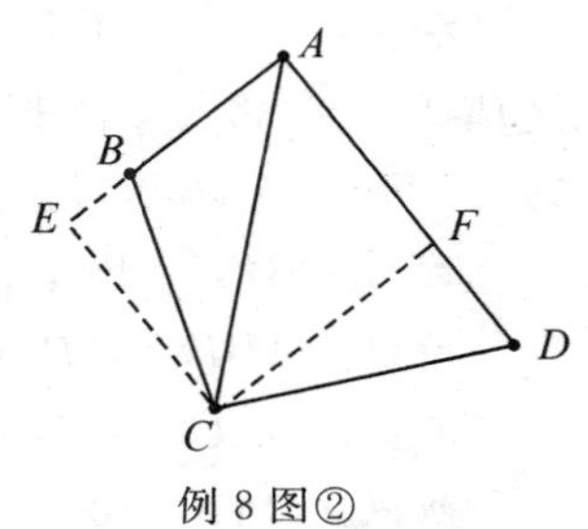

例 8 图②

这样一来,$\triangle ABC$ 和 $\triangle ADC$ 的面积之和就是答案:$S=6\sqrt{10}$.

思维升级:在本题的计算中,我们还是构建直角三角形,从而使问题得

以解决. 直角三角形信息最丰富，最大限度地保留和发展题目的条件，最大限度地沟通结论元素. 作$\triangle ABC$和$\triangle ADC$的高线的时候，我们的选择是最好的？为什么？你认为最不靠谱的是哪一种高线？为什么？

例 9　在$\triangle ABC$中，最大角$\angle A$是最小角$\angle C$的两倍，且$AB=7$，$AC=8$，求BC的长度.

探究：如例9图，作$\angle A$的平分线AD，因为最大角$\angle A$是最小角$\angle C$的两倍，所以$\angle BAD=\angle DAC=\angle C$，所以$AD=CD$，又因为$\angle B=\angle B$，所以$\triangle BAD\backsim\triangle BCA$，所以$\dfrac{BA}{BC}=\dfrac{AD}{AC}=\dfrac{BD}{AB}$，所以$\dfrac{7}{BC}=\dfrac{AD}{8}=\dfrac{BC-AD}{7}$，所以$56=AD\cdot BC$，$7AD=8(BC-AD)$，即$15AD=8BC$，

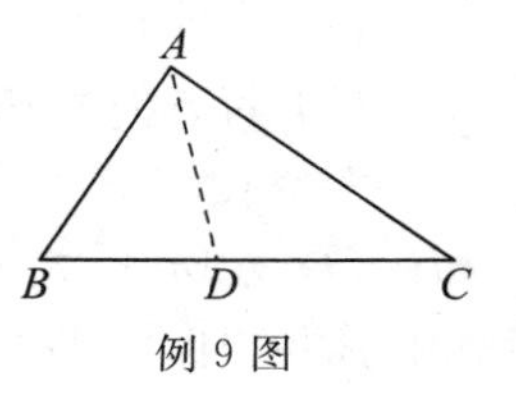

例9图

解得$BC=\sqrt{105}$，

故答案为$\sqrt{105}$.

例 10　如例10图，已知AB是圆O的直径，PB切圆O于点B，$\angle APB$的平分线分别交BC，AB于点D，E，交圆O于点F，PA交圆O于点C，$\angle A=60°$，线段AE，BD的长是$x^2-kx+2\sqrt{3}=0$(k为常数)的两个根.

(1) 求证：$PA\cdot BD=PB\cdot AE$；

(2) 求证：圆O的直径等于k；

(3) 求 tan $\angle FPA$.

例10图

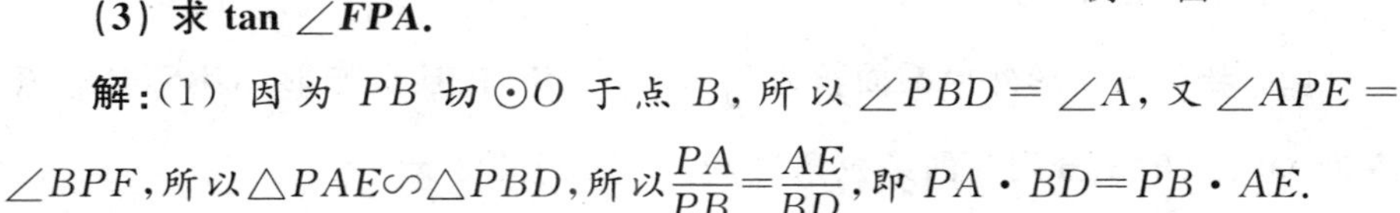

解：(1) 因为PB切$\odot O$于点B，所以$\angle PBD=\angle A$，又$\angle APE=\angle BPF$，所以$\triangle PAE\backsim\triangle PBD$，所以$\dfrac{PA}{PB}=\dfrac{AE}{BD}$，即$PA\cdot BD=PB\cdot AE$.

(2) 因为线段AE，BD是一元二次方程$x^2-kx+2\sqrt{3}=0$的两根(k为常数)，根据根与系数的关系，得$AE+BD=k$，因为$\angle BED=\angle A+\angle APD$，$\angle BDE=\angle PBD+\angle BPD$，所以$\angle BED=\angle BDE$，所以$BD=BE$，所以$AE+BE=k$，即$AB=k$.

(3) 因为$\triangle PAE\backsim\triangle PBD$，所以$\dfrac{BD}{AE}=\dfrac{PB}{PA}$，因为$\angle A=60°$，所以$\dfrac{PB}{PA}=\sin 60°=\dfrac{\sqrt{3}}{2}$，所以$\dfrac{BD}{AE}=\dfrac{\sqrt{3}}{2}$……①，$BD\cdot AE=2\sqrt{3}$……②，由①②得$BD=\sqrt{3}$，

$AE=2$、$BP=3+2\sqrt{3}$，所以 $\tan\angle BPD=\dfrac{BE}{BP}=2-\sqrt{3}$，即 $\tan\angle FPA=2-\sqrt{3}$.

例 11　如例 11 图①，以锐角$\triangle ABC$的一边 AB 为直径作$\odot O$，$\odot O$与 BC 边的交点恰好为 BC 的中点 D，过点 D 作$\odot O$的切线交 AC 于点 E.

(1) 求证：$DE\perp AC$；

(2) 若 $AB=3DE$，求 $\tan\angle ACB$ 的值.

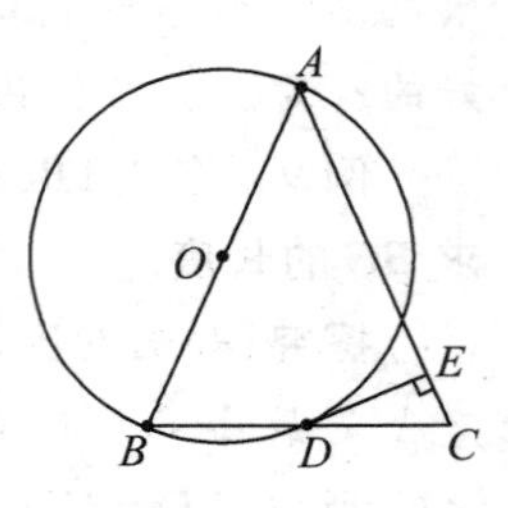

例 11 图①

探究：如例 11 图②，连接 OD，因为 DE 是$\odot O$的切线，D 为切点，所以 $OD\perp DE$；又因为 O，D 分别是 AB，BC 的中点，所以 $OD/\!/AC$，所以 $DE\perp AC$.

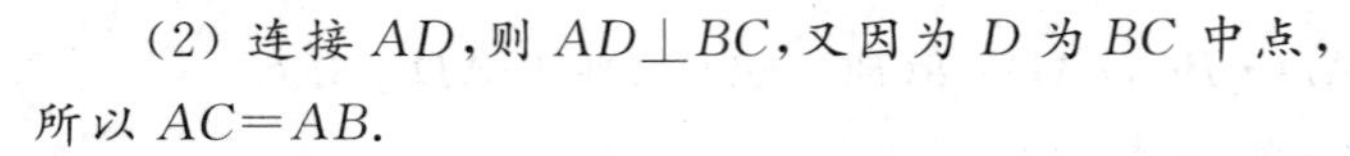

(2) 连接 AD，则 $AD\perp BC$，又因为 D 为 BC 中点，所以 $AC=AB$.

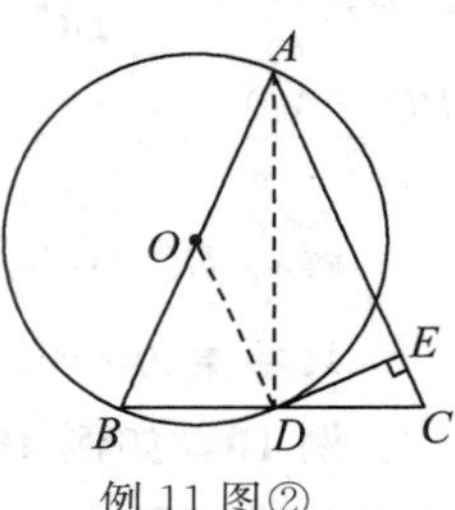

例 11 图②

设 $DE=b$，$EC=a$，则 $AB=3b$，$AE=3b-a$. 因为 $AD\perp BC$，$DE\perp AC$，易证$\angle C=\angle ADE$，则$\triangle ADE\backsim\triangle DCE$，所以 $DE^2=AE\cdot EC$，即 $b^2=(3b-a)\cdot a$，化简得 $b^2-3ab+a^2=0$，

解得 $b=\dfrac{3\pm\sqrt{5}}{2}a$，则 $\dfrac{b}{a}=\dfrac{3\pm\sqrt{5}}{2}$，故 $\tan\angle ACB=\dfrac{b}{a}=\dfrac{3\pm\sqrt{5}}{2}$.

例 12　Rt$\triangle ABC$ 中，$\angle A$，$\angle B$，$\angle C$ 的对边分别为 a，b，c，斜边为 c，且 $\cos A$，$\cos B$ 是关于 x 的方程 $(m+5)x^2-(2m-5)x+m-8=0$ 的两根.

(1) 求实数 m 的值；

(2) 若此三角形外接圆面积为$\dfrac{25\pi}{4}$，求$\triangle ABC$内接正方形 $PQRS$（P，Q 在斜边 AB 上，R，S 分别在两条直角边 BC，AC 上）的边长.

探究：两根为 $\cos A$，$\cos B$，分别是 $\cos A$，$\sin A$.

(1) 由韦达定理可得$\begin{cases}\cos A+\sin A=\dfrac{2m-5}{m+5}①\\ \cos A\sin A=\dfrac{m-8}{m+5}②\end{cases}$.

① 式的平方减去② 式的两倍可得：

$1=\left(\dfrac{2m-5}{m+5}\right)^2-2\cdot\dfrac{m-8}{m+5}$，解得 $m=4$（舍去）或 $m=20$.

$m=20$ 时，方程的两个根分别为 $\sin A=\dfrac{3}{5}$，$\cos A=\dfrac{4}{5}$.

(2) 此三角形外接圆面积为$\frac{25\pi}{4}$，可知其斜边就是直径 5，也就是两条直角边分别为 3 和 4.

画出图形，结合相似三角形，可以计算得到内接正方形的边长为$\frac{60}{37}$.

例 13　圆的切线与过切点的弦所形成的角（弦切角），等于其所夹弧对的圆周角（如例 13 图①，$\angle 1=\angle 2$）.

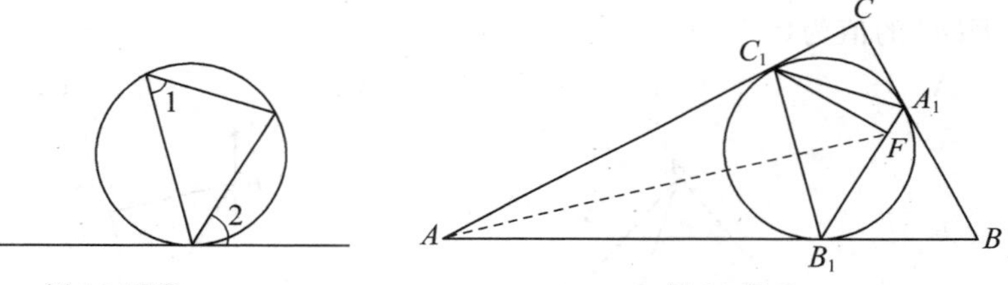

例 13 图①　　　例 13 图②

如例 13 题图②，在 $\mathrm{Rt}\triangle ABC$ 中，AB 为斜边，其内切圆分别与边 BC，AB，CA 切于 A_1，B_1，C_1，线段 C_1F 是$\triangle A_1B_1C_1$ 的高.

(1) 求$\angle B_1A_1C_1$ 与$\angle BAC$ 的关系；

(2) 求$\angle A_1B_1C_1$ 的度数；

(3) 证明：点 F 在$\angle BAC$ 的平分线上.

探究：(1) $\angle AB_1C_1=\angle AC_1B_1=\angle B_1A_1C_1$，所以 $2\angle B_1A_1C_1+\angle BAC=180^\circ$.

(2) $\angle A_1B_1C_1=\angle A_1C_1C$. $\mathrm{Rt}\triangle CC_1A_1$ 中，$CC_1=CA_1$，所以$\angle A_1B_1C_1=\angle A_1C_1C=45^\circ$.

(3) $\angle A_1B_1C_1=45^\circ$，所以$\triangle B_1C_1F$ 为等腰直角三角形，所以$\angle B_1C_1F=\angle C_1B_1F=45^\circ$；又因为$\angle AB_1C_1=\angle AC_1B_1$，所以$\angle AB_1F=\angle AC_1F$，所以$\triangle AB_1F$ 与$\triangle AC_1F$ 全等……所以点 F 在$\angle BAC$ 的平分线上.

三、课后练习

（一）选择题

1. 如图，AB 为圆 O 的直径，PD 切圆 O 于点 C，交 AB 的延长线于点 D，且 $CO=CD$，则$\angle PCA=$（　　）

A. 30°　　　B. 45°

C. 60°　　　D. 67.5°

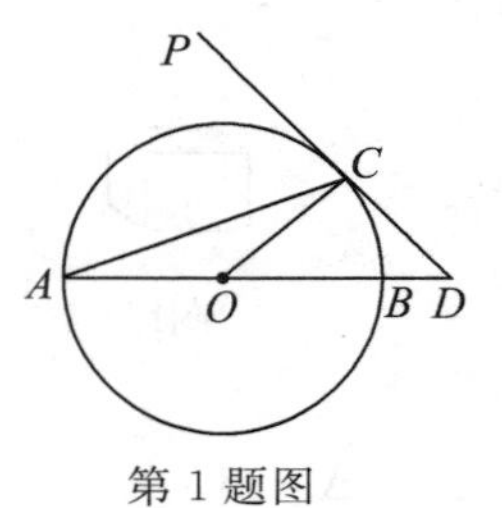

第 1 题图

2. 在平行四边形 $ABCD$ 中，$AB:AD=3:2$，$\angle ADB=60^\circ$，那么 $\cos A$ 的值为（　　）

A. $\frac{\sqrt{3}+2\sqrt{2}}{6}$　　B. $\frac{3-\sqrt{6}}{6}$

C. $\frac{3\pm\sqrt{6}}{6}$　　D. $\frac{\sqrt{3}\pm2\sqrt{2}}{6}$

3. 如图，$\triangle ABC$ 中，$\angle B=\angle C$，D 在 BC 上，$\angle BAD=50^\circ$，$AE=AD$，则 $\angle EDC$ 的值为（　　）

A. 15°　　B. 25°　　C. 30°　　D. 50°

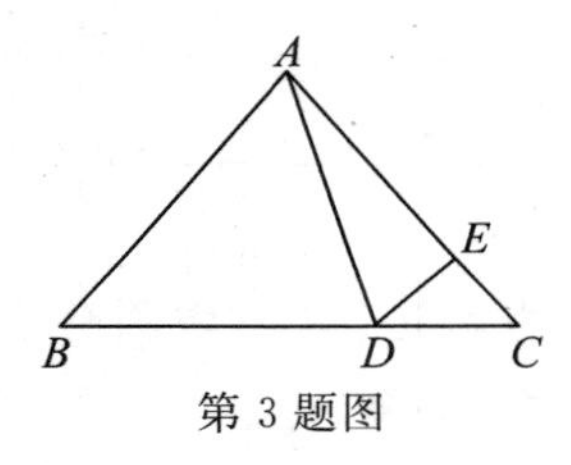

第 3 题图

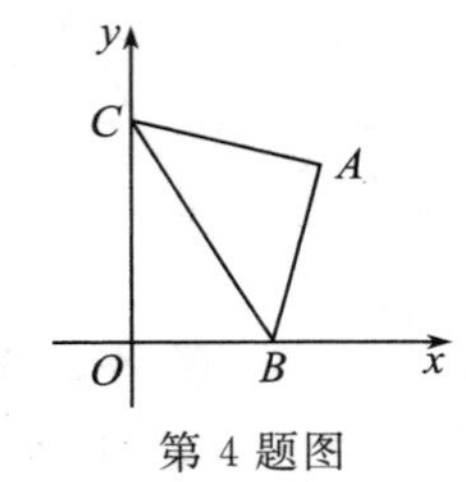

第 4 题图

4. 如图，在平面直角坐标系 xOy 中，点 B，C 分别在 x 轴和 y 轴非负半轴上，点 A 在第一象限，且 $\angle BAC=90^\circ$，$AB=AC=4$. 那么 O，A 两点间的距离为（　　）

A. 最大值为 $4\sqrt{2}$，最小值为 4

B. 最大值为 8，最小值为 4

C. 最大值为 $4\sqrt{2}$，最小值为 2

D. 最大值为 8，最小值为 2

5. 图 1 是一个水平摆放的小正方体木块，图 2、图 3 分别由这样的小正方体木块叠放而成，按照这样的规律继续叠放下去，至第七个叠放的图形中，小正方体木块总数应是（　　）

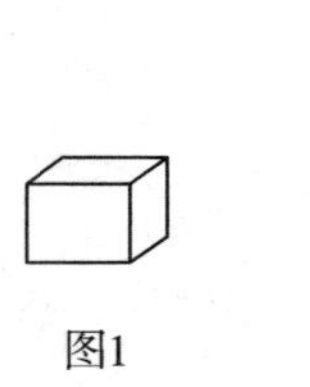
图1

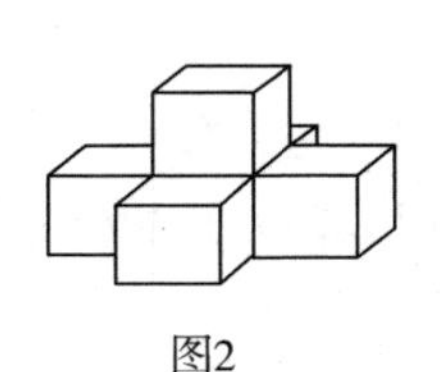
图2

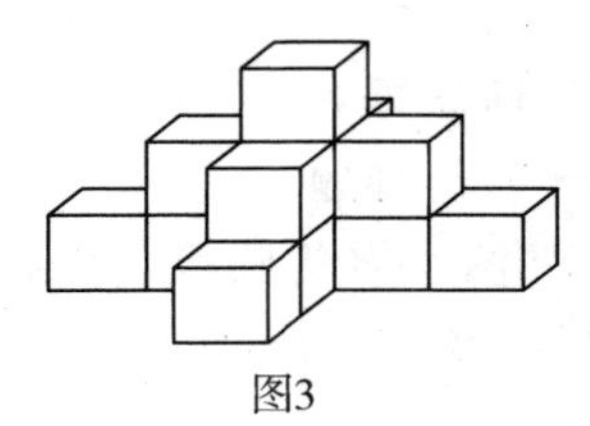
图3

第 5 题图

A. 25　　B. 66　　C. 91　　D. 120

6. 如图，$\angle ACB=60°$，半径为 2 的圆 O 切 BC 于点 C. 若将圆 O 在 CB 上向右滚动，则当滚动到圆 O 与 CA 也相切时，圆心 O 移动的水平距离为(　　)

A. 2π　　B. π　　C. $2\sqrt{3}$　　D. 4

7. 如图，在底面圆的直径为 1、长为 a 的圆柱体零件上，从点 A 到点 B 均匀(等距)地绕上 5 匝细线，则这 5 匝细线的总长度为(　　)

A. 5π　　B. $\sqrt{25\pi^2+a^2}$

C. $5\sqrt{\pi^2+a^2}$　　D. $\sqrt{\pi^2+a^2}$

8. 如图，直角$\triangle ABC$ 中，$\angle C=90°$，$AC=1$，$BC=2$，D 为斜边 AB 上一动点，$DE\perp BC$ 于点 E，$DF\perp AC$ 于点 F，则当线段 EF 最短时，矩形 $ECFD$ 的面积为(　　)

A. $\frac{1}{2}$　　B. $\frac{16}{25}$　　C. $\frac{4}{5}$　　D. $\frac{8}{25}$

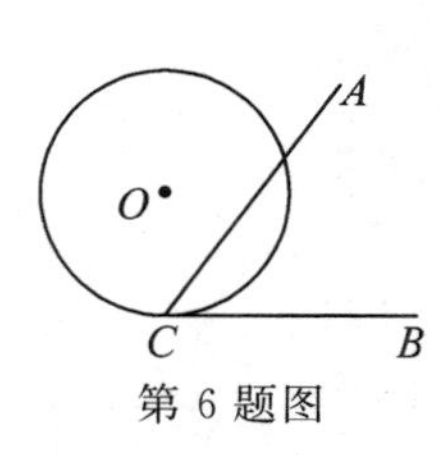

第 6 题图

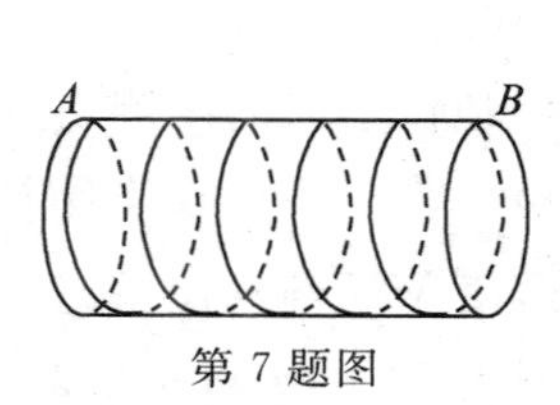

第 7 题图

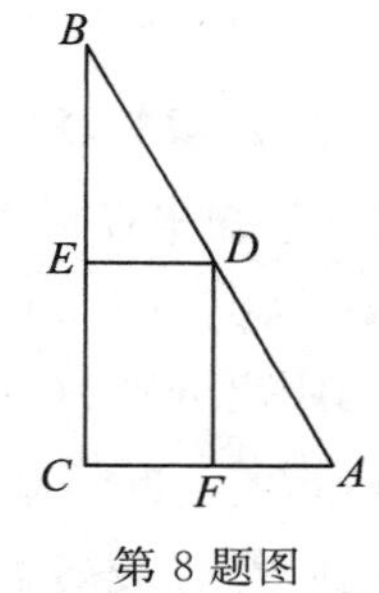

第 8 题图

（二）填空题

1. 如图，矩形纸片 $ABCD$，$AB=2$，点 E 在 BC 上，且 $AE=EC$. 若将纸片沿 AE 折叠，点 B 恰好落在 AC 上，则 AC 的长是________.

2. 如图，在$\triangle ABC$ 中，CD 是高，CE 为$\angle ACB$ 的平分线，若 $AC=15$，$BC=20$，$CD=12$，则 CE 的长等于________.

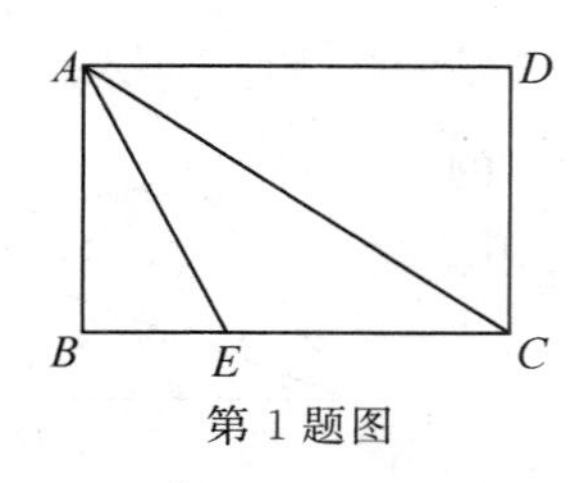

第 1 题图

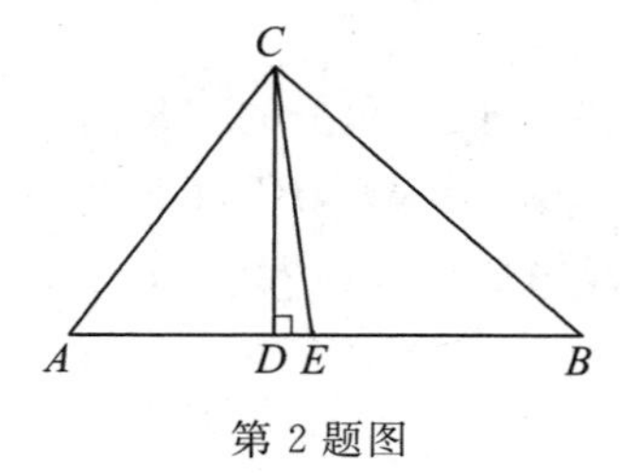

第 2 题图

3. 已知在平面直角坐标系中有两个定点 $A(3,1)$，$B(-1,2)$，在 x 轴上

有一个动点 P，则动点 P 到定点 A 和 B 的距离之和 $PA+PB$ 的最小值为________.

4. 如图，两圆的半径均为 1，且两个圆分别过对方的圆心，则两圆公共部分的面积为________.

5. 如图，设 D 是 $\triangle ABC$ 的边 AB 上的一点，作 $DE\parallel BC$ 交 AC 于点 E，作 $DF\parallel AC$ 交 BC 于点 F，已知 $\triangle ADE$、$\triangle DBF$ 的面积分别为 m，n，则四边形 $DECF$ 的面积为________.

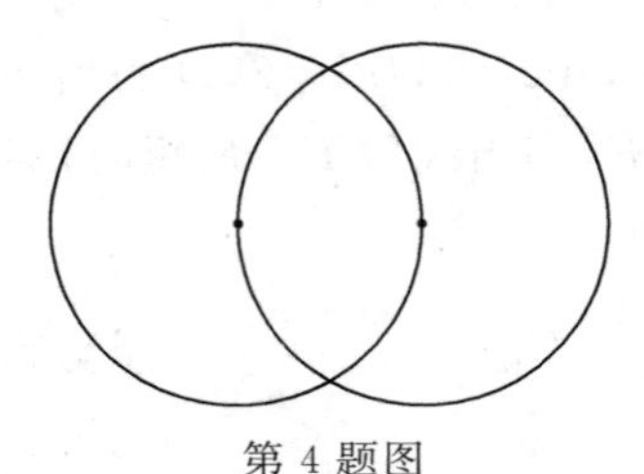
第 4 题图

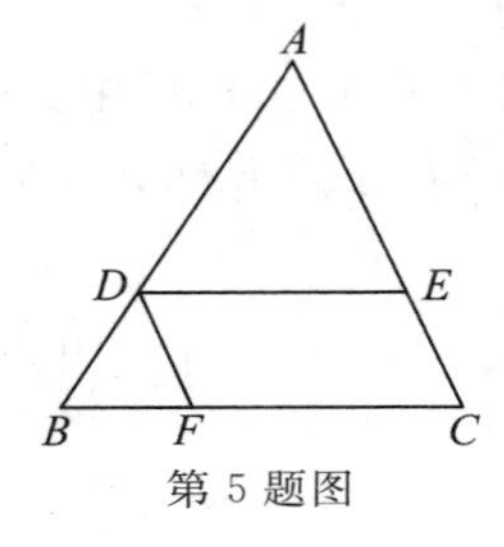

第 5 题图

（三）解答题

1. 已知半径为 2 的圆，其内接 $\triangle ABC$ 的边 $AB=2\sqrt{3}$，求 $\angle C$ 的度数.

2. 河宽为 1 km，A，B 两地位于河的两侧，且到河边的距离分别为 $AC=1$ km、$BD=3$ km，又 $CD=\sqrt{10}$ km. 现在设一渡口 MN，使 MN 与河岸垂直，求从 A 到 B 的最短路程 $AM+MN+NB$，并说明理由.

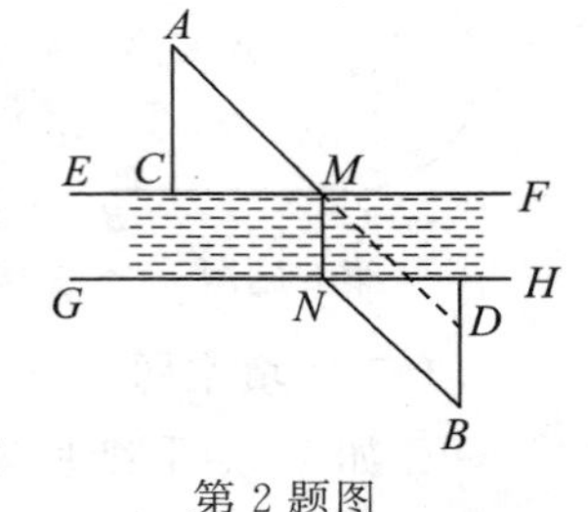

第 2 题图

3. 证明：(1) 三角形的三条中线交于一点（重心），该点将每一条中线都分成二比一的两部分.

(2) 三角形的三条角平分线交于一点（内心）.

(3) 三角形的三条边的中垂线交于一点（外心）.

4. (1) 求证三角形的三条高线交于一点.

(2) 如图，设 AD，BE，CF 为三角形 ABC 的三条高. 若 $AB=6$，$BC=5$，$EF=3$，求线段 BE 的长.

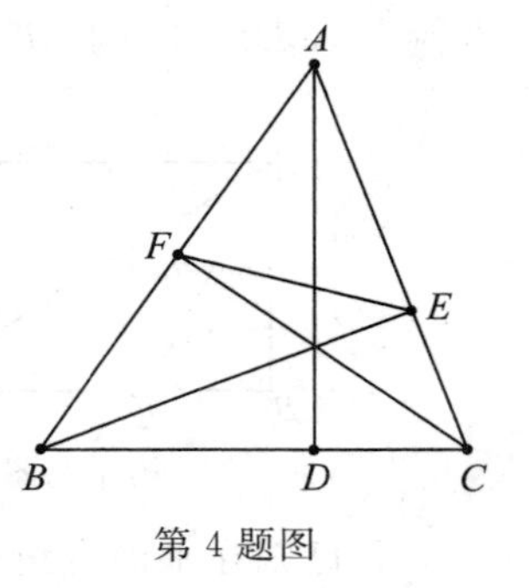

第 4 题图

四、强化训练题

（一）选择题

1. 圆 O 的四条弦将圆 O 分成的区域的个数最多为（　　）

A. 10　　B. 11　　C. 12　　D. 13

2. n 边形的对角线条数为（　　）

A. $\frac{n(n-1)}{2}$　　B. $n-3$　　C. $n-2$　　D. $\frac{n(n-3)}{2}$

3. 如图，菱形 $ABCD$ 的边长为 a，点 O 是对角线 AC 上的一点，且 $OA=a$，$OB=OC=OD=1$，则 a 等于（　　）

A. $\frac{\sqrt{5}+1}{2}$　　B. $\frac{\sqrt{5}-1}{2}$　　C. 1　　D. 2

4. 如图，已知圆 O 的半径是 R，C，D 是直径 AB 同侧圆周上的两点，弧 AC 的度数为 96°，弧 BD 的度数是 36°，动点 P 在 AB 上，则 $PC+PD$ 的最小值为（　　）

A. $2R$　　B. $\sqrt{3}R$　　C. $\sqrt{2}R$　　D. R

5. 如图，在正方形纸片 $ABCD$ 中，对角线 AC，BD 交于点 O，折叠正方形纸片 $ABCD$，使 AD 落在 BD 上，点 A 恰好与 BD 上的点 F 重合，展开后折痕 DE 分别交 AB，AC 于点 E，G. 下列结论：① $\angle ADG=22.5°$；② $\tan\angle AED=2$；③ $S_{\triangle AGD}=S_{\triangle OGD}$；④ 四边形 $AEFG$ 是菱形；⑤ $BE=2OG$，其中正确的结论有（　　）

A. ①④⑤　　B. ①②④　　C. ③④⑤　　D. ②③④

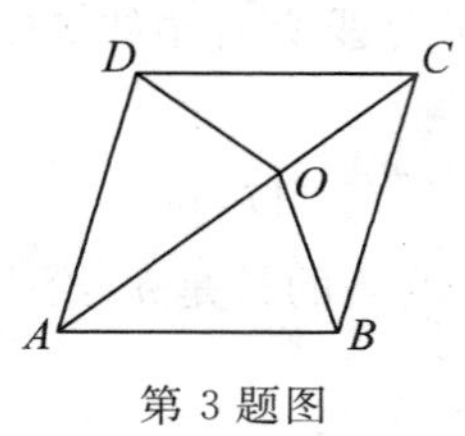

第 3 题图

第 4 题图

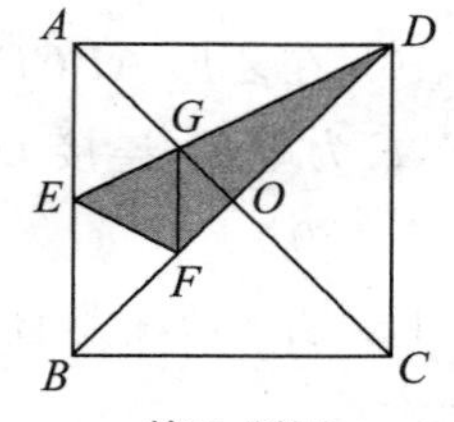

第 5 题图

6. 如图，四边形 $BDCE$ 内接于以 BC 为直径的圆 A. 已知 $BC=10$，$\cos\angle BCD=\frac{3}{5}$，$\angle BCE=30°$，则线段 DE 的长为（　　）

A. $\sqrt{89}$　　B. $7\sqrt{3}$

C. $4+3\sqrt{3}$　　D. $3+4\sqrt{3}$

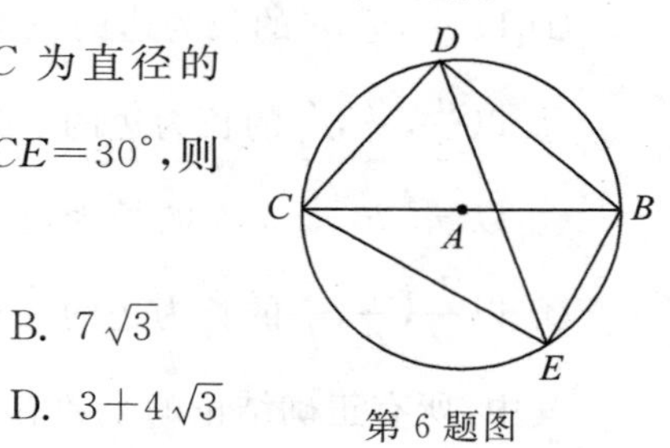

第 6 题图

7. 凸 2 013 边形的内角中，锐角最多有(　　)个

A. 1　　　　B. 2　　　　C. 3　　　　D. 4

8. 如图(2) 是一个小正方体的表面展开图，小正方体从图(1) 所示位置依次翻转到第 1 格、第 2 格、第 3 格，这时小正方体朝上一面的字是(　　)(平面图向上折起成为正方体)

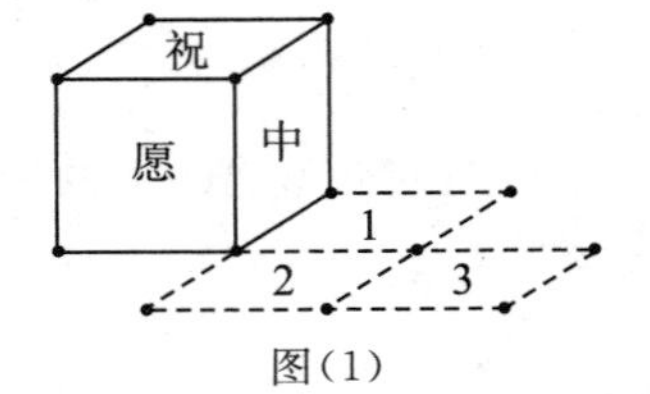

图(1)

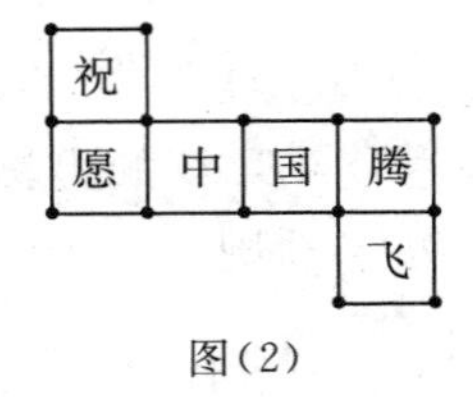

图(2)

第 8 题图

A. 腾　　　　B. 飞　　　　C. 中　　　　D. 国

9. 如图，把$\triangle ABC$沿 DE 折叠(DE 与 BC 不平行)，当点 A 落在四边形 $BCDE$ 内部时，则$\angle A$与$\angle 1+\angle 2$之间有一种数量关系始终不变. 这个规律是(　　)

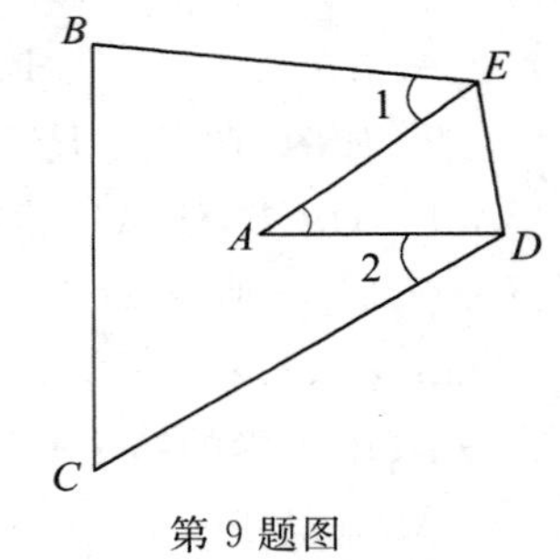

第 9 题图

A. $\angle A=\angle 1+\angle 2$

B. $2\angle A=\angle 1+\angle 2$

C. $3\angle A=2\angle 1+\angle 2$

D. $3\angle A=2(\angle 1+\angle 2)$

10. 在菱形 $ABCD$ 中，$\angle BAD=80^\circ$，AB 的垂直平分线交对角线 AC 于点 F，E 为垂足，连接 DF，则$\angle CDF=$(　　)

A. 80°　　　　B. 70°　　　　C. 65°　　　　D. 60°

11. 若 a，b，c 是直角三角形的三条边长，斜边 c 上的高的长是 h，给出下列结论：

① 以 a^2，b^2，c^2 的长为边的三条线段能组成一个三角形；

② 以$\frac{a}{2}$，$\frac{b}{2}$，$\frac{c}{2}$的长为边的三条线段能组成一个三角形；

③ 以 $a+b$，$c+h$，h 的长为边的三条线段能组成直角三角形；

④ 以$\frac{1}{a}$，$\frac{1}{b}$，$\frac{1}{h}$的长为边的三条线段能组成直角三角形.

其中，所有正确结论的个数有(　　)

A. 1个　　B. 2个　　C. 3个　　D. 4个

12. 给出下列四个命题：(1) 如果某圆锥的侧面展开图是半圆，则其轴截面一定是等边三角形；(2) 若点 A 在直线 $y=2x-3$ 上，且点 A 到两坐标轴的距离相等，则点 A 在第一或第四象限；(3) 在半径为 5 的圆中，弦 $AB=8$，则圆周上到直线 AB 的距离为 2 的点共有四个；(4) 若 (a,m)，$(a-1,n)(a>0)$ 在反比例函数 $y=\frac{4}{x}$ 的图象上，则 $m<n$. 其中正确的命题个数是(　　)

A. 1　　B. 2　　C. 3　　D. 4

13. 如图，在直角梯形 $ABCD$ 中，$AB/\!/CD$，$\angle B=90°$. 动点 P 从点 B 出发，沿梯形的边由 $B\to C\to D\to A$ 运动. 设点 P 运动的路程为 x，$\triangle ABP$ 的面积为 y. 把 y 看作 x 的函数，函数的图象如图所示，则$\triangle ABC$ 的面积为(　　)

A. 10　　B. 16　　C. 18　　D. 32

14. 如图，A 是半径为 2 的⊙O 外的一点，$OA=4$，AB 是⊙O 的切线，点 B 是切点，弦 $BC/\!/OA$，连接 AC，则图中阴影部分的面积等于(　　)

A. π　　B. $\frac{8}{3}\pi$　　C. $\frac{2}{3}\pi$　　D. $\frac{2}{3}\pi+\sqrt{3}$

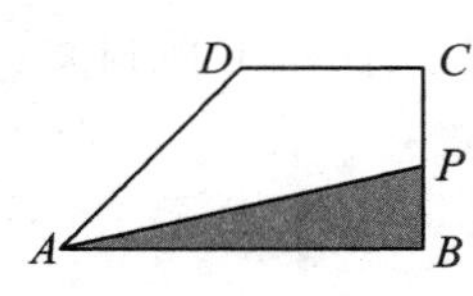

第 13 题图

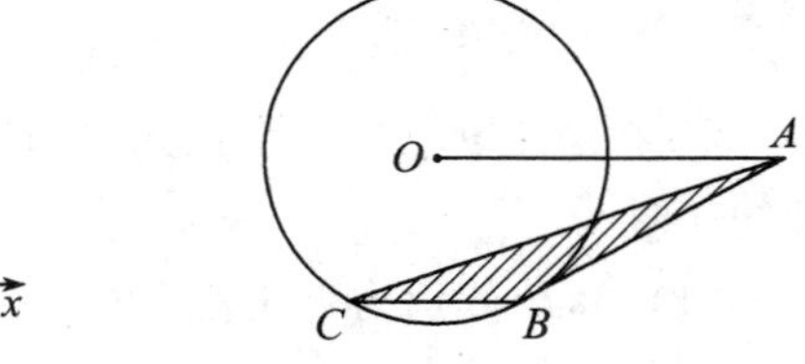

第 14 题图

15. 如图，在矩形 $ABCD$ 中，$AB=3$，$BC=2$，以 BC 为直径在矩形内作半圆，自点 A 作半圆的切线 AE，则 $\sin\angle CBE=$(　　)

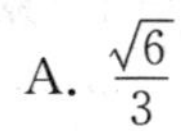

A. $\frac{\sqrt{6}}{3}$　　B. $\frac{2}{3}$

C. $\frac{1}{3}$　　D. $\frac{\sqrt{10}}{10}$

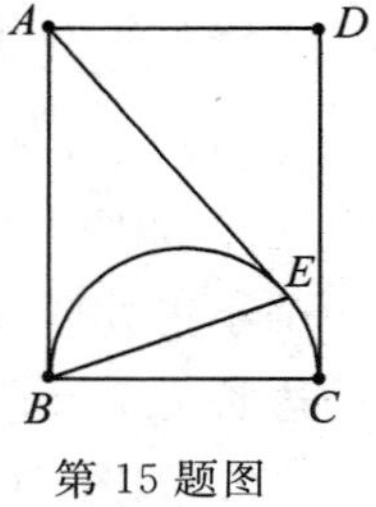

第 15 题图

（二）填空题

1. 光线与地面成 45°，16 m 的木棍的影子最长为________.

2. 已知在平面直角坐标系中有两个定点 $A(3,1)$、$B(-1,2)$，在 x 轴上有一个动点 P，则动点 P 到定点 A 和 B 的距离差的绝对值的最大值为________.

3. 长度为 6 的木棍 AB 的两个端点，分别在坐标轴上滑动，则线段中点 M 的轨迹的周长为________.

4. 如图，PA，PB 分别切圆 O 于 A，B，PCD 是割线，E 是 CD 中点，$\angle APB=40°$，则$\angle AEP$ 的度数为________.

5. 如图，三个半径为 R 的圆，两两相交于圆心，则图中阴影部分的面积为________.

6. 如图，$\triangle ABC$ 中，$\angle ACB=90°$，$AC=4$，$BC=3$，将$\triangle ABC$ 绕点顺时针旋转至$\triangle A'B'C$ 的位置，其中 $B'C\perp AB$，$B'C$，$A'B'$分别交 AB 于 M，N 两点，则线段 MN 的长为________.

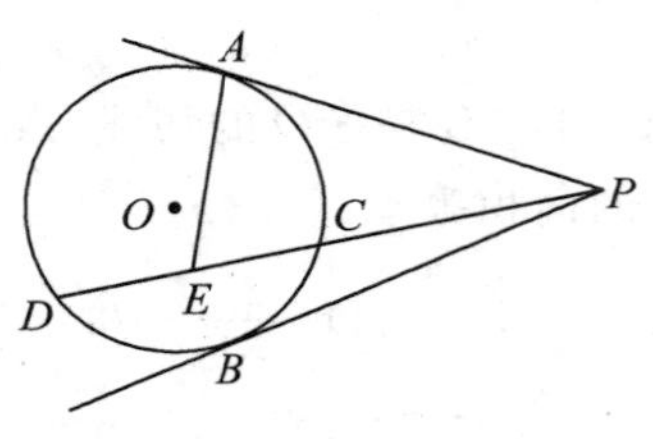

第 4 题图

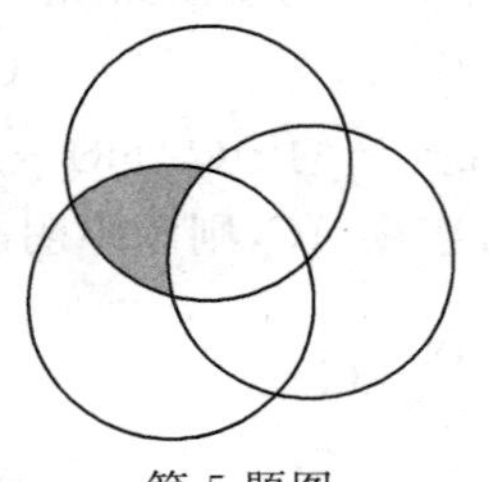
第 5 题图

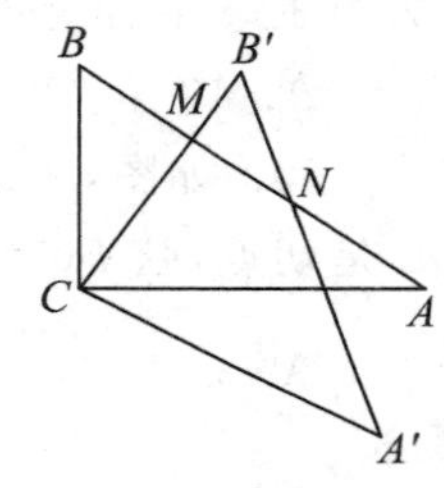

第 6 题图

7. 在$\triangle ABC$ 中，三个内角 A，B，C 所对的边分别是 a，b，c，下列判断正确的序号为________.

(1) A，B 分别为直角$\triangle ABC$ 的两个锐角，则 $\sin A=\cos B$；

(2) A，B 分别为直角$\triangle ABC$ 的两个锐角，则 $\sin A+\sin B>1$；

(3) 若 a 不小于另外两条边 b，c，且 $k=\dfrac{a+b+c}{a}$，则 $2<k\leqslant 3$；

(4) 若 $a^3=b^3+c^3$，则$\triangle ABC$ 为锐角三角形.

8. 如图，是国际数学大会的会标，它是有四个相同的直角三角形与中间一个小正方形拼成的一个大正方形. 若大正方形的边长为 13 cm，小正方形的边长为 7 cm，则 $\tan\theta$ 的值为________.

9. 如图，正方形 $ABCD$ 中，E 是边 BC 上一点，以 E 为圆心，EC 为半径的半圆与以 A 为圆心，AB 为半径的圆弧外切，则 $\sin\angle EAB$ 的值为________.

10. 如图，等腰$\triangle ABC$ 中，腰长 $AB=a$，$\angle A=36°$，$\angle ABC$ 的平分线交 AC 于 D，$\angle BCD$ 的平分线交 BD 于 E，则 $CE=$________.

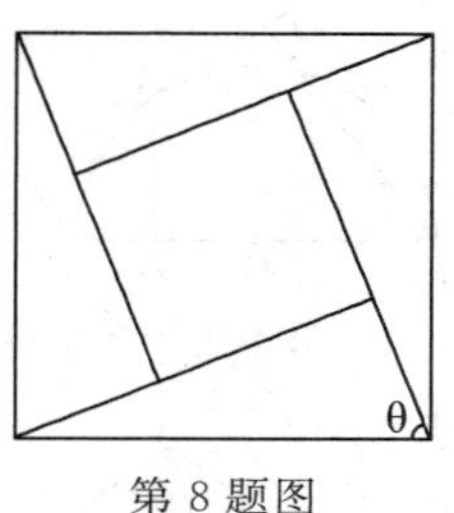

第 8 题图

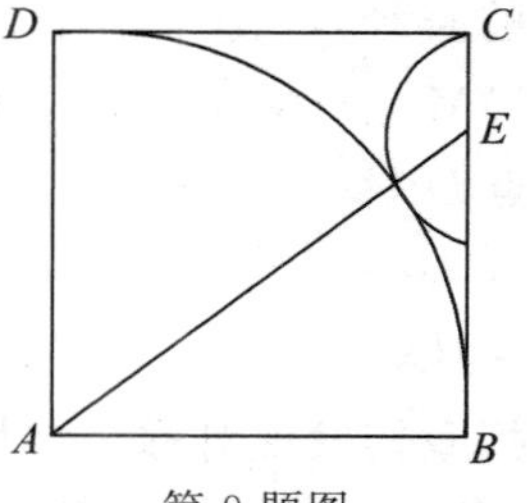

第 9 题图

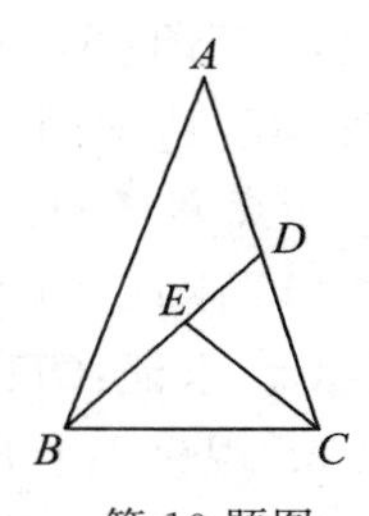

第 10 题图

11. 如图，梯形 $ABCD$ 的两条对角线与两底所围成的两个三角形的面积分别为 p^2，q^2，则梯形的面积为________.

12. 如图，DB 为半圆的直径，A 为 BD 延长线上一点，AC 切半圆于点 E，$BC\perp AC$ 于点 C，交半圆于点 F. 已知 $BD=2$. 设 $AD=x$，$CF=y$，则 y 关于 x 的函数表达式为________.

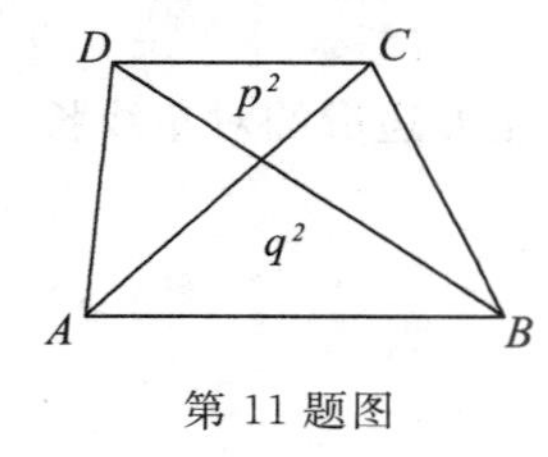

第 11 题图

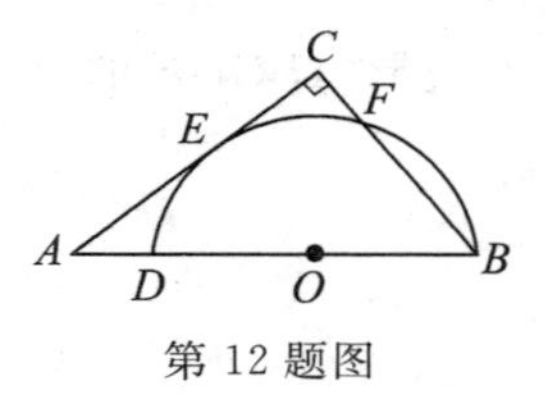

第 12 题图

（三）解答题

1. 已知△ABC 的三个内角 A，B，C 所对的边分别为 a，b，c，其中 B 为 A，C 的平均数，最大边与最小边是方程 $3x^2-27x+32=0$ 的两个根，求△ABC 的面积和周长，并求其内切圆半径和外接圆半径.

2. 如图，等腰梯形 $ABCD$ 中，$AB\parallel CD$，$AD=BC$，对角线 AC，BD 交于点 O，$\angle ACD=60°$，点 S，P，Q 分别是 OD，OA，BC 的中点，求证：△PQS 是等边三角形.

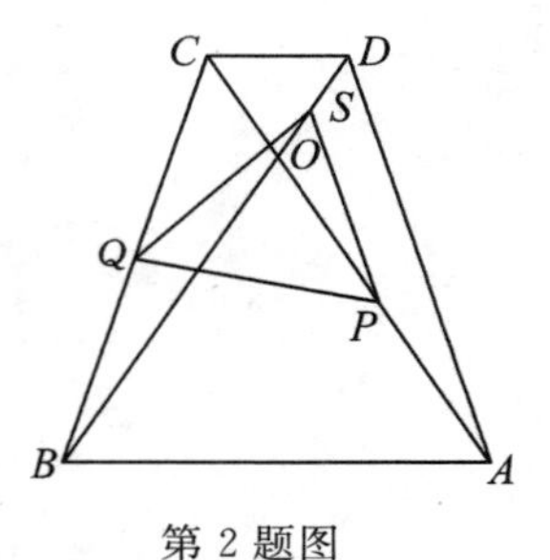

第 2 题图

3.（1）如图，在平行四边形 $ABCD$ 中，$AB=2$，$BC=4$，$\angle ABC=60°$，求两条对角线的长.

（2）判断并证明：平行四边形的两条对角线的平方和与四条边的平方和的关系.

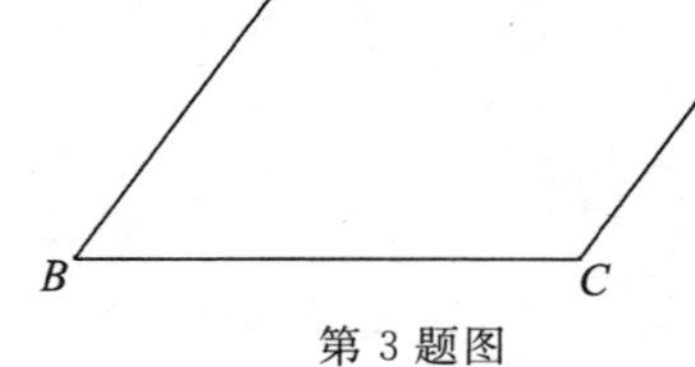

第 3 题图

4. 如图，AB 是半圆的直径，C 是半圆上一点，直线 MN 切半圆于点 C，$AM\perp MN$ 于点 M，$BN\perp MN$ 于点 N，$CD\perp AB$ 于点 D.

（1）求证：$CD=CM=CN$.

（2）求证：$CD^2=AM\cdot BN$.

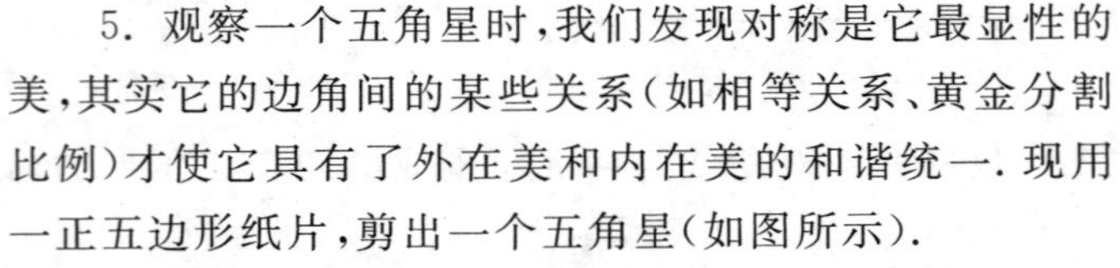

第 4 题图

5. 观察一个五角星时，我们发现对称是它最显性的美，其实它的边角间的某些关系（如相等关系、黄金分割比例）才使它具有了外在美和内在美的和谐统一. 现用一正五边形纸片，剪出一个五角星（如图所示）.

（1）图中以 A 为其一个顶点的等腰三角形有几个？它们的底角等于多少度？

（2）正五边形 $ABCDE$ 中，已知 $\triangle ABC$ 的面积为 1，求这个正五边形的面积.

（3）正五边形 $ABCDE$ 的边长为 1，求正五边形的对角线长.

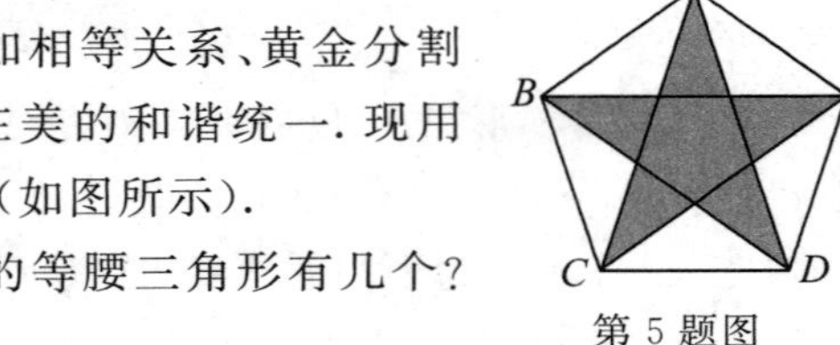

第 5 题图

附：　初中数学核心素养
综合测试题一

（限时 120 分钟，满分 120 分）

一、选择题（每题 5 分，共 10 小题，满分 50 分）

1. 样本 $a_1,a_2,a_3,\cdots,a_{10}$ 的平均数为 10，样本 $b_1,b_2,\cdots,b_{20}$ 的平均数为 25，那么样本 $a_1,a_2,\cdots,a_{10},b_1,b_2,\cdots,b_{20}$ 的平均数为（　　）

A. 20　　B. 10　　C. 25　　D. 17.5

2. $\triangle ABC$ 中，$\angle A,\angle B,\angle C$ 的对边分别为 a,b,c，函数 $y=(a+b+c)x^2-2\sqrt{ab}x+\frac{1}{2}(a+b-c)$ 的最小值为 0，则$\triangle ABC$ 为（　　）

A. 直角三角形　　B. 等边三角形

C. 非等腰三角形　　D. 非直角三角形

3. 设正方形 $ABCD$ 的中心为点 O，在以五个点 A,B,C,D,O 为顶点所构成的所有三角形中任意取出两个，它们的面积相等的概率为（　　）

A. $\frac{3}{14}$　　B. $\frac{3}{7}$　　C. $\frac{1}{2}$　　D. $\frac{4}{7}$

4. 世界杯足球赛小组赛的积分方法如下：赢一场得 3 分，平一场得 1 分，输一场得 0 分. 某一组甲、乙、丙、丁四个队进行单循环赛，其中甲队可能的积分值有（　　）

A. 7 种　　B. 8 种　　C. 9 种　　D. 10 种

5. 如第 5 题图，$\triangle ABC$ 中，$\angle B=\angle C$，D 在 BC 上，$\angle BAD=50^\circ$，$AE=AD$，则$\angle EDC$ 的度数为（　　）

A. 15°

B. 25°

C. 30°

D. 50°

第 5 题图

6. 如第 6 题图，小圆圈表示网络的结点，结点之间的连线表示它们有网线相连. 连线标注的数字表示该段网线单位时间内可以通过的最大信息量. 现从结点 A 向结点 B 传递信息，信息可以分开沿不同的路线同时传递. 则单位时间内传递的最大信息量为（　　）

A. 26　　B. 24

C. 20　　D. 19

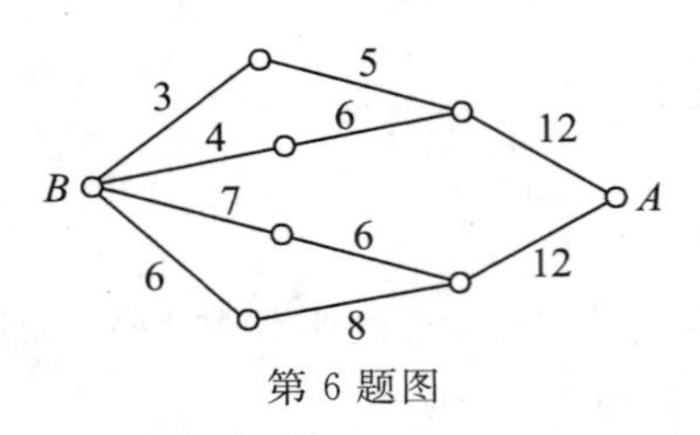

第 6 题图

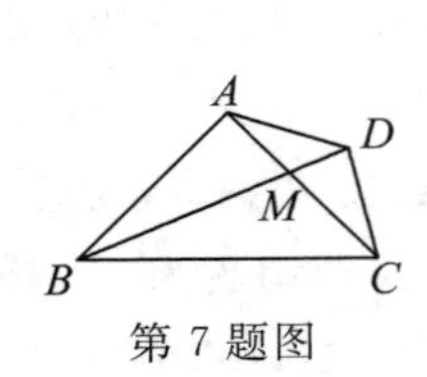

第 7 题图

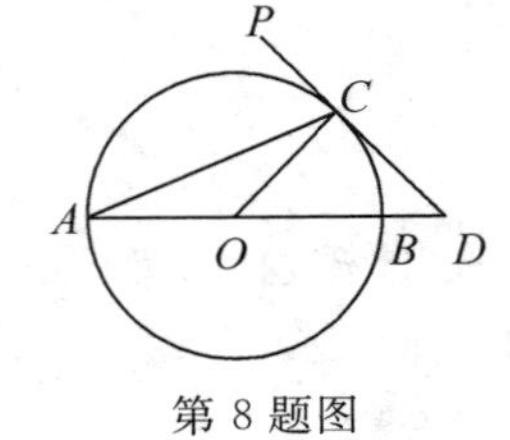

第 8 题图

7. 如第 7 题图，在四边形 $ABCD$ 中，$\angle BAC=\angle BDC=90^\circ$，$AB=AC=\sqrt{5}$，$CD=1$，对角线的交点为 M，则 $DM=$（　　）

A. $\frac{\sqrt{3}}{2}$　　B. $\frac{\sqrt{5}}{3}$

C. $\frac{\sqrt{2}}{2}$　　D. $\frac{1}{2}$

8. 如第 8 题图，AB 为 $\odot O$ 的直径，PD 切 $\odot O$ 于点 C，交 AB 的延长线于 D，且 $CO=CD$，则 $\angle PCA=$（　　）

A. 30°　　B. 67.5°

C. 60°　　D. 45°

9. 平面内的 9 条直线任两条都相交，交点数最多有 m 个，最少有 n 个，则 $m+n=$（　　）

A. 36　　B. 38

C. 37　　D. 39

10. 现有价格相同的五种不同商品，从今天开始每天分别降价 10% 或 20%，10 天后，这五种商品的价格互不相同，设最高价格和最低价格的比值为 r，则 r 的最大值、最小值分别为（　　）

A. $\left(\frac{9}{8}\right)^{10}$，$\left(\frac{9}{8}\right)^{4}$　　B. $\left(\frac{9}{8}\right)^{10}$，$\left(\frac{9}{8}\right)^{5}$

C. $\left(\frac{9}{8}\right)^{9}$，$\left(\frac{9}{8}\right)^{4}$　　D. $\left(\frac{9}{8}\right)^{9}$，$\left(\frac{9}{8}\right)^{5}$

二、填空题(每题 5 分,共 6 小题,满分 30 分)

11. 在$\triangle ABC$中,$AB=AC=a$,M为底边BC上任意一点,过点M分别作AB,AC的平行线交AC于P,交AB于Q,则四边形$AQMP$的周长$=$________.

12. 周长相等的等边三角形、正方形和圆,它们面积分别为a,b,c,则其大小顺序为________.

13. $\triangle ABC$为锐角三角形,则$P(\sin A-\cos B,\cos B-\sin C)$所在象限为________.

14. 方程$||x+2|-x|=\dfrac{x+3}{2}$的解为________.

15. 如第 15 题图,将长为 4 cm、宽为 2 cm 的矩形纸片$ABCD$折叠,使点B落在CD边上的中点E处,压平后得到折痕MN,则线段AM的长度为________cm.

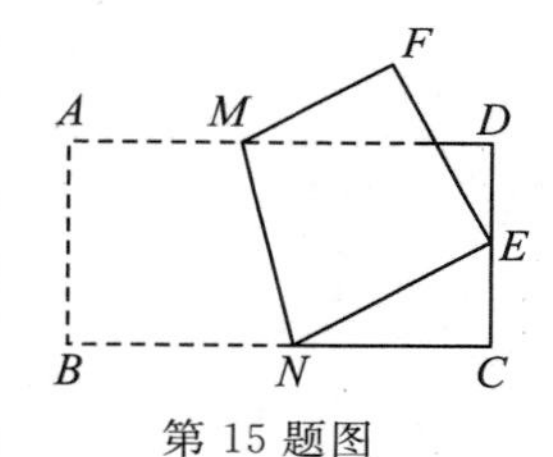

第 15 题图

16. $a^2+b^2=5$,$b^2+c^2=13$,$c^2+a^2=10$,则$ab+bc+ca$的最大值、最小值分别为________.

三、解答题(共 4 个小题,每题 10 分,满分 40 分)

17. 如第 17 题图,腰长为 10 m 的等腰直角三角形ABC,以 2 m/s 的速度沿直线l向与它全等的固定三角形CDE移动,直到AB与DE重合. 设x s 时,两个三角形重叠部分的面积为y m^2.

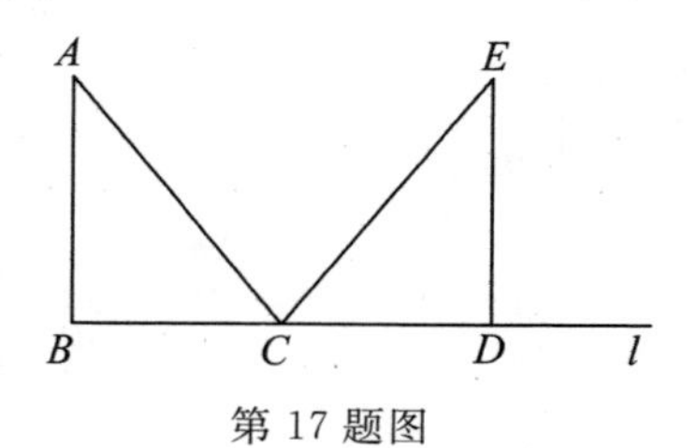

第 17 题图

(1) 求y与x的关系表达式.

(2) 求y的最大值,并求y取得最大值时x的值 .

18. 2^s+2^t($0\leqslant s<t$,且s,t均为自然数)可以表示很多奇妙的数,将它们的计算结果从小到大排列成一组数,即$a_1=3$,$a_2=5$,$a_3=6$,$a_4=9$,$a_5=10$,$a_6=12$,…,按照上小下大、左小右大的原则写成如下的三角形数表:

$$
\begin{array}{ccc}
 & 3 & \\
5 & & 6 \\
9 & 10 & 12 \\
 & \cdots\cdots &
\end{array}
$$

(1) 写出这个三角形数表的第五行各数;

(2) 求第 100 个数；

(3) 求第 15 行各数之和.

19. 如第 19 题图，在等腰三角形 ABC 中，$AB=1$，$\angle A=90°$，点 E 为腰 AC 的中点，点 F 在底边 BC 上，且 $FE\perp BE$，求 $\triangle CEF$ 的面积.

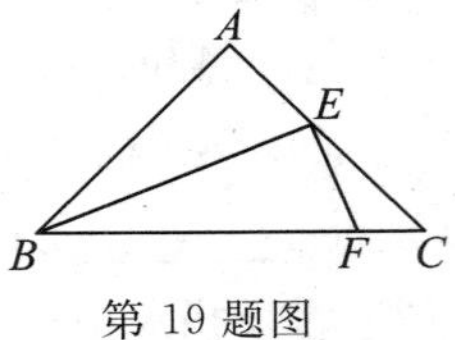

第 19 题图

20. 已知直角三角形的边长均为整数，周长为 60，求它的外接圆的面积.

初中数学核心素养
综合测试题二

（限时 120 分钟，满分 120 分）

一、选择题（每题 5 分，共 10 小题，满分 50 分）

1. 如果 a,b 都是正实数，且 $\frac{1}{a}+\frac{1}{b}+\frac{1}{a-b}=0$，那么 $\frac{a}{b}=$（　　）

A. $\frac{1+\sqrt{5}}{2}$　　B. $\frac{1+\sqrt{2}}{2}$

C. $\frac{-1+\sqrt{5}}{2}$　　D. $\frac{-1+\sqrt{2}}{2}$

2. 在 0，1，2，3，4，5 这六个数字中任意选取三个数，组成一个三位递升数（个位数大于十位数，十位数大于百位数），则这个三位数能被 3 整除的概率为（　　）

A. $\frac{9}{25}$　　B. $\frac{1}{3}$　　C. $\frac{2}{5}$　　D. $\frac{1}{6}$

3. 设 $P=\sqrt{2\,013}-\sqrt{2\,012}$，$Q=\sqrt{2\,012}-\sqrt{2\,011}$，则 P,Q 的大小关系是（　　）

A. $P<Q$　　B. $P=Q$

C. $P>Q$　　D. 无法确定

4. 如第 4 题图，在菱形 $ABCD$ 中，$\angle BAD=80°$，AB 的垂直平分线交对角线 AC 于点 F，垂足为 E，连接 DF，则 $\angle CDF$ 等于（　　）

A. $80°$　　B. $70°$

C. $65°$　　D. $60°$

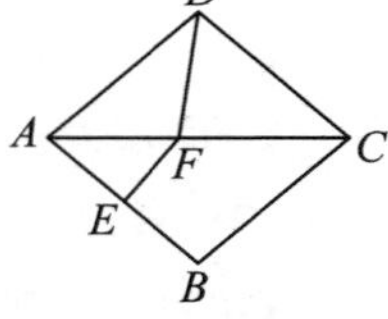

第 4 题图

5. 已知 6 枝玫瑰与 3 枝康乃馨的价格之和大于 24 元，而 4 枝玫瑰与 5 枝康乃馨的价格之和小于 22 元，则 2 枝玫瑰的价格和 3 枝康乃馨的价格比较结果是（　　）

A. 2 枝玫瑰的价格高　　B. 3 枝康乃馨的价格高

C. 价格相同　　D. 不确定

6. 已知$\odot O$的半径OD垂直于弦AB，交AB于点C，连接AO并延长交$\odot O$于点E. 若$AB=8$，$CD=2$，则$\triangle BCE$的面积为（　　）

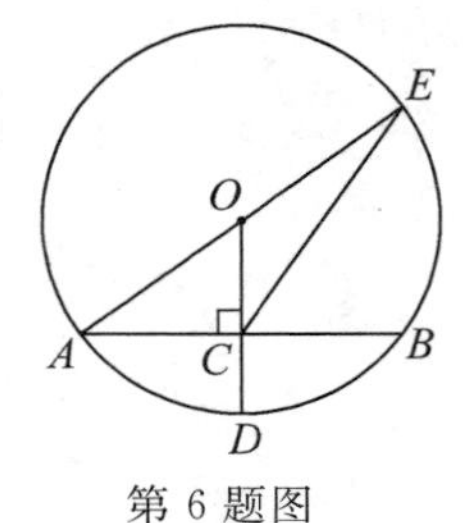

第 6 题图

A. 12

B. 15

C. 16

D. 18

7. 生态系统中每输入一个营养级的能量，大约只有 10%的能量能够流动到下一个营养级. 在$H_1 \to H_2 \to \cdots \to H_n$的这条生物链中（$H_n$表示第$n$个营养级，$n$为正整数），$H_1$提供了$10^6$ kJ 的能量，当第n个营养级获得 10 kJ 的能量时，正整数n的值为（　　）

A. 5　　B. 6　　C. 7　　D. 8

8. 抛物线$y=x^2$与过点$P\left(0,\frac{1}{4}\right)$的直线相交于$A$，$B$两点，则（　　）

A. 两点A，B到x轴的距离之和为定值

B. 两点A，B到x轴的距离之积为定值

C. 两点A，B到y轴的距离之和为定值

D. 两点A，B到y轴的距离之积为定值

9. 一个三角形周长是 48 cm，已知第一条边长为a cm（其中a为正整数），第二条边长比第一条边长的 2 倍还长 3 cm，则满足题意的三角形个数为（　　）

A. 3　　B. 2

C. 1　　D. 4

10. 如第 10 题图，点P在正方形$ABCD$内，且$PA=2$，$PB=4$，$PC=6$，将$\triangle ABP$绕点B顺时针旋转90°得到$\triangle BQC$，则$\cos\angle PCQ$为（　　）

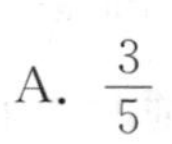

A. $\frac{3}{5}$　　B. $\frac{4}{5}$

C. $\frac{1}{3}$　　D. $\frac{2}{3}$

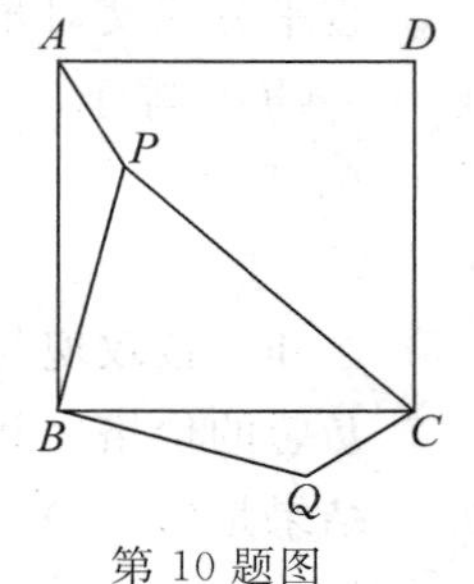

第 10 题图

二、填空题(每题 5 分,共 6 小题,满分 30 分)

11. 若某点在二次函数 $y=ax^2+bx+c(a\neq0)$ 图象上,且它的横、纵坐标相等,则该点叫作这个二次函数的"不动点". 如果二次函数 $y=x^2+bx+c$ 有且只有一个不动点 $x=1$,则 y 的最小值为________.

12. 若干学生参加某种测试,得分均为 60 到 100 的整数(含 60 和 100). 已知此次测试平均分为 80 分,其中恰有 5 人得分为 100 分,则参加测试学生人数的最小值为________.

13. 如第 13 题图,在 Rt$\triangle ABC$ 中,$\angle A=90°$,$AC=6$ cm,$AB=8$ cm,把 AB 边翻折,使 AB 边落在 BC 边上,点 A 落在点 E 处,折痕为 BD,则 $\cos\angle DBE$的值为________.

14. 如第 14 题图,正方形 $ABCD$ 的边长为 $2\sqrt{15}$,E,F 分别是 AB,BC 的中点,AF 与 DE,DB 分别交于点 M,N,则$\triangle DMN$ 的面积是________.

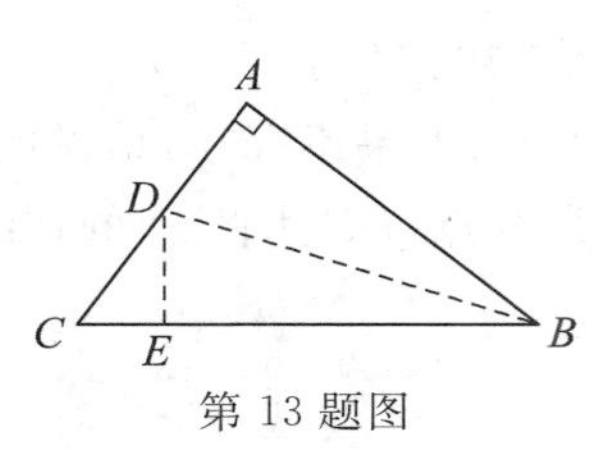

第 13 题图

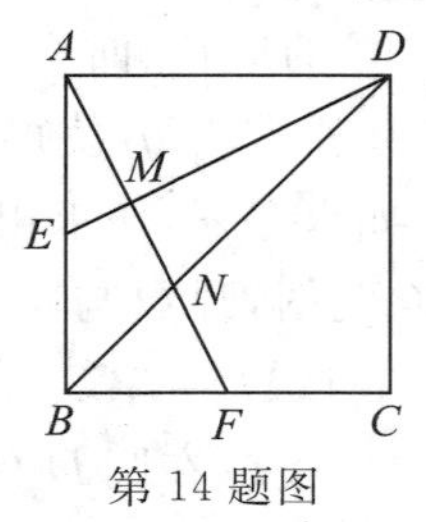

第 14 题图

15. 在测量某物理量的过程中,因仪器和观察的误差,使得 n 次测量分别得到 $a_1,a_2,\cdots,a_n$,共 n 个数据,我们规定所测量物理量的"最佳近似值"a 是这样一个量:与其他近似值比较,a 与各数据的差的平方和最小. 依此规定,从 $a_1,a_2,\cdots,a_n$ 推出的 $a=$________.

16. 小王沿街匀速行走,发现每隔 6 min 从背后驶过一辆 18 路公交车,每隔 3 min 从迎面驶来一辆 18 路公交车. 假设每辆 18 路公交车行驶速度相同,而且 18 路公交车总站每隔固定时间发一辆车,那么发车间隔的时间是________ min.

三、解答题(共 4 个小题,每道题 10 分,满分 40 分)

17. 通过实验研究,专家们发现:初中学生听课的注意力指标数是随着老师讲课时间的变化而变化的. 讲课开始时,学生的兴趣浓厚,中间有一段时间,学生的兴趣保持平稳的状态,随后开始分散. 学生注意力指标数 y 随时间 x(min)变化的函数图象如第 17 题图所示(y 越大,表示学生注意力越集中). 当 $0\leqslant x\leqslant10$ 时,图象是抛物线的一部分,当 $10\leqslant x\leqslant20$ 和

$20 \leqslant x \leqslant 40$ 时，图象是线段.

(1) 当 $0 \leqslant x \leqslant 10$ 时，求注意力指标数 y 与时间 x 的函数关系式；

(2) 一道数学竞赛题需要讲解 24 min. 问：老师能否经过适当安排，使学生在听这道题时，注意力的指标数都不低于 36?

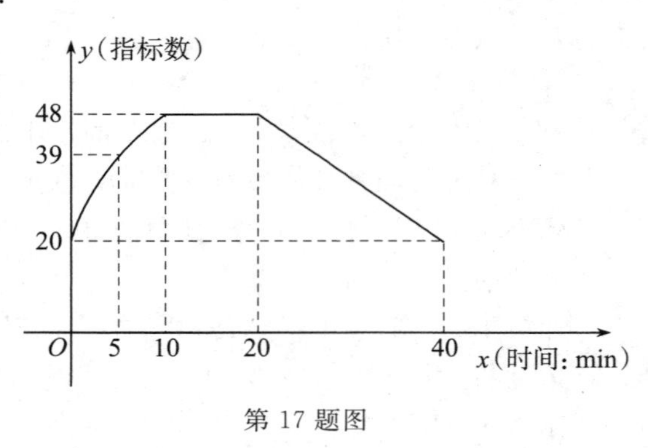

第 17 题图

18. 在 $\mathrm{Rt}\triangle ABC$ 中，$\angle C=90°$，$\angle A$，$\angle B$，$\angle C$ 的对边分别为 a，b，c，且 $\sin A$、$\sin B$ 是关于 x 的方程 $25x^2-5mx+2m-2=0$ 的两根. 若 $c=10$，求$\triangle ABC$ 的周长、面积、外接圆半径、内切圆半径.

19. 是否存在质数 p，q，使得关于 x 的一元二次方程 $px^2-qx+p=0$ 有有理数根？如果存在，请求出 p，q 满足的关系；如果不存在，请说明理由.

20. 如第 20 题图，圆 O 与圆 D 相交于 A，B 两点，BC 为圆 D 的切线，点 C 在圆 O 上，且 $AB=BC$.

(1) 证明：点 O 在圆 D 的圆周上；

(2) 连接 AC，设$\triangle ABC$ 的面积为 $S=1$，求圆 D 的半径 r 的最小值.

[知识补充：圆的切线与过切点的弦所形成的角(弦切角)，等于其所夹弧对的圆周角，如图$\angle 1=\angle 2$]

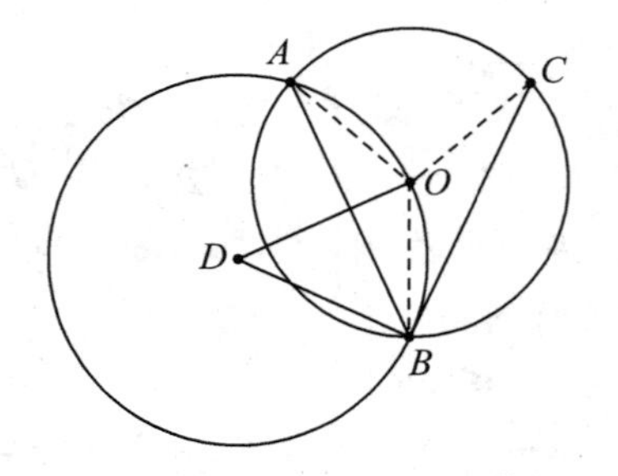

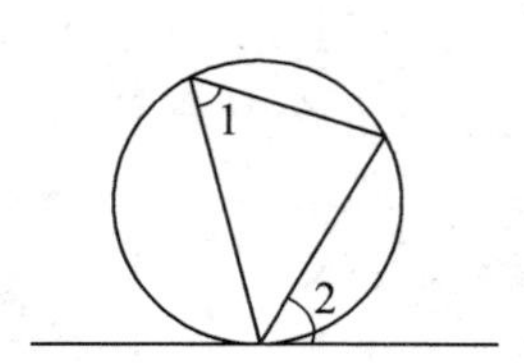

第 20 题图

第三章 问题创新与应变能力

第一节 问题驱动的数学发展史

创新能力是数学学科核心素养的重要内容，而问题探究是数学学习的根本. 问题，在数学学科发展中的意义是不可否认的. 一门学科充满问题，它就充满生命力；而如果缺乏问题，则预示着该学科的衰落. 正是通过解决问题，人们才能够发现学科的新方法、新观点和新方向，达到更为广阔和高级的新境界.

提出问题是解决问题的一半，只有对数学知识有广泛而深入的了解，对数学的发展有清晰的认识和深刻的洞察力，才能提出有较大价值的"好问题".

德国的希尔伯特(1862—1943)是 19 世纪末和 20 世纪上半叶最伟大的数学家之一. 他提出的 23 个问题更是功勋卓著，影响深远.

1900 年 8 月在巴黎召开的国际数学家大会上，年仅 38 岁的希尔伯特做了有关"数学问题"的著名讲演. 他根据 19 世纪数学研究的成果和发展趋势提出了 23 个问题，成为数学史上的一个重要里程碑.

"好问题"的标准是什么呢？希尔伯特在他的演讲中就提出了这样的标准：

(1) 清晰易懂："一个清晰易懂的问题会引起人们的兴趣，而烦琐丑陋的问题使人望而生畏."

(2) 富有挑战性而又令人神往.

(3) 对数学的学习和发展有重大推动意义.

问题解决的意义，不是局限于问题本身，而是涉及整个数学学科，推动整个数学学科的发展.

数学史上,解决著名猜想的人很牛,提出这些猜想的人更牛!

有些人集中地提出一批猜想,并持久地影响了一门学科的发展,空前绝后,千古流芳!让我们怀着崇敬和感恩的情怀,追忆一下数学史上的世界三大数学猜想.

一、费马大定理

1637年,法国学者、业余数学家、法国议会大法官费马在阅读丢番图(Diophatus)《算术》拉丁文译本时,曾在第11卷第8命题旁写道:“将一个立方数分成两个立方数之和,或一个四次幂分成两个四次幂之和,或者一般地将一个高于二次的幂分成两个同次幂之和,这是不可能的.关于此,我确信已发现了一种美妙的证法,可惜这里空白的地方太小,写不下.”

这就是困惑了世界三个多世纪的费马大定理:当整数$n>2$时,关于x,y,z的方程$x^n+y^n=z^n$无正整数解.

当时人们称之为“定理”,并不是真的相信费马已经证明了它,虽然费马宣称他已找到一种绝妙证明方法.

这是史上最精彩的一个数学谜题.

证明费马大定理的过程是一部数学史.

费马大定理起源于300多年前,挑战人类三个多世纪,多次震惊全世界,耗尽人类众多杰出数学家的脑力,也让千千万万业余数学者痴迷.这期间留下了许许多多的传奇故事.

1816年,法兰西科学院曾经拨出一笔巨款作为费马大定理的专项奖励,一时将费马大定理的研究推向了高潮,但是事与愿违,太多人的结论都说明了一个事实:利用当前的数学成果,费马大定理可能永远没有出头之日,尽管无数的数学家和热血青年不断地把他们的所谓证明像雪片似地寄往法兰西科学院.

德国青年企业家沃尔夫·斯凯尔,曾经疯狂地爱上了一位美丽的姑娘,并且大胆地向对方作了表白,可是却遭到了无情的拒绝.沃尔夫·斯凯尔悲痛欲绝,决定当晚12点自杀.自杀之前,他无意中发现了一本半个世纪之前的费马大定理的小册子,受到吸引,不知不觉,看至近拂晓.此时的小伙子发现自己是那么幼稚可笑,世界如此美好,天涯何处无芳草,遂放弃了自杀之念,努力经营自己的企业,成了当地巨富.沃尔夫·斯凯尔为感谢费马大定理的救命之恩,宣布以10万马克作为奖金奖给在他逝世后100年内第一个

证明该定理的人(1908年,沃尔夫·斯凯尔去世),结果又吸引了不少人尝试并递交他们的“证明”.当然了,无人成功.该基金管理委员会的首席教授不得不印制了一套明信片,专门回复那些业余数学家,感谢他们对数学的热爱和付出.这套明信片的高度超过了3米!在“一战”之后,马克大幅贬值,该定理的魅力也大大地减少.

法国青年伽罗瓦是个数学天才,浪漫的国度当然会有浪漫的爱情,他也是爱上了一个姑娘,而当时法国一个著名的枪手也深爱着这个姑娘,对方要求决斗.为了自己的荣誉,伽罗瓦答应了,但是对方是一个优秀的枪手,与之决斗无异于送死.决斗前夜,伽罗瓦奋笔疾书,完成了群论的初级手稿,同时也给那位姑娘留下了最后的情书,而前者对费马大定理的研究有着极其重要的价值.

费马大定理的研究历经358年,经过几代数学家的不懈努力,最终才得以解决.下面是其研究进程.

1637年,费马在书本空白处提出费马猜想.

1768年,在费马的手稿里,发现了$n=4$的正确证明.

1770年,欧拉证明$n=3$时定理成立.

1823年,勒让德证明$n=5$时定理成立.

1832年,狄利克雷试图证明$n=7$失败,但证明$n=14$时定理成立.

1839年,拉梅证明$n=7$时定理成立.

1850年,库默尔证明$2<n<100$时除37,59,67这三个数字外定理成立.

1955年,范迪维尔以电脑计算证明了$2<n<4\ 002$时定理成立.

1976年,瓦格斯塔夫以电脑计算证明$2<n<125\ 000$时定理成立.

1985年,罗瑟以电脑计算证明$2<n<41\ 000\ 000$时定理成立.

1987年,格朗维尔以电脑计算证明了$2<n<101\ 800\ 000$时定理成立.

1995年,时任普林斯顿大学数学教授的英国著名数学家安德鲁·怀尔斯(Andrew Wiles),完成了这个定理的最后证明,即证明$n>2$时定理永远成立,完成了人类数学史上最伟大的壮举.

安德鲁·怀尔斯

怀尔斯小时候就与费马大定理不期而遇.当时的他看费马大定理就像遥望天上的月亮,但是理想的种子已经深深植根于少年的心中.

1996 年 3 月，怀尔斯获得沃尔夫奖(Wolf Prize)和 5 万美金.

1996 年 6 月，怀尔斯当选为美国国家科学院外籍院士并获该科学院数学奖.

1997 年 6 月 27 日，怀尔斯获得沃尔夫・斯凯尔 10 万马克悬赏大奖，就在格丁根皇家科学协会规定期只剩下 10 年的时候沃尔夫・斯凯尔当年的遗愿终于实现.

1998 年，第 23 届国际数学家大会在柏林举行，国际数学联合会还史无前例地颁给怀尔斯菲尔兹特别奖，一个特殊制作的菲尔兹奖银质奖章.

1999 年，怀尔斯荣获首届克莱数学研究奖(Clay Research Award).

2000 年，怀尔斯被英国女王授勋为爵士.

2005 年，怀尔斯又荣获有“东方诺贝尔奖”之称的邵逸夫数学科学奖(Shaw Prize)，奖金 100 万美金.

2005 年 8 月 29 日，怀尔斯第一次踏上中国的土地，这是他第一次来到亚洲. 北京大学数学院院长张继平、副院长刘化荣，中国科学院院士田刚、张恭庆、姜伯驹、丁伟岳、文兰等陪同他参观中国.

2016 年 3 月 15 日，挪威自然科学与文学院宣布将 2016 年阿贝尔奖(Abel Prize) 授予怀尔斯，奖金约 600 万挪威克朗(约 465 万元人民币)，表彰他完成对费马大定理的证明.

此外，他还获得罗夫・肖克奖(Rolf Schock Prize)、奥斯特洛斯基奖(XOstrowski Prize)、英国皇家学会皇家奖章(Royal Medal of the Royal Society)、美国国家科学院数学奖(U. S. National Academy of Science's Award in Mathematics)等荣誉.

二、四色定理

四色问题的内容是“任何一张平面地图只用四种颜色就能使具有共同边界的国家着上不同的颜色”.

1852 年，毕业于伦敦大学的弗南西斯・格思里来到一家科研单位搞地图着色工作时发现了一种有趣的现象：“看来，每幅地图都可以用四种颜色着色，使得有共同边界的国家都被着上不同的颜色.”这个现象能不能从数学上加以严格证明呢？他和在大学读书的弟弟格里斯决心试一试. 兄弟二人竭尽全力，可是研究工作没有实质性进展.

四色猜想的证明于 1976 年由美国数学家阿佩尔(Kenneth Appel)与哈肯(Wolfgang Haken)借助计算机共同完成，此时距离定理的提出已经超过

了一个世纪.

三、哥德巴赫猜想

史上和质数有关的数学猜想中,最著名的当然就是哥德巴赫猜想了.

1742 年 6 月 7 日,德国数学家哥德巴赫在写给著名数学家欧拉的一封信中,大胆提出了他的猜想:

任何不小于 4 的偶数,都可以是两个质数之和.

猜想手稿

同年 6 月 30 日,欧拉在给哥德巴赫的回信中,明确表示他深信哥德巴赫的猜想是正确的定理,但是欧拉当时还无法给出证明.由于欧拉当时是欧洲最伟大的数学家,他对哥德巴赫猜想的信心影响了整个欧洲乃至世界数学界.从那以后,许多数学家都跃跃欲试,甚至一生都致力于证明哥德巴赫猜想.可是直到 19 世纪末,哥德巴赫猜想的证明也没有任何进展.证明哥德巴赫猜想的难度,远远超出了人们的想象.有的数学家把哥德巴赫猜想比喻为"数学王冠上的明珠".

我们从 $6=3+3$,$8=3+5$,$10=5+5$,…,$100=3+97=11+89=17+83$,…这些具体的例子中,可以看出哥德巴赫猜想都是成立的.有人甚至逐一验证了 3300 万以内的所有偶数,竟然没有一个不符合哥德巴赫猜想的.20 世纪,随着计算机技术的发展,数学家们发现哥德巴赫猜想对于更大的数依然成立.可是自然数是无限的,谁知道会不会在某一个足够大的偶数上,突然出现哥德巴赫猜想的反例呢?于是,人们逐步改变了探究问题的方式.

1900 年,20 世纪最伟大的数学家希尔伯特,在国际数学会议上把"哥德巴赫猜想"列为 23 个数学难题之一.此后,20 世纪的数学家们在世界范围内联手进攻“哥德巴赫猜想”，终于取得了辉煌的成果.

1920年，挪威数学家布朗证明了定理“9＋9”，由此划定了进攻“哥德巴赫猜想”的“大包围圈”. 这个“9＋9”是怎么回事呢？所谓“9＋9”，翻译成数学语言就是：“任何一个足够大的偶数，都可以表示成其他两个数之和，而这两个数中的每个数，都是9个奇质数之积.”从这个“9＋9”开始，全世界的数学家集中力量“缩小包围圈”，当然最后的目标就是“1＋1”了.

1924年，德国数学家雷德马赫证明了定理“7＋7”；很快，“6＋6”“5＋5”“4＋4”和“3＋3”被逐一攻破. 1957年，中国数学家王元证明了“2＋3”. 1962年，中国数学家潘承洞证明了“1＋5”，同年又和王元合作证明了“1＋4”. 1965年，苏联数学家证明了“1＋3”.

1966年，中国著名数学家陈景润攻克了“1＋2”，也就是：“任何一个足够大的偶数，都可以表示成两个数之和，而这两个数中的一个就是奇质数，另一个则是两个奇质数的积.”这个定理被世界数学界称为陈氏定理.

由于陈景润的贡献，人类距离哥德巴赫猜想的最后结果“1＋1”仅有一步之遥了，陈氏定理完全覆盖了前任的证明成果，它与真正的证明只有一步之遥.

20世纪70年代末期，徐迟的报告文学《哥德巴赫猜想》几乎是全民阅读，传遍全国，一时激起了全国大中学生们的热情. 哥德巴赫热遍全国，‘我证明哥德巴赫猜想’的信件像雪片似的飞进中国科学院数学研究所，场面一如当年欧洲人痴迷费马大定理. 尽管无人成功，但是在中国改革开放的初期，“爱科学、学科学、用科学”的理念，已经深深扎根于中国人民尤其是青少年的心中.

为了实现这最后的一步，也许还要历经一个漫长的探索过程. 许多数学家认为，要想证明“1＋1”，必须通过创造新的数学方法，以往的路很可能都是走不通的.

以上这三个问题的共同点就是题面简单易懂，内涵深邃无比. 这三个问题影响了一代代的数学家，同时也激励着一代代的青少年；尽管无人成功，但是在激情燃烧的岁月里，挥洒青春的汗水，是他们永远难以忘怀的骄傲.

热爱是最好的老师，兴趣是不竭的动力，我们可能永远不能接近那些数学皇冠上的明珠，但是那颗爱智求真的心永远在.

我们阅读完上面的数学传奇故事后，要明白只有扎扎实实地学好初等数学，才能给自己插上飞翔的翅膀.

人人都可以学好数学，数学能使一个人的人格得到和谐、正常的发展. 数学是自然的，数学思想、数学方法、数学概念的起源和发展都是自然的、和谐的. 如果你感到某一个概念不和谐、不自然，是强加于人的，那么你可以去考察一下它的产生背景、历史、应用，以及它与其他概念的关系，你就会发现它是水到渠成、浑然天成的产物，不仅合情合理，而且很有文化意义和人情味，数学就在我们身边.

心有多大，舞台就有多大. 身不能至，心向往之. 让我们一直在追求理想的道路上，不忘初心，永远充满激情，一直创新下去. 如果我们的理想不能完全实现，那么在追寻理想的过程中，我们的人生肯定会更加充实并富有收获. 仰望星空，脚踏实地，敢于挑战，善于质疑，不断地提出新问题，努力地拓展自己的认知边界，逐步提升自己的学科能力. 这是大师们的经验，也应该成为我们的人生准则.

第二节　数学的直觉与理性

——归纳、类比、猜想、证明

从个别事实概括出一般结论的推理，我们称之为归纳；由一类事物的某种性质猜测出与其类似的事物也具备这种特性的方法，我们称之为类比. 归纳和类比都是合情推理，未必完全可靠，但是它们对很多数学问题的研究有重要的启发和导向作用，往往是我们研究的原动力.

对很多数学题目，在没有明确思路的情况下，我们就像在黑夜里前行，最有效的方法就是猜测、联想与大胆求变，依据问题的结构特征，在问题的条件和结论之间展开想象的翅膀，力争使问题与自己的研究经历和经验结合起来，积极进取，有所作为，哪怕是一丁点的猜想和类比也可能使问题产生积极的变化，从而觅得一线生机.

一、大胆猜想，耐心求证，这是一种科学精神，也是一种科研方法

数学猜想与想象力、洞察力、预见性是高度关联的，它们构成数学创新的主要内容.

合理的猜想要立足于问题的条件和结论，结合自己的研究经历和经验，要具体问题具体分析；合理的猜想不仅会帮助我们找到正确的解题思路，而且会强化我们的洞察力，提高我们的解题速度. 有时候可以变换问题的观察角度，试一试换个角度会怎样. 全新的视野，会激发人的创新激情，也可能让你发现不一样的风景.

数学猜想可以加强数学知识与数学方法之间的内在联系，使得我们在比对的过程中对新旧知识与新老方法的认识，都在原有基础上有一个质的飞跃，从根本上提高我们的数学学习能力.

例 1　世界杯的猜想

2018 俄罗斯世界杯比赛规则是：

32 支参赛队通过抽签分为 8 个小组，每个小组分别有 4 支球队进行比赛，每支球队都必须和其他 3 支球队各进行一场比赛，共比赛 $4\times3\div2=6$ 场(组合数 C_4^2)．每场比赛后，胜者得 3 分，负者得零分，平局则双方都得 1 分．6 场比赛，如果都是平局，则积分和最小为 12 分；如果无平局，则积分和最大为 18 分．

小组赛所有的 6 场比赛结束后，前两名出线进入下一轮淘汰赛，另外两支球队则结束世界杯之旅．

每个小组分别有四支球队，其排名按以下规则确定：

a．积分高者排名靠前．

b．若两支或两支以上球队积分相同，则小组中总净胜球多者排名靠前．

c．若两支或两支以上球队净胜球数相同，则小组赛中总进球数多者排名靠前．

d．若两支或两支以上球队总进球数相同，则比较并列球队之间的胜负关系．

e．若仍然相同，则比较并列几队之间的净胜球数．

f．若仍然相同，则比较并列几队之间的总进球数．

g．若仍然相同，则比较公平比赛积分，即红黄牌分值更少的球队排名靠前．其中：黄牌 1 分，间接红牌(两张黄牌产生的红牌)3 分，直接红牌 4 分，黄牌＋直接红牌 5 分．

h．国际足联(FIFA)采取抽签的方式决定出线球队，即确定每个小组前两名球队出线，进入淘汰赛阶段．

进入淘汰赛的球队在比赛中都必须分出胜负，不再有平局，胜者进入下一轮的淘汰赛，负者则结束世界杯之旅，最后四支球队进入半决赛．

半决赛中，失利的两队争夺第三名，获胜的两队进入决赛争夺大力神杯．

决赛之后，世界杯进行闭幕式．

问题 1　获得冠军的球队总共要进行多少场比赛？

探究：32 支参赛队有 16 支球队进入淘汰赛(八分之一决赛)，然后有 8

支球队进入四分之一决赛，然后4支球队进入半决赛，最后2支球队进入决赛，所以冠军球队除了小组赛的3场比赛之外，还分别要在十六进八、八进四、半决赛、决赛当中进行4场比赛，所以冠军球队总共要比赛7场(其实进入半决赛的4支球队都要进行7场比赛)

问题2　本届世界杯一共要进行多少场比赛？

探究：每个小组分别有4支球队进行比赛，共比赛6场，8个小组，所以小组赛共有6×8=48场比赛.

进入淘汰赛阶段，除了第三、四名的比赛之外，每一场比赛都对应着一个失败者；除了冠军球队之外，共有15个失败者，故淘汰赛阶段共有16场比赛.

所以本届世界杯共有64场比赛.

问题3　某球队在小组赛中，总积分为3分，则该球队有小组出线的可能. 这个猜想正确吗？

探究：总积分为3分，这个分数特别低，要么三战三平，要么一胜两负. 如果3分能出线，这肯定是一种极端情况：

小组赛如果全是平局，则共产生12分，此时4支球队都是三战皆平积3分，那两个最好的3分球队应该出线.

小组赛一共有6场比赛，如果没有平局，最多产生18分. 如果某支球队实力超强，三战全胜积9分，它肯定是小组第一而顺利出线，另外三支球队除了都输给前者之外，它们之间的比赛形成循环套，均为一胜一负，它们小组赛均积3分，那个最好的三分球队也应该出线.

所以这个说法是对的.

你认为这种分类讨论彻底吗？还会有其他的可能吗？

问题4　某球队在小组赛中，总积分为6分，则该球队可能被淘汰. 这个猜想正确吗？

探究：小组赛积6分即三战两胜，此时被淘汰几乎不可能. 若被淘汰，也应该是一种极端情况：

设想4支球队里面有1支鱼腩球队，三战皆负，自己一分未得，反而为其他3支球队都献上3分. 另外3支球队实力相当，它们之间的比赛形成循环套，都是一胜一负，此时3支球队都积6分，其中那支最差的球队将被淘汰.

所以这个说法是正确的.

你认为这种分类讨论彻底吗？还会有其他的可能吗？

问题5　某球队在小组赛中，总积分为5分，则该球队必定顺利出线. 这

个猜想正确吗？

探究：某球队 A 总积分为 5 分，应该是一胜两平，因为有两次平局，所以此时 A 被淘汰几乎不可能.

因为有两次平局，该小组的所有比赛最多产生积分 16 分(两场平局各 2 分，4 场分出胜负各 3 分)，有两支球队超越 A，得分不低于 5 分，三者之间一定是一种非常均衡的局面.

设想 4 支球队里面有 1 支鱼腩球队，三战皆负，自己一分未得，反而为其他 3 支球队都献上 3 分，另外 3 支球队实力相当，它们之间的比赛形成循环套，都是平局收场，此时 3 支球队都积 5 分，其中那个最差的球队将被淘汰. 所以，该题的说法是错误的.

你认为这种分类讨论彻底吗？还会有其他的可能吗？

说明：上述问题，采用的都是分类讨论和整合的方式. 对那些看似不可能的问题，检验猜想的最简捷的办法就是在条件成立的边界上，针对那些极端情况进行验证. 这些问题都在同学们的能力范围之内，但是实践表明，大部分同学都不能很好地解答它们，他们对体育的热爱可能还没有转化成对数学的深刻理解.

学好数学靠刷题行吗？从小学到大学，沉重的课业负担使得同学们的某些能力退化了. 追求可持续发展，保护好自己对问题的好奇心和求知欲，比做任何作业都重要.

兴趣是最好的老师，科学的方法能给我们的研究插上成功的翅膀. 数学就在我们身边，人人都能学好数学. 应变能力和创新能力的提升永远是我们追求的目标.

例 2　对一切 $\theta\in R$，动直线 $x\cos\theta+y\sin\theta=1$ 能否与一定圆相切. 如果能，请求出定圆的方程；如果不能，请说明理由.

探究：可以从特殊到一般，因为确定一个圆没有必要用到无数条直线，可以看一下能否从几条特殊的直线中，得到一个明确的答案，最后进行验证即可.

因为 $\theta\in R$，当 $\theta=0$ 时，直线为 $x=1$；当 $\theta=\frac{\pi}{2}$ 时，直线为 $y=1$.

当 $\theta=\pi$ 时，直线为 $x=-1$；当 $\theta=\frac{3\pi}{2}$ 时，直线为 $y=-1$.

与这四条线都相切的圆显然是圆心在原点、半径为 1 的单位圆.

该圆的圆心到动直线的距离为 $d=\frac{1}{\sqrt{\cos^2\theta+\sin^2\theta}}=1=r$.

所以，定圆为 $x^2+y^2=1$，它与题给的动直线都相切.

说明：猜想并不是空想，它不是什么空穴来风，需要借助于题目中的数学材料. 大量的特例和个例，无疑会给我们无穷的想象空间. 比如，“对于任意实数 a，动直线 $(a-1)x+(2-a)y+3-2a=0$ 是否经过一个定点. 若是，请求出该点的坐标；若不是，请说明理由”，我们完全可以用同样的方法来解决.

确定一个定点，没必要用无数条直线，只要两条即可.

当 $a=1$、$a=2$ 时，我们可以分别得到直线 $y+1=0$ 和直线 $x-1=0$，它们的交点为 $P(1,-1)$.

显然，点 P 在上述两条直线上，但是它能在那无数条直线上吗？

很简单，将点 P 的坐标代入原直线方程检验一下即可.

例 3　已知实数 a,b,c，则下列不等式恒成立的是(　　)

A. 若 $|a^2+b+c|+|a+b^2+c|\leqslant 1$，则 $a^2+b^2+c^2<100$

B. 若 $|a^2+b+c|+|a^2+b-c|\leqslant 1$，则 $a^2+b^2+c^2<100$

C. 若 $|a+b+c^2|+|a+b-c^2|\leqslant 1$，则 $a^2+b^2+c^2<100$

D. 若 $|a^2+b+c|+|a+b^2-c|\leqslant 1$，则 $a^2+b^2+c^2<100$

探究：这些不等式很复杂，正面证明的难度很大. 正难则反，我们可以考虑它们的反面. 找到那些不是恒成立的不等式，可能一个反例即可，这样一来，难度就小多了.

要否定 A，只要两个绝对值足够小而 $a^2+b^2+c^2$ 足够大：$a=b=5$，$c=-30$，这就是满足条件但不符合结论的一组反例.

要否定 B，条件的几何意义是 a^2+b 与 c 和 $-c$ 的距离之和足够小；同样的道理，$c=0.1$，$a^2+b=0(a=10,b=-100)$，这也是满足条件但不符合结论的一组反例.

要否定 C，条件的几何意义是 $a+b$ 与 c^2 和 $-c^2$ 的距离之和足够小；同样的道理，$c=0.1$，$a+b=0(a=10,b=-10)$，这也是满足条件但不符合结论的一组反例.

综上，答案只能是 D.

说明：正难则反. 否定一个恒成立的问题，只要一个符合条件但不满足结论的反例即可，但是这个反例的取得，必须结合题目的条件和结论，进行综合分析，既符合条件，又让结论不成立. 为此，我们往往可以对问题进行“极端状态”的实验. 这种“极端状态”就是条件和结论所对应范围的“底线”.

另外，我们可以挑战一下自我：选项D是可以证明的吗？

发展条件$|a^2+b+c|+|a+b^2-c|\leqslant 1$，最大限度地放大$a^2+b^2+c^2$至“最大值”，并且证明这个“最大值”小于100；必要时，可能要用到放缩法.

因为$|a^2+b+c|+|a+b^2-c|\geqslant|a^2+b+c+a+b^2-c|=|a^2+a+b^2+b|$. 所以$|a^2+a+b^2+b|\leqslant 1$（消去了$c$），

所以$\left|\left(a+\frac{1}{2}\right)^2+\left(b+\frac{1}{2}\right)^2-\frac{1}{2}\right|\leqslant 1$，

所以$-1\leqslant\left(a+\frac{1}{2}\right)^2+\left(b+\frac{1}{2}\right)^2-\frac{1}{2}\leqslant 1$，

即$-\frac{1}{2}\leqslant\left(a+\frac{1}{2}\right)^2+\left(b+\frac{1}{2}\right)^2\leqslant\frac{3}{2}$，

所以$\left(a+\frac{1}{2}\right)^2\leqslant\frac{3}{2}$且$\left(b+\frac{1}{2}\right)^2\leqslant\frac{3}{2}$，

可以解得$-\frac{1+\sqrt{6}}{2}\leqslant a\leqslant\frac{-1+\sqrt{6}}{2}$，$-\frac{1+\sqrt{6}}{2}\leqslant b\leqslant\frac{-1+\sqrt{6}}{2}$.

将该范围放大一点：$-2<a<2$，$-2<b<2$，

所以$a^2+b^2<8$且$-2<a+b^2<6$.

下面去研究c的范围，继续发展条件.

由条件可知$|a+b^2-c|<1$，

所以$|c-(a+b^2)|<1$，所以$-1+(a+b^2)<c<1+(a+b^2)$.

又$-2<a+b^2<6$，所以$-3<c<7$，

所以$c^2<49$，所以$a^2+b^2+c^2<8+49<100$.

请看这个证明过程中，我们不断地发展条件，使之产生积极的效果，消元抵消约分之后，我们离结论可能就更近了，三个元素a,b,c的取值范围逐步被开发出来了.

二、学会类比，融会贯通，举一反三

我们都有这种经历：单纯地理解和记忆一种知识或方法，往往要么不得要领、要么极易忘却；但是，当你把相关信息结合在一起，建构起它们之间的联系之后，记忆会更加稳定、持久，理解会更加深刻，应用会更加娴熟.

建构主义认为同化是新知识被吸收进来并整合到已有的认知结构中；顺应是指新知识、新方法发生变化而原有认知结构无法同化它们时，学习者的认知结构要发生重组与改造和升级，从而在更高的层级上，建立更高级别

的认知结构.可见,同化是认知结构数量的扩充,而顺应则是认知结构性质的升华.我们就是通过同化与顺应这两种形式不断构建、优化新的认知体系.当学习者能用现有模式去同化新信息时,这就是简单的类比;而当现有模式不能同化新信息时,原有认知结构受到挑战,就需要在不断的类比、优化过程中,不断地丰富自己的认知结构并使其发展变化.学习者的认知结构就是通过同化与顺应过程逐步完善的.

类比不仅仅是建构的杠杆,而且其对应的方法很多时候就是我们打开新问题的钥匙.已有的知识和方法,在研究相关相近相似的新问题的时候,可能给我们提供足够的灵感.

例 4　公式的类比记忆.

扇形的面积公式、圆锥的侧面积公式、圆台的侧面积公式的记忆一直令好多同学头疼.其实,我们完全可以类比三角形和梯形的面积公式来进行理解和记忆.

如例 4 图①,扇形可以类比成三角形,其面积也是底高之积的一半,只不过底变成了扇形的弧长,而高则变成了扇形的半径.在新的意义下,$S=\frac{1}{2}Rl$ 就顺理成章了.圆锥的侧面积就是其侧面展开图的面积,而这个展开图的弧长就是圆锥的底面周长 $2\pi r$,扇形的半径就是圆锥的母线 l,这样一来 $S=\pi rl$ 便不会被忘记了.

例 4 图①

又如例 4 图②,圆台的侧面积可以看成一个扇环,完全可以把它类比成一个梯形,圆台的上、下底面半径和母线分别为 r,R,l,则:

上底为 $2\pi r$,下底为 $2\pi R$,高为 l,则圆台的侧面积 $S=\pi(R+r)l$ 便被纳入原有的记忆系统之中了.

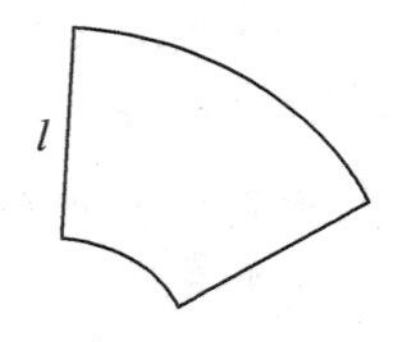

例 4 图②

例 5　在平面几何中,我们往往用等面积法求三角形内切圆的半径,如例 5 图①所示,$\triangle ABC$ 的三条边长分别为 a,b,c,其内切圆的圆心为 O,则 $\triangle AOB,\triangle BOC,\triangle COA$ 有相等的高(内切圆半径 r),它们的面积之和等于 $\triangle ABC$ 的面积 S,所以 $S=\frac{1}{2}(a+b+c)r$,由此容易求出 r.

类比一下,如例 5 图②所示,在立体几何中,一个四面体 $ABCD$ 的四个面的面积分别为 S_1,S_2,S_3,S_4,其内切球的球心为 O,则三棱锥 $O—ABC$,

O—ABD，O—ACD，O—BCD 有相等的高（内切球半径 r），它们的体积之和等于四面体 $ABCD$ 的体积 V，所以 $V=\frac{1}{2}(S_1+S_2+S_3+S_4)r$，由此容易求出 r.

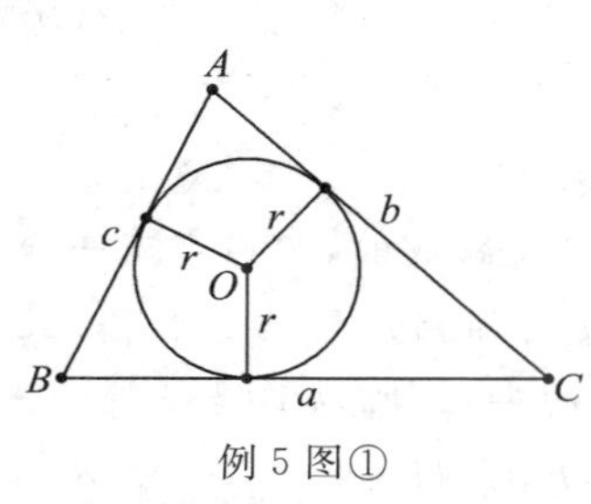

例 5 图①

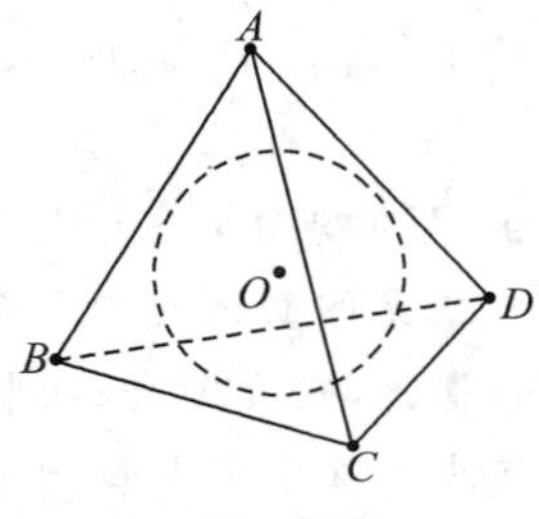

例 5 图②

说明：立体几何的很多问题，都是类比平面几何问题而得以解决的，这里运用的是转化的思想和类比的方法.

例 6　类比平面几何，我们可以定义四面体的“四心”：如果存在一个点到四面体的四个顶点的距离相等，则该点为四面体的外心（外接球的球心）；如果一个点到四面体四个面的距离相等，则该点为四面体的内心（内切球的球心）；如果四面体的四个顶点与其对面三角形的重心的连线相交于一点，则称该点为四面体的重心；如果四面体的四条高线相交于一点，则称该点为四面体的垂心.

那么，下列说法中错误的是(　　)

A. 任何四面体都有唯一的外心

B. 任何四面体都有唯一的内心

C. 任何四面体都有唯一的重心

D. 任何四面体都有唯一的垂心

探究：A：借鉴平面几何的相关问题，过△ABC 外心可作垂直于其所在平面的直线，该直线可以叫作△ABC 的“中垂线”，显然该直线上的任何一点与原三角形的三个顶点等距离.

如例 6 图①，四面体 $SABC$ 中，如果能证明△ABC 与△SAB 的“中垂线”交于一点，问题就被证明了.

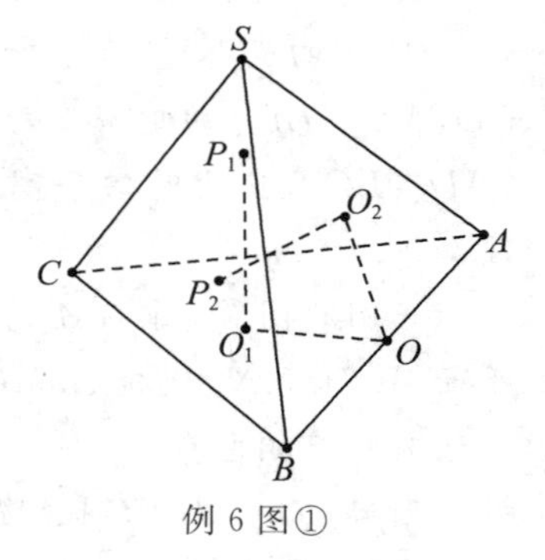

例 6 图①

设△ABC 的外心为 O_1，“中垂线”为 O_1P_1，△SAB 的外心为 O_2，“中垂

线”为 O_2P_2，AB 为 $\triangle SAB$ 与 $\triangle ABC$ 的公共边，O 为 AB 的中点.

连接 OO_1，OO_2，则 $AB\perp OO_1$，$AB\perp OO_2$.

$AB\perp O_1P_1$，$AB\perp O_2P_2$，所以 $AB\perp$ 平面 OO_1P_1，$AB\perp$ 平面 OO_2P_2，

所以平面 OO_1P_1 与平面 OO_2P_2 重合，

所以 O_1P_1 与 O_2P_2 在同一平面内，它们肯定相交于一点 P，所以 $PA=PB=PC=PS$，

所以点 P 为四面体 $SABC$ 的外接球球心.

B：可以想象四面体的四个面是四块玻璃做成的，其内部有一个热气球，随着气球的膨胀，它肯定会达到与四块玻璃都相切的临界状态. 此时，球心与切点的连线垂直于该平面，长度等于球的半径，所以 B 是正确的.

C：如例 6 图②，四面体 $ABCD$ 中，E，F，G，H 分别为 $\triangle BCD$，$\triangle ACD$，$\triangle ABD$，$\triangle ABC$ 的重心.

取 CD 中点 M，连接 AM，BM，由重心性质可知：E，F 分别在 BM 和 AM 上且 $AF=2FM$、$BE=2EM$.

$\triangle ABM$ 中，可设 AE 与 BF 相交于一点 O.

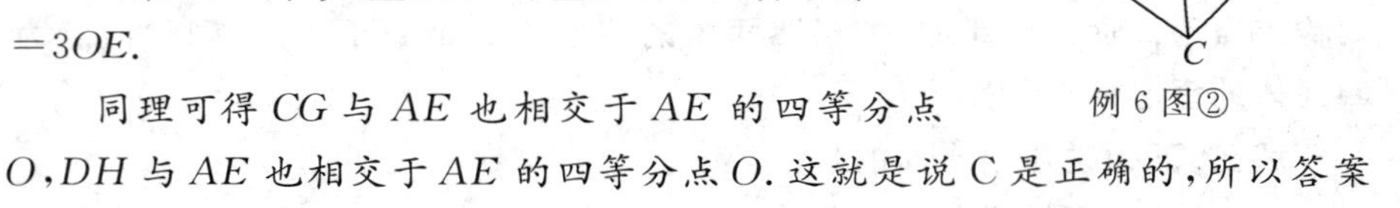

由相似三角形（$\triangle OEF$ 与 $\triangle OAB$）性质可得 $AO=3OE$.

同理可得 CG 与 AE 也相交于 AE 的四等分点 O，DH 与 AE 也相交于 AE 的四等分点 O. 这就是说 C 是正确的，所以答案为 D.

例 6 图②

关于 D 的研究，这里只说明两点.

① 当四面体有两组对棱互相垂直（如 $AB\perp CD$，$AC\perp BD$）的时候，第三组对棱也互相垂直（$AD\perp BC$），且此时四条高线相交于一点. 证明方法如下.

如例 6 图③，作 $AM\perp$ 平面 BCD 于 M，$BN\perp$ 平面 ACD 于 N，连接 BM，CM 和 AN. 下面先证第三组对棱互相垂直.

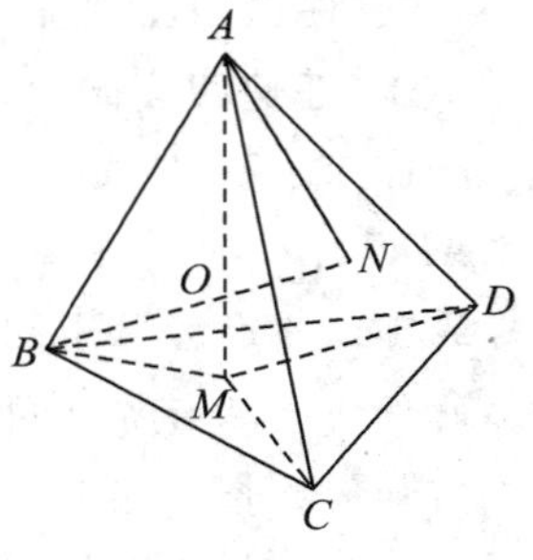

例 6 图③

因为 $CD\perp AB$，$CD\perp AM$，所以 $CD\perp$ 平面 ABM，所以 $CD\perp BM$.

同理，$BD\perp CM$，即 M 为三角形 BCD 的垂心，

进而 $BC\perp DM$.

又 $BC\perp AM$，所以 $BC\perp$ 平面 ADM，所以 $BC\perp AD$（至此第三组对棱垂直）.

因为 $CD\perp$ 平面 ABM，所以同理可得 $CD\perp$ 平面 ABN，

所以平面 ABM 与平面 ABN 重合，所以该平面内的 AM，BN 相交于一点，设该点为 O，连接 CO，DO.

因为 $BO\perp$ 平面 ACD，所以 $BO\perp AC$，又 $BD\perp AC$，所以 $AC\perp$ 平面 BDO，所以 $AC\perp DO$.

同理，$AB\perp DO$，所以 $DO\perp$ 平面 ABC.

同理，$CO\perp$ 平面 ABD.

综上，四条高线相交于一点 O.

② 很多四面体的对棱是不垂直的，所以上面的平面 ABM 与平面 ABN 不会重合，所以 AM，BN 是不会相交于一点的，此时 D 是错误的.

说明：本题题量大，各种信息交织在一起，乱花渐欲迷人眼，但是因为类比了平面几何的相关知识和方法，所以我们可以很快地理出头绪，逐步找到解决问题的方法. 尽管这是立体几何的内容，但是基本思路的灵感依然来自于平面几何，其中大部分细节都是转化成平面几何问题来推证的.

类比不仅仅会给我们思想上的借鉴，很多时候也会产生知识的创新.

例 7　圆的切线方程和椭圆的切线方程.

(1) 若点 $M(x_0, y_0)$ 在圆 $x_2+y_2=r_2$ 上，则过点 M 的切线方程为 $x_0x+y_0y=r_2$.

证明：因为半径 OM 所在直线的斜率为 $\frac{y_0}{x_0}$，所以过点 M 的切线斜率为 $-\frac{x_0}{y_0}(x_0\cdot y_0\neq 0)$，

所以过点 M 的切线方程为 $y-y_0=-\frac{x_0}{y_0}(x-x_0)$，

整理可得 $x_0x+y_0y=x_0^2+y_0^2=r^2$，….

(2) 类比一下，若椭圆的方程为 $\frac{x^2}{a^2}+\frac{y^2}{b^2}(a>0, b>0)$，点 $P(m, n)$ 在椭圆上，则过点 P 椭圆的切线方程可以猜想为 $\frac{mx}{a^2}+\frac{ny}{b^2}=1$.

证明：设过点 P 椭圆的切线方程为 $y-n=k(x-m)(mn\neq 0)$，即：$y=kx-mk+n$，

代入椭圆方程得：

$(a^2k^2+b^2)x^2+2(nk-mk^2)a^2x+a^2(m^2k^2-2mnk+n^2-b^2)=0.$

因为切线与椭圆只有一个交点，

所以 $\Delta=[2(nk-mk^2)a^2]^2-4a^2(a^2k^2+b^2)(m^2k^2-2mnk+n^2-b^2)=0$，

展开整理化简可得

$$(a^2-m^2)k^2+2mnk+b^2-n^2=0. \quad ①$$

又因为 $\frac{m^2}{a^2}+\frac{n^2}{b^2}=1$，所以 $m^2=a^2-\frac{a^2n^2}{b^2}$，$n^2=b^2-\frac{b^2m^2}{a^2}$，所以①可化为 $\frac{a^2n^2}{b^2}k^2+2mnk+\frac{b^2m^2}{a^2}=0$，即 $a^4n^2k^2+2mna^2b^2k+b^4m^2=0$（这是一个完全平方式！），所以 $(a^2nk+b^2m)^2=0$，所以 $k=-\frac{b^2m}{a^2n}$. 所以切线方程为：$y-n=-\frac{b^2m}{a^2n}(x-m)$.

关注到结论结构特征的要求，上式可化为 $\frac{mx}{a^2}+\frac{ny}{b^2}=\frac{m^2}{a^2}+\frac{n^2}{b^2}$，而 $\frac{m^2}{a^2}+\frac{n^2}{b^2}=1$，所以切线方程为 $\frac{mx}{a^2}+\frac{ny}{b^2}=1$. 经验证 m,n 有且只有一个为 0 也成立，

即类比的结论正确.

说明：类比产生了知识上的创新，尽管运算量很大，但是运算技巧和运算目标，大大地提高了解题效率. 在由 $\Delta=[2(nk-mk^2)a^2]^2-4a^2(a^2k^2+b^2)(m^2k^2-2mnk+n^2-b^2)=0$ 求切线斜率的时候，数形结合告诉我们，答案是唯一的，所以化简结果必为完全平方式，也是可以预见的. 这个结论都可以类比到双曲线上，你试一下呗！

遇到切线，我们可能联想到导数的方法. 心动就要行动，你可以在切点在第一象限的时候，按照这种猜想去试一试，成功必定属于你！

类比是一种学习方式，也是一种解题手段.

三、归纳猜想证明，是人类认知升级的主要途径，也是数学学习常规方法，还是问题解决的基本策略

从特殊到一般，从具体到抽象，从大量的数学现象中，归纳出一般性规律，并利用这些规律，对目标问题进行有的放矢的研究，对所用方法给出一

定的指引和探测,这可能就是我们研究归纳推理的主要原因.

对某些复杂问题的研究,进行特例式处理,在对特例进行列举的过程中,务必规范操作、耐心观察、细致分析,力求抓住问题的程序性的本质特征.这样,往往能总结出一般性的规律或者方法,为整个问题的解决做好顶层设计.

例8　如例8图,将若干个点摆成三角形图案,每条边(包括两个端点)有$n(n>1,n\in \mathbf{N}_+)$个点,相应的图案中总的点数记为a_n,则$\frac{9}{a_2a_3}+\frac{9}{a_3a_4}+\frac{9}{a_4a_5}+\cdots+\frac{9}{a_{2\,014}a_{2\,015}}=$________.

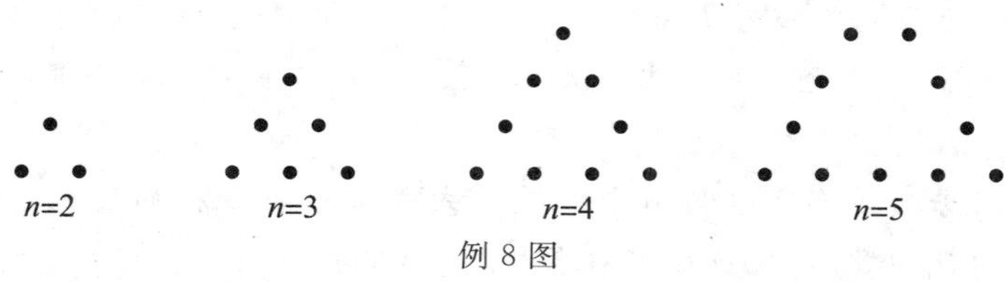

例8图

探究:根据前几个图形的分布特点,可得第n个三角形的三条边上均有n个点,但是三个顶点都被数了两次,所以:

$a_n=3n-3(n\geqslant 2)$,数列$\{a_n\}$是首项为3、公差为3的等差数列.所以$\frac{1}{a_na_{n+1}}=\frac{1}{3(n-1)\cdot 3n}=\frac{1}{9}\left(\frac{1}{n-1}-\frac{1}{n}\right)$,

则$\frac{9}{a_2a_3}+\frac{9}{a_3a_4}+\frac{9}{a_4a_5}+\cdots+\frac{9}{a_{2\,014}a_{2\,015}}=1-\frac{1}{2}+\frac{1}{2}-\frac{1}{3}+\cdots+\frac{1}{2\,014}-\frac{1}{2\,015}=\frac{2\,014}{2\,015}$.

说明:耐心观察前几个图形的结构特点,分析推测验证总体的发展规律,问题并不难解决.

例9　对于实数x,$[x]$表示不超过x的最大整数,观察下列等式:

$[\sqrt{1}]+[\sqrt{2}]+[\sqrt{3}]=3$.

$[\sqrt{4}]+[\sqrt{5}]+[\sqrt{6}]+[\sqrt{7}]+[\sqrt{8}]=10$.

$[\sqrt{9}]+[\sqrt{10}]+[\sqrt{11}]+[\sqrt{12}]+[\sqrt{13}]+[\sqrt{14}]+[\sqrt{15}]=21$.

(1) 按照此规律,写出第n行,并求第n个等式的等号右边的结果a_n的表达式.

(2) 如果 $b_n=(-1)^n a_n$,求该数列的前 n 项和.

探究:(1) 第一行左边有 3 项,每一项均为 1;

第二行左边有 5 项,每一项均为 2;

第三行左边有 7 项,每一项均为 3;

……

第 n 行的结构是:

$[\sqrt{n^2}]+[\sqrt{n^2+1}]+[\sqrt{n^2+2}]+[\sqrt{n^2+3}]+\cdots+[\sqrt{n^2+2n}]$,有 $2n+1$ 项,每一项均为 n,

所以第 n 个等式的右边$=n(2n+1)=2n^2+n$,

所以 $a_n=2n^2+n$.

设$\{b_n\}$的前 n 项和为 T_n,则:

$T_n=2[(-1^2+2^2)+(-3^2+4^2)+(-5^2+6^2)+\cdots]+(-1+2-3+4-5+6-\cdots)$.

第一组每一对都可以利用平方差公式寻求一种积极的变化,而第二组是最简单的摆动数列,也应该配对求和.分两组求和.

若 n 为偶数,则 $S_n=-1^2+2^2-3^2+4^2+\cdots-(n-1)^2+n^2$,所以 $S_n=(2^2-1^2)+(4^2-3^2)+\cdots+[n^2-(n-1)^2]=(1+2)+(3+4)+\cdots+[(n-1)+n]=\dfrac{n(n+1)}{2}$.

若 n 为奇数,则 $S_n=-1^2+2^2-3^2+4^2+\cdots-(n-2)^2+(n-1)^2-n^2$,最后一项不能成对,其他各项与刚才完全相同.

$S_n=(2^2-1^2)+(4^2-3^2)+\cdots+[(n-1)^2-(n-2)^2]-n^2=(1+2)+(3+4)+\cdots+[(n-2)+(n-1)]-n^2=-\dfrac{n(n+1)}{2}$.

① 当 n 为偶数时,$T_n=\dfrac{2n^2+3n}{2}$.

② 当 n 为奇数时,则 $n-1$ 为偶数,前 $n-1$ 项和可以套用上面的程序,最后一项单列,即 $T_n=\dfrac{2(n-1)^2+3(n-1)}{2}-2n^2-n=-\dfrac{(2n+1)(n+1)}{2}$.

说明:第一个问题是开放的,需要我们从特殊到一般,抽象出数列的发展规律.第二问题中用到的是分类讨论和配对求和,尽最大努力,通过对问题的变化,将其转化成等差数列问题.

例 10　已知$\{a_n\}$为等差数列,且 $a_3=5$,$a_6=17$,数列$\{b_n\}$的前 n 项和 S_n

$=\frac{3}{2}b_n-\frac{1}{2}$,

(1) 求$\{a_n\}$与$\{b_n\}$的通项公式和前 n 项和公式;

(2) 若两个数列$\{a_n\}$与$\{b_n\}$的公共项从小到大构成数列$\{c_n\}$,写出数列$\{c_n\}$的通项公式.

探究:第(1)小题是常规问题,略解如下.

设$\{a_n\}$的公差为 d,则 $d=4$,所以 $a_n=4n-7$.

$n=1$ 时,$b_1=1$,$n\geqslant 2$ 时,$S_{n-1}=\frac{3}{2}b_{n-1}-\frac{1}{2}$,

与 $S_n=\frac{3}{2}b_n-\frac{1}{2}$ 相减可得:$b_n=3b_{n-1}$,

所以$\{b_n\}$是等比数列,$b_n=3^{n-1}$.

如何寻找二者的公共项呢?列举归纳是数列问题的当然选择,但是,两个数列尤其是那个等比数列发展得太快,我们看不见它的踪影;它可能把等差数列远远地甩在后面.由于等差数列清晰可见且相对稠密,所以我们应该把等比数列的每一项拿到等差数列中进行比对.

很快,我们就可以发现:$b_1=1$,$b_3=9$,$b_5=81$,它们都在等差数列中;$b_2=3$,$b_4=27$,$b_6=243$,它们都不在等差数列中.于是,我们有理由猜想:二者的公共项构成的数列就是等比数列的奇数项,即 $C_n=9^{n-1}$.

如何证明呢?

显然,$C_n=9^{n-1}$ 都在$\{b_n\}$中,它能都在$\{a_n\}$中吗?

由二项式定理可得:$9^m=(8+1)^m=8^m+C_m{}^1 8^{m-1}+\cdots C_m{}^{m-1}8+1$($m$ 为自然数),这是 8 的倍数加 1,也是 4 的倍数加 1,而 $a_n=4n-7=4(n-2)+1$,所以 $C_n=9^{n-1}$ 也在$\{a_n\}$中.

公共项仅仅有 $C_n=9^{n-1}$ 吗?

$\{b_n\}$中的另外的项:3,27,243,…,其通项可以写成 $3\cdot 9^{n-1}$.依据上面的二项展开式可知,它为 4 的倍数加 3,而 $a_n=4n-7=4(n-2)+1$,这说明$\{b_n\}$中的另外的项不在$\{a_n\}$中.

综上,两个数列的公共项有且仅有 $C_n=9^{n-1}$.

说明:在探求两个数列公共项的时候,我们从“稀疏”的等比数列出发,逐一验证,有效地减少了验证的次数,比较直接地得到了公共项的猜想.

在证明公共项的时候,我们用了二项式定理,不但要证明 $C_n=9^{n-1}$ 为公共项,而且要证明除此之外的项都不是公共项.我们用补集的思想写出$\{b_n\}$

的剩余项 $3\cdot 9^{n-1}$，结合已经给出的二项展开式，证明其不在 $\{a_n\}$ 中. 这样一来，我们的证明就完备起来了.

另外，公共项的证明还可以用数学归纳法，你可以一试.

例 11 空间被 n 个平面（这些平面每三个相交于一点，但任何四个平面都不会相交于一点，即 n 个斜交平面）分成多少个部分？

探究：从易到难，先特殊后一般，是我们解题的自觉选择. 循序渐进的原则也告诉我们，只能从简单的列举开始.

一个平面将空间分成两个部分；

两个平面将空间分成四个部分；

三个斜交平面将空间分成八个部分.

假设我们已经知道空间被 n 个斜交平面划分成 $F(n)$ 部分，

则当 $n+1$ 个斜交平面分割空间的时候，原先的 n 个平面将空间划分为 $F(n)$ 个部分，这 n 个平面与第 $n+1$ 个平面 π 相交于 n 条直线. 假设这 n 条直线将平面 π 分为 $F_2(n)$ 部分，则加入第 $n+1$ 个平面后，整个空间的个数 $F(n+1)=F(n)+F_2(n)$.

平面 π 上，n 条直线的交点都是不重合的，显然一条直线将平面 π 分成两个部分，两条直线将平面 π 分成三个部分，最后的第 n 条直线与前 $n-1$ 条直线有 $n-1$ 个交点；加入第 n 条直线后，平面 π 被分成的部分数多了 n 个，

所以 $F_2(n)=F_2(1)+2+3+\cdots+n=\dfrac{n^2+n+2}{2}$，

因此，我们得到以下关系：

$$F(n+1)=F(n)+F_2(n)=F(n)+\frac{n^2+n+2}{2}.$$

我们用 $n-1,n-2,\cdots,2,1$ 代替 n，有：

$$F(n)=F(n-1)+\frac{(n-1)^2+(n-1)+2}{2},$$

$$F(n-1)=F(n-2)+\frac{(n-2)^2+(n-2)+2}{2},$$

……

$$F(3)=F(2)+\frac{2^2+2+2}{2},$$

$$F(2)=F(1)+\frac{1^2+1+2}{2}.$$

将这些等式相加，分组求和可得：

$$F(n)=F(1)+\frac{1}{2}[(n-1)^2+(n-2)^2+\cdots+1^2]+\frac{1}{2}[(n-1)+(n-2)+\cdots+1]+n-1=2+\frac{n(n-1)(2n-1)}{12}+\frac{n(n-1)}{4}+n-1$$

$$=\frac{(n+1)(n^2-n+6)}{6}.$$

说明：本题从平面到空间、从特殊到一般，既类比又归纳，是一道综合题. 其中，在平面 π 上，我们对分割的数量进行了从特殊到一般的归纳和递推，$F_2(n)=F_2(n-1)+F_1(n)$，其中 $F_2(1)=2$（一条直线将平面分成的数量），$F_1(n)=n$（最后第 n 条直线将平面多分割的数量）.

最后的求和是累加法和分组求和的综合.

数学问题是千变万化的，要摒弃那种一成不变的思维模式，这种思维模式不会给我们带来新发现的. 很多具有挑战性的问题，我们不能洞察它们的基本思路时，要主动求变，在与其相似相近的初级问题上，通过联想、类比、列举、归纳等方法，让问题发展变化，从中发现、探索它的发展规律，把控问题正确的思维方向.

退一步海阔天空，有时候回到问题的原始状态，多研究它的初始信息和特殊情况，灵感可能随之而来. 无论类比还是归纳，猜想的结果都要进行严谨的证明. 不仅如此，在证明的过程中，可能还要不断调控或者改变解题的方式和方向.

在困境之中，不要轻言放弃，最大限度地对当前的研究对象施加影响，在问题的最近发展区充分释放自己的能量，这就是积极主动的科学的数学发展观.

第三节　数学的现实应用

注重数学应用意识、应用能力的培养，加大数学应用问题和内容的学习力度，培养阅读理解能力和数学建模能力，能运用所学数学知识来解决实际问题，这既是素质教育的基本要求，也是数学学科素养的重要组成部分. 学以致用是数学学习的最终目标.

例 1　如例 1 图，某灾区的灾民分布在一个矩形地区，现要将救灾物资从 P 处紧急运往灾区. P 往灾区有两条直线道路 PA、PB，且 $PA=110$ km，$PB=150$ km，$AB=50$ km. 为了使救灾物资尽快送到灾民手里，需要在灾区划分一条界线，使救灾车队在明确灾民具体位置的时候，能够选择走 PA 路线还是 PB 路线，让到达灾民所在地的总路程比较短. 求出该界线的方程，并由此说明救灾车队选择路线的方法.

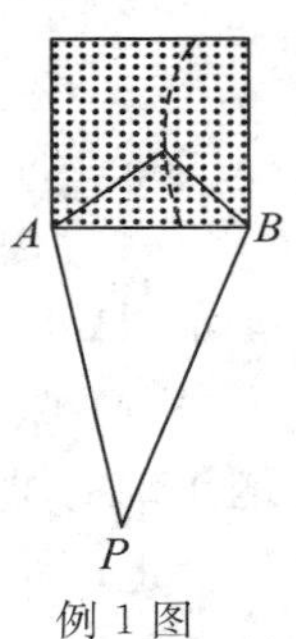

例 1 图

探究：从出发点 P 到灾民的具体位置 M，总路程有以下三种情况：

(1) 沿 PA 线路近；(2) 沿 PB 线路近；(3) 沿 PA，PB 线路都相同.

所以分界线以第(3)种情况划分，即 $|PA|+|MA|=|PB|+|MB|\Rightarrow 110+|MA|=150+|MB|$，

所以 $|MA|-|MB|=40$，即分界线是以 A，B 为焦点的双曲线的右支，

$AB=50\Rightarrow 2c=50\Rightarrow c=25$，$2a=40\Rightarrow a=20\Rightarrow b^2=225$.

若以 AB 为 x 轴、AB 的中点为原点建立直角坐标系，则分界线方程是 $\frac{x^2}{400}-\frac{y^2}{225}=1$（在矩形内曲线右支的一段）.

如果灾民在该曲线左侧，则救灾车队沿着 PA 方向前去，路程更近；如果灾民在该曲线右侧，则救灾车队沿着 PB 方向前去，路程更近；如果灾民就在该曲线上，则救灾车队沿着 PA 或 PB 方向前去，路程相同.

说明：确定分界线的原则是从 P 沿 PA，PB 到分界线上点的距离的大小关系. 本题的审题需要从实际情况出发，反复阅读问题，从中抽象出关键

信息，甚至可以从几个特殊点开始，逐步寻找问题的明确意义.

最后的“问题还原”是问题的最终解决，这是十分必要的. 如何还原，取决于我们对问题的最终理解程度.

例 2　要制作一个由同底圆锥和圆柱组成的储油罐(如例 2 图)，设计要求：圆柱底面半径为固定值 r(m)，圆锥和圆柱的高度之和与圆柱底面半径相等. 市场上，圆锥侧面用料单价分别是圆柱侧面用料单价和圆柱底面用料单价的 4 倍和 2 倍. 如何设计该几何体的尺寸，使制作总费用最小？

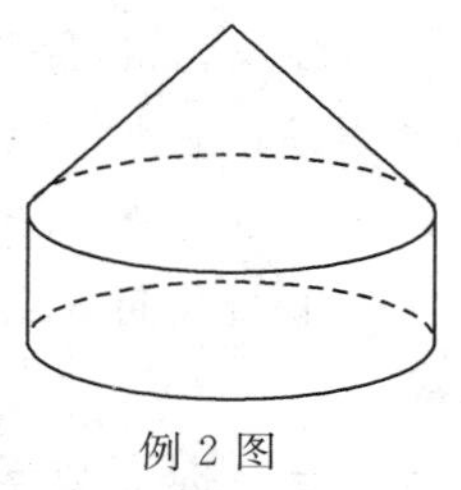

例 2 图

探究：设圆锥母线和底面所成角为 $\theta\left(\theta\in\left(0,\frac{\pi}{4}\right)\right)$，总费用为 y(元)，圆锥的高为 h_1 m，母线长为 l m，圆柱的高为 h_2 m.

设圆柱侧面用料单价为每平方米 a 元，圆柱的底面用料单价为每平方米 $2a$ 元，圆锥的侧面用料单价为每平方米 $4a$ 元. 圆锥的侧面用料费用为 $4a\pi rl$，圆柱的侧面费用为 $2a\pi rh_2$，圆柱的底面费用为 $2a\pi r^2$，

则总费用 $y=4a\pi rl+2a\pi rh_2+2a\pi r^2$

$=2a\pi r(2l+h_2+r)=2a\pi r(2l+r-h_1+r)$

$=2a\pi r^2\left(\frac{2}{\cos\theta}-\tan\theta+2\right)$.

设 $f(\theta)=\frac{2}{\cos\theta}-\tan\theta$，其中 $\theta\in\left(0,\frac{\pi}{4}\right)$. 则 $f'(\theta)=\frac{2\sin\theta-1}{\cos^2\theta}$.

当 $\theta=\frac{\pi}{6}$ 时，$f'(\theta)=\frac{2\sin\theta-1}{\cos^2\theta}=0$；

当 $\theta\in\left(0,\frac{\pi}{6}\right)$ 时，$f'(\theta)=\frac{2\sin\theta-1}{\cos^2\theta}<0$；当 $\theta\in\left(\frac{\pi}{6},\frac{\pi}{4}\right)$ 时，$f'(\theta)=\frac{2\sin\theta-1}{\cos^2\theta}>0$，

所以 $f(\theta)$ 在 $\left(0,\frac{\pi}{6}\right)$ 上是单调递减函数，在 $\left(\frac{\pi}{6},\frac{\pi}{4}\right)$ 上是单调递增函数，

所以当 $\theta=\frac{\pi}{6}$ 时，$f(\theta)$ 取得最小值，总费用最小，此时圆柱的高为 $\left(1-\frac{\sqrt{3}}{3}\right)r$，圆锥的母线和高分别为 $\frac{2\sqrt{3}}{3}r$，$\frac{\sqrt{3}}{3}r$.

说明：研究那些费用最低、利润最大等实际问题，往往构建对应的目标

函数.在自变量的选择上,我们坚持"角优先"的原则,因为它比线段长度的自变量更有优势.强大的三角函数的知识方法,可以支持我们迅速找到问题的简单解法.在研究函数最值的时候,导数是一种最自然的选择.

涉及物价、路程、产值、环保、土地等实际问题,包括角度、长度、面积、造价、利润、成本等最优化问题,一般要利用函数、方程、不等式等有关知识和方法加以解决,尤其对函数最值、均值不等式用得较多.

下面我们重点研讨求解应用题的基本原则和一般程序.

一、提高数学问题的阅读理解能力,真正学会审题,做好问题研究的一切准备

要注意阅读题干信息,认真分析题目的有关材料,抓住要点,提取有用信息,弄清题意,找到关键词,明确关键量,理顺问题中的条件和结论,逐步认识、熟悉和理解其中的各种元素.

另外,要注意画出对应的图形,力争将题目中的主干信息都"搬运"到图形上来.

例 3　用若干个 3 g 和 5 g 的砝码,可以称量任何 8 g 以上的整数重量的物体吗?

探究:结论是肯定的,我们可以按照其被 3 除后的余数来分类讨论(3 的等价剩余类).

任何 8 g 以上的整数重量可以分成 $3n$ g、$(3n+1)$ g、$(3n+2)$ g($n\geqslant 3$ 且 $n\in\mathbf{N}^+$)三类:

若重量为 $3n$ g($n\geqslant 3$ 且 $n\in\mathbf{N}^+$)时,结论显然成立;

若重量为 $(3n+1)$ g 时,$3n+1=3(n-3)+2\times 5$,此时结论成立;

若重量为 $(3n+2)$ g 时,$3n+2=3(n-1)+1\times 5$,此时结论成立.

综上,结论是肯定的.

说明:阅读题目,真正理解称量的含义,将问题按照一定的标准进行分类,针对结论要求进行讨论,恰当组合后,总重量总能用 3 和 5 的倍数之和来表示,进而肯定结论.本题也可以用数学归纳法证明,可能有点小题大做,你也可以试试.

例 4　海事救援船对一艘失事船进行定位:以失事船的当前位置为原点,以正北方向为 y 轴正方向建立平面直角坐标系(以 1 海里为单位长度),

则救援船恰好在失事船正南方向 12 海里 A 处，如例 4 图所示. 现假设：① 失事船的移动路径可视为抛物线 $y=\frac{12}{49}x^2$；② 定位后救援船即刻沿直线匀速前往救援；③ 失事船横向位移的速度为 7 海里/小时.

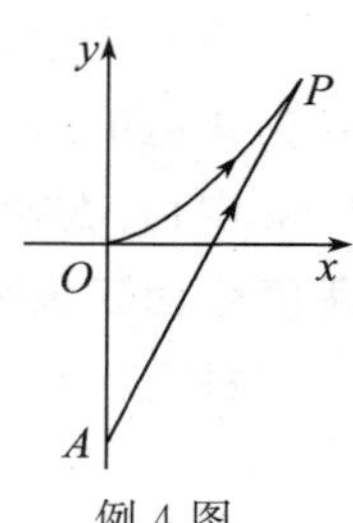

例 4 图

(1) 当 $t=0.5$ 小时，写出失事船所在位置 P 的坐标. 若此时两船恰好会合，求救援船速度的大小以及它与正北方向夹角的正切值.

(2) 问：救援船的时速至少是多少海里才能追上失事船？

探究：(1) $t=0.5$ 小时，P 的横坐标 $x_P=7t=\frac{7}{2}$，代入抛物线方程 $y=\frac{12}{49}x^2$ 中，得 P 的纵坐标 $y_P=3$，所以 $P\left(\frac{7}{2},3\right)$.

由 $A(0,-12)$ 可得 $|AP|=\frac{\sqrt{949}}{2}$，所以救援船速度的大小为 $\sqrt{949}$ 海里/小时，$\tan\angle OAP=\frac{7}{30}$.

(2) 设救援船的时速为 v 海里，经过 t 小时追上失事船，此时两船位置都是 $(7t,12t^2)$，

所以救援船的路程为 $vt=\sqrt{(7t)^2+(12t^2+12)^2}$，整理得 $v^2=144\left(t^2+\frac{1}{t^2}\right)+337$.

因为 $t^2+\frac{1}{t^2}\geqslant 2$，当且仅当 $t=1$ 时等号成立，

所以 $v^2\geqslant 144\times 2+337=625$，即 $v\geqslant 25$.

因此，救援船的时速至少是 25 海里才能追上失事船，所用时间为 1 小时.

说明：要认真审题，抛物线 $y=\frac{12}{49}x^2$ 只是失事船的移动轨迹，它并不能反映失事船的运动速度. 根据题意，失事船的横向速度是固定的，但是它的纵向速度却是变化的.

通过失事船的终点位置确定救援船的终点位置，进而由救援船起始位置，用时间 t 和速度 v 构建了一个等量关系. 这样一来，速度 v 的关于时间 t 的目标函数便呼之欲出了. 用方程或者函数的观点来理解应用题，阅读理解会更加深刻，更加直接.

例 5　(2001 年高考题)设计一幅宣传画,要求画面面积为 4 840 cm^2,画面的上、下各留 8 cm 空白,左、右各留 5 cm空白. 怎样确定画面的高与宽的尺寸,能使宣传画所用纸张面积最小?

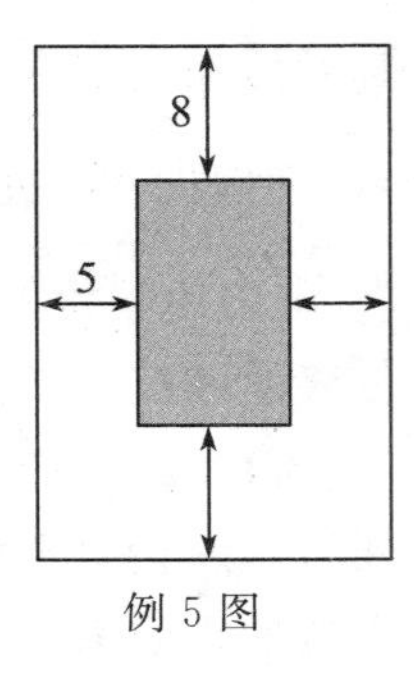

例 5 图

探究:如例 5 图设画面的宽为 x cm,高为 y cm,则 $xy=4\ 840$.

纸张总面积 $S=(x+10)(y+16)=xy+16x+10y+160$

$=16x+10y+5\ 000\geqslant 2\sqrt{160xy}+5\ 000=6\ 760$.

当且仅当 $16x=10y$ 时,取到最小值. 由 $16x=10y$,$xy=4\ 840$ 解得 $x=55$,$y=88$,

即当画面高为 88 cm、宽为 55 cm 时,所需纸张面积最小为 6 760 cm^2.

说明:通过阅读问题,努力发现画面面积与所用纸张的面积的区别和联系;在此基础上,构建所用纸张的面积函数,充分利用画面面积一定的条件,结合均值不等式,解答会顺利通过.

例 6　(2014 年高考江苏卷)如例 6 图①,为了保护河上古桥 OA,规划建一座新桥 BC,同时设立一个圆形保护区. 规划要求:新桥 BC 与河岸 AB 垂直;保护区的边界为圆心 M 在线段 OA 上并与 BC 相切的圆. 且古桥两端 O 和 A 到该圆上任意一点的距离均不少于 80 m. 经测量,点 A 位于点 O 正北方向 60 m 处,点 C 位于点 O 正东方向 170 m 处(OC 也为河岸),$\tan\angle BCO=\frac{4}{3}$.

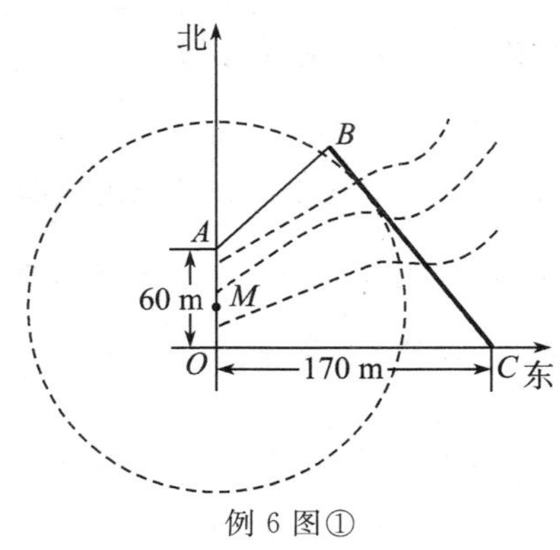

例 6 图①

(1) 求新桥 BC 的长;

(2) OM 多长时,圆形保护区的面积最大?

探究:(1) 方法1:连接 AC,由题意知 $\tan\angle ACO=\frac{6}{17}$,则由两角差的正切公式可得 $\tan\angle ACB=\tan(\angle BCO-\angle ACO)=\frac{2}{3}$,故 $\cos\angle ACB=\frac{3}{\sqrt{13}}$.

Rt$\triangle ACO$ 中,由勾股定理可得 $AC=50\sqrt{13}$ m;

Rt$\triangle ABC$ 中,$BC=\cos\angle ACB\cdot AC=150$ m.

答:新桥的长度为 150 m.

方法2:(解析法)由题意可知:$A(0,60)$,$B(170,0)$;由 $\tan\angle BCO=\frac{4}{3}$ 可知直线 BC 的斜率 $k=-\frac{4}{3}$,则直线 BC 所在直线的方程为 $y=-\frac{4}{3}(x-170)$;

又由 $AB\perp BC$ 可知,AB 所在的直线方程为 $y=\frac{3}{4}x+60$.

联立方程组 $\begin{cases} y=-\frac{4}{3}(x-170) \\ y=\frac{3}{4}x+60 \end{cases}$,解得 $x=80$,$y=120$,

即点 $B(80,120)$,那么 $BC=\sqrt{(80-170)^2+120^2}=150$ m.

答:新桥 BC 的长度为 150 m.

方法3:(初中解法)延长 CB 交 OA 所在直线于点 G.

由 $\tan\angle BCO=\frac{4}{3}$ 可得 $OG=\frac{680}{3}$,$CG=\frac{850}{3}$,$AG=\frac{500}{3}$,$\cos\angle CGO=\sin\angle GCO=\frac{4}{5}$,

故 $BG=\cos\angle CGO\cdot AG=\frac{400}{3}$,故 $BC=150$ m.

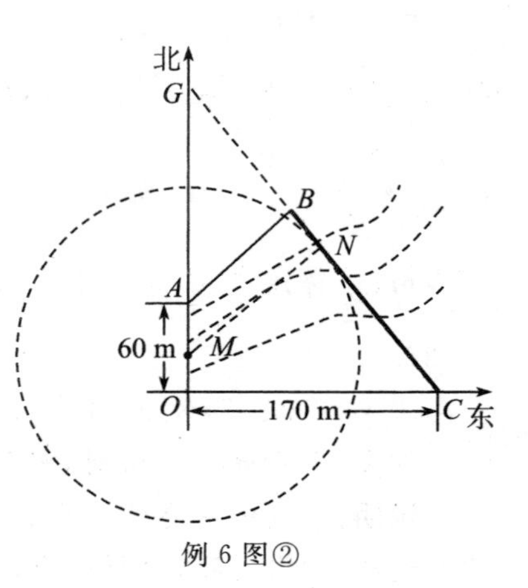

例6图②

答:新桥 BC 的长度为 150 m.

(2) 方法1:(解析法)由题意设 $M(0,a)$ $(0\leqslant a\leqslant 60)$,圆 M 的方程为 $x^2+(y-a)^2=r^2$.

点 M 到直线 BC 的距离就是半径 $r=\frac{\left|\frac{680}{3}-a\right|}{\sqrt{1+\left(-\frac{4}{3}\right)^{2}}}=\frac{680-3a}{5}$.

又古桥两端 O 和 A 到该圆上任意一点的距离均不少于 80 m，那么 $\begin{cases}r-a\geqslant 80\\ r-(60-a)\geqslant 80\end{cases}$，解得 $10\leqslant a\leqslant 35$.

由函数 $r=\frac{680-3a}{5}$ 为区间$[10,35]$上的减函数，故当 $a=10$ 时，半径取到最大值为 130.

综上，当 $OM=10$ m 时，圆形保护区的面积最大，且最大值为 $16\ 900\pi$.

方法 2：(初中解法)设 BC 与圆切于点 N，连接 MN，如例 6 图③，过点 A 作 $AH\parallel BC$ 交 MN 于 H.

设 $OM=a$，则 $AM=60-a$.

由古桥两端 O 和 A 到该圆上任意一点的距离均不少于 80 m，那么 $\begin{cases}r-a\geqslant 80\\ r-(60-a)\geqslant 80\end{cases}$，解得 $10\leqslant a\leqslant 35$.

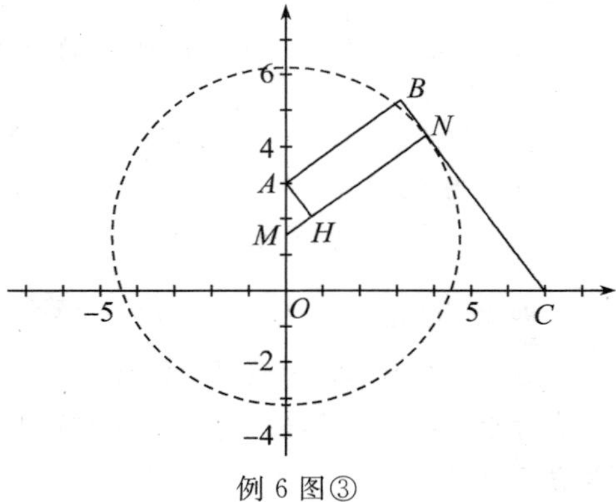

例 6 图③

Rt$\triangle AMH$ 中，$\tan\angle AMH=\tan\angle OCN=\frac{4}{3}$，所以 $\cos\angle AMH=\frac{3}{5}$. 又 $AM=60-a$，所以 $MH=\frac{3}{5}(60-a)$.

由(1)解法 3 可得 $AB=100$，所以 $MN=100+\frac{3}{5}(60-a)=-\frac{3}{5}a+136$.

又 $10\leqslant a\leqslant 35$，故 $a=10$ 时，圆的半径 MN 的最大值为 130.

综上，当 $OM=10$ m 时，圆形保护区的面积最大.

说明：审题的主要作用就是把控问题，变陌生为熟悉，把大题变小题，多读几遍题，图文对照，数形结合，了解问题的所有信息，不留下任何盲点，问题就越来越清晰了. 当然，该问题的建模也十分重要，它其实就是一种转化.

二、等价转化精准建模

要把问题中所包含的关系尤其是关键量之间的关系，先用文字语言描述出来，这是问题解决的第一步；用自己的语言重新描述问题，理解得会更加到位，而且可能会发现一些隐含条件.

要恰当地引进字符，用它表示题目中的相关元素，对于通过审题得到的各种关系，力求通过方程、不等式、函数等工具构建问题要素之间的联系，使问题转化为一个传统意义下的数学问题.

我们引进的字符，第一要体现结论的要求，很多情况下我们都是把结论要求的元素设定为基本量的；第二是引进字母表示的元素，要体现通用性，最好它能与题目中的其他元素都有关系，而且最好是直接的关系.

例 7　在某海滨城市附近海面有一台风，据监测，当前台风中心位于城市 O(如例 7 图)的东偏南 $\theta(\tan\theta=7)$ 方向 300 km 的海面 P 处，并以 20 km/h的速度向西偏北 45°方向移动. 台风侵袭的范围为圆形区域，当前半径为60 km，并以 10 km/h 的速度不断增大. 问：几小时后该城市开始受到台风的侵袭？台风会持续多长时间？

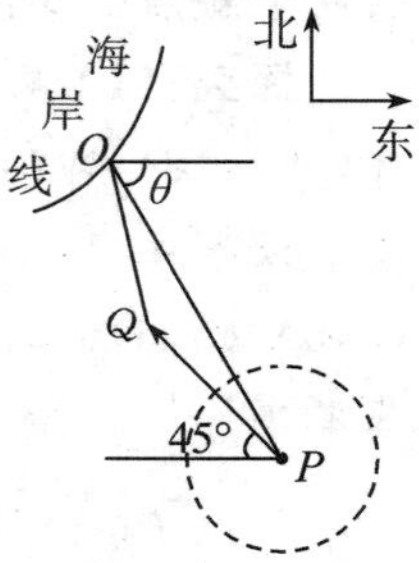

探究： 以 O 为原点，正东方向为 x 轴正向，正北方向为 y 轴正向，建立坐标系.

例 7 图

$$\sin\theta=\frac{7\sqrt{2}}{10},\cos\theta=\frac{\sqrt{2}}{10},P\left(300\cdot\frac{\sqrt{2}}{10},-300\cdot\frac{7\sqrt{2}}{10}\right).$$

台风的横向位移速度和纵向位移速度分别为 $-20\cdot\frac{\sqrt{2}}{2}$，$20\cdot\frac{\sqrt{2}}{2}$.

在 t(h)时刻，台风中心 $\overline{P}(\overline{x},\overline{y})$ 的坐标为 $\begin{cases}\overline{x}=300\times\frac{\sqrt{2}}{10}-20\times\frac{\sqrt{2}}{2}t\\ \overline{y}=-300\times\frac{7\sqrt{2}}{10}+20\times\frac{\sqrt{2}}{2}t\end{cases}$，

此时台风侵袭的区域是 $(x-\overline{x})^2+(y-\overline{y})^2\leqslant[r(t)]^2$，其中 $r(t)=10t+60$.

若此时该城市 O 受到台风的侵袭，则有 $(0-\overline{x}^2)+(0-\overline{y})^2\leqslant(10t+60)^2$，

即 $\left(300\times\frac{\sqrt{2}}{10}-20\times\frac{\sqrt{2}}{2}t\right)^2+\left(-300\times\frac{7\sqrt{2}}{10}+20\times\frac{\sqrt{2}}{2}t\right)^2\leqslant(10t+60)^2$，

即 $t^2-36t+288\leqslant 0$，解得 $12\leqslant t\leqslant 24$.

答：12 h 后该城市开始受到台风气侵袭，持续 12 h.

说明：本题综合程度较高，又是一个航海上的物理问题，坐标系的建立，为建模确立了基本框架. 要确定台风中心的初始坐标和它的位移分解速度，又要兼顾到台风半径的变化，以时间 t 为基本量，将它们统筹兼顾起来，最后的不等式，一切尽在其中，问题被彻底数学化了.

实地测量中的应用题比较常见，它们是与正、余弦定理，三角函数及三角变换有关的题型，常涉及计算山高、河宽、最大视角、航海问题等. 例 6、例 7 都属于此类问题.

例 8　甲、乙两人利用一条长度为 8 cm 的电子感应线遥控一组焰火.

(1) 若该感应线上有七个等分的触点，编号分别为 1,2,3,4,5,6,7，两人先后随机触动一个点，若触点的号码之和大于 9，则焰火被点燃，求焰火被点燃的概率.

(2) 若该感应线上任何一点均为感应触点，两人各自随机触动一个点，若两个触点的距离大于 4 cm，则焰火不能被点燃，求焰火不被点燃的概率.

探究：(1) 基本事件总量：两人先后随机触动一个点，共有 49 个基本事件(列举法)，即(1,1)，(1,2)，…，(1,7)…；(7,1)，(7,2)，…，(7,7).

设事件 A：焰火被点燃，即触点的号码之和大于 9：(3,7)，(4,6)，(4,7)，(5,5)，(5,6)(5,7)，…，(7,3)，(7,4)，…，(7,7)，共有 $1+2+3+4+5=15$ 个基本事件，

所以 $P(A)=\dfrac{15}{49}$.

(2) 基本事件总量：假设感应线是一个数轴，左端点为原点，两人的触点对应实数 x,y，如例 8 图，则 $x\in|0,8|$，$y\in|0,8|$，对应正方形的面积为 64. 如图所示.

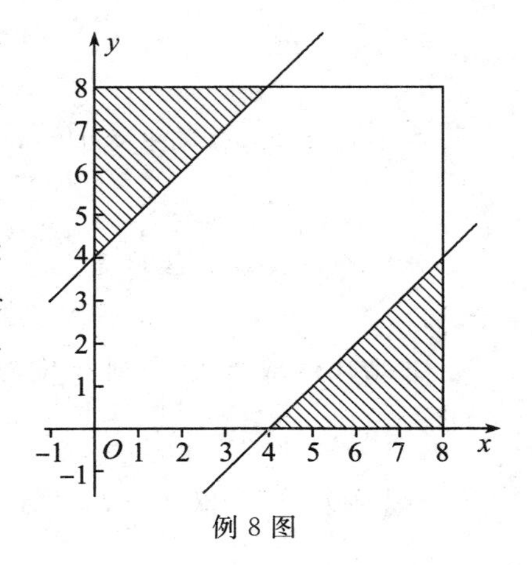

例 8 图

设事件 B：焰火不被点燃，即两个触点的距离大于 4 cm，$|y-x|>4$，即 $y-x>4$ 或 $y-x<-4$，对应区域如图阴影所示，容易计算其面积为 16，

所以 $P(B)=\dfrac{16}{64}=\dfrac{1}{4}$.

说明：在几何概型里面，引进字母，用数字表示两个触点的位置，使得它们之间构建了一一对应的关系，并且用这两个字母描述题给的各种关系，从而沟通条件和结论间的直接联系，这其实就是数学建模的最基本的要求。

例9　甲、乙两地相距 500 km，汽车从甲地匀速行驶到乙地，速度不得超过 120 km/h。已知汽车每小时的运输成本（以元为单位）由可变部分和固定部分组成：可变部分与速度 v(km/h)的平方成正比，比例系数为0.01；固定部分为 81 元。求汽车应以多大速度行驶才能使全程运输成本 $f(v)$ 最小。

探究：依题意知：汽车从甲地匀速行驶到乙地所用时间为 $\frac{500}{v}$，全程运输成本 $y=81\times\frac{500}{v}+0.01v^2\times\frac{500}{v}=5\left(v+\frac{8\,100}{v}\right)$，

$v\in(0,120]$.

$y=5\left(v+\frac{8\,100}{v}\right)\geqslant 900$，当且仅当 $v=\frac{8\,100}{v}$ 即 $v=90$ 时，全程运输成本 y 最小。

说明：依据结论的要求，引进字母变量，构建相应的目标函数，这就是此类问题的建模。这样一来，那个纯粹的数学问题会自动跳出来，它的解决便顺理成章了。

例10　(1998 年全国高考题)如例 10 图，为处理含有某种杂质的污水，要制造一底宽为 2 m 的无盖长方体沉淀箱，污水从 A 孔流入，经沉淀后从 B 孔流出。设箱体的长度为 a m，高度为 b m。已知流出的水中该杂质的质量分数与 a，b 的乘积 ab 成反比。现有制箱材料 60 m²。问：当 a，b 各为多少米时，经沉淀后流出的水中该杂质的质量分数最小？(A，B 孔的面积忽略不计)

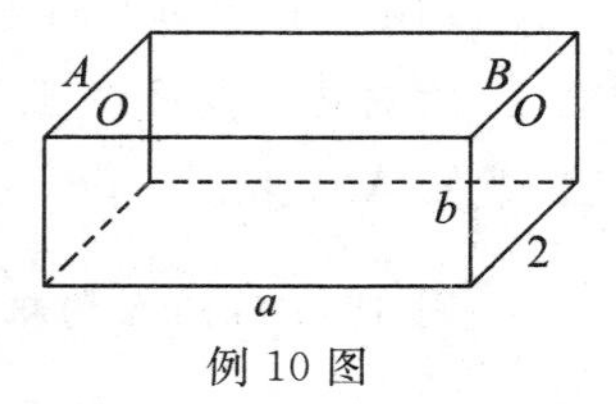

例 10 图

探究：设 y 为流出的水中杂质的质量分数，则 $y=\frac{k}{ab}$，

其中 $k(k>0)$ 为比例系数。

根据题设，有 $4b+2ab+2a=60(a>0,b>0)$，得 $b=\frac{30-a}{2+a}(0<a<30)$.

于是，$y=\frac{k}{ab}=\frac{k}{\frac{30a-a^2}{2+a}}=\frac{k(2+a)}{30a-a^2}$.

令 $2+a=t$.

因为 $a\in(0,30)$,

所以 $t\in(2,32)$,

则 $a=t-2$,则 $y=\dfrac{kt}{-t^2+34t-64}=\dfrac{k}{-\left(t+\dfrac{64}{t}\right)+34}\geqslant\dfrac{k}{18}$.

当且仅当 $t=8$ 即 $a=6,b=3$ 时取得该最小值,

即当 a 为 6 m、b 为 3 m 时,经沉淀后流出的水中该杂质的质量分数最小.

说明:只要是最小值问题,建模方法一般都是构建函数.本题中,用换元法简化函数表达式,"制造"均值不等式求其最小值,当然也可以不用换元法,直接用上导数这个高级工具,问题肯定能够解决.你试试呗!

例 11 (1996 全国高考题)某地现有耕地 10 000 hm². 规划 10 a 后粮食单产比现在增加 22%,人均粮食占有量比现在提高 10%. 如果人口年增长率为 1%,那么耕地平均每年至多只能减少多少 hm²(精确到 1 hm²)?

探究:该题中,各种元素眼花缭乱,耕地减少、单产增加、人口增加、人均粮食占有量提高等等.我们应该引进字母分别表示这些元素,从而表示出耕地、粮食单产、人口、人均粮食占有量这些问题要素,进而便于研究该问题的主线:10 a 前后的人均粮食占有量.

设耕地平均每年至多只能减少 x hm²,该地区现有人口为 P 人,粮食单产现为 M t/hm²,

则 10 a 后的人均粮食占有量为$\dfrac{M(1+22\%)(10^4-10x)}{P(1+1\%)^{10}}$.

现在的人均粮食占有量为:$\dfrac{M\cdot10^4}{P}$.

由题意可得$\dfrac{M(1+22\%)(10^4-10x)}{P(1+1\%)^{10}}\geqslant\dfrac{M\cdot10^4}{P}(1+10\%)$,

所以 $x\leqslant1\,000\times\left(1-\dfrac{1.1\times1.01^{10}}{1.22}\right)$.

由二项式定理可得 $1.01^{10}=(1+0.01)^{10}=1+C_{10}^1\cdot0.01+C_{10}^2\cdot0.01^2+\cdots\approx1.104\,5$ 而 $1\,000\times\left(1-\dfrac{1.1\times1.104\,5}{1.22}\right)\approx4.1$,所以 $x\leqslant4(\text{hm}^2)$.

答:按规划,该地区耕地平均每年至多只能减少 4 hm².

说明:本题中,除了引进字母构建相应的关系之外,近似计算也代表着一

种思维方法：题目要求精确到 1 hm^2，则考虑到 $1\,000\times\left(1-\frac{1.1\times1.01^{10}}{1.22}\right)$ 中 1 000，则 1.01^{10} 的二项展开式的前三项都应计入，而第四项 $C_{10}^3\cdot0.01^3$，便可以忽略不计了. 这其实就是一种估算推理.

三、数学解决，问题还原

利用所学数学知识解决转化后的数学问题，除了应用相关的数学知识方法之外，必要的时候，可能还要体现实际问题的具体背景. 问题多了一些限制，其实也就多了一些条件，具体问题具体分析，可能会多一些思路.

把所得到的纯数学问题的结论，还原为实际问题本身所具有的意义，对实际问题进行明确的回答，应用题就得到了完整的解决.

例 12　学校科技小组在计算机上模拟航天器变轨返回试验，设计方案如例 12 图所示：航天器运行（按顺时针方向）的轨迹方程为 $\frac{x^2}{100}+\frac{y^2}{25}=1$，变轨（即航天器运行轨迹由椭圆变为抛物线）后返回的轨迹是以 y 轴为对称轴、$M\left(0,\frac{64}{7}\right)$ 为顶点的抛物线的实线部分，降落点为 $D(8,0)$，观测点 $A(4,0)$，$B(6,0)$，它们同时跟踪航天器.

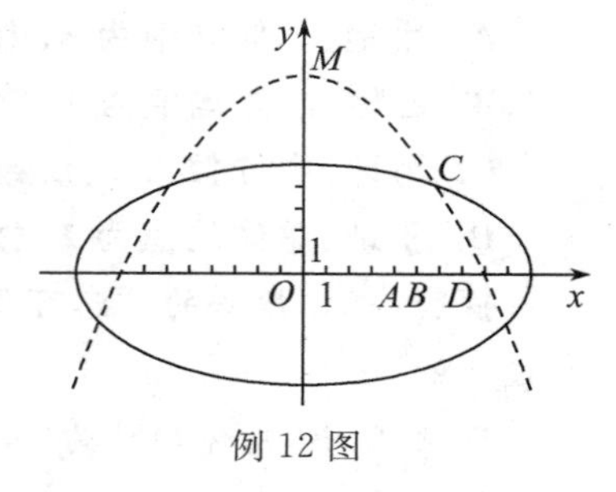

例 12 图

(1) 求航天器变轨后的运行轨迹方程.

(2) 试问：当航天器在 x 轴上方时，观测点 A，B 离航天器的距离分别为多少时，应向航天器发出变轨指令？

探究：(1) 设曲线方程为 $y=ax^2+\frac{64}{7}$.

将 $D(8,0)$ 代入可得 $0=a\cdot64+\frac{64}{7}$，则 $a=-\frac{1}{7}$ 所以曲线方程为 $y=-\frac{1}{7}x^2+\frac{64}{7}$.

(2) 设变轨点为 $C(x,y)$，根据题意可知：

$$\begin{cases}\frac{x^2}{100}+\frac{y^2}{25}=1①\\ y=-\frac{1}{7}x^2+\frac{64}{7}②\end{cases},$$

消掉 x^2 更容易：$4y^2-7y-36=0$，

解得 $y=4$ 或 $y=-\frac{9}{4}$（不合题意，舍去）．所以 $x=6$ 或 $x=-6$（不合题意，舍去），

所以 $C(6,4)$，所以 $|AC|=2\sqrt{5}$，$|BC|=4$．

答：当由观测点 A，B 到 AC，BC 的距离分别为 $2\sqrt{5}$，4 时，应向航天器发出变轨指令．

例 13　在发生某公共卫生事件期间，有专业机构认为该事件在一段时间内没有发生大规模群体感染的标志为“连续 10 天，每天新增疑似病例不超过 7 人”．根据过去 10 天甲、乙、丙、丁四地新增疑似病例数据，一定符合该标志的是(　　)

A. 甲地：总体均值为 3，中位数为 4

B. 乙地：总体均值为 1，总体方差大于 0

C. 丙地：中位数为 2，众数为 3

D. 丁地：总体均值为 2，总体方差为 3

探究：根据题给的信息可知，连续 10 天内，每天的新增疑似病例不能有超过 7 的数．

选项 A 中，总体均值为 3，中位数为 4，可能存在大于 7 的数，只要前 9 个数据尽量的小即可：0，0，0，0，4，4，4，4，4，10 就是一组反例．

同理，在选项 C 中也有可能存在大于 7 的数：0，0，1，1，2，2，3，3，3，9 是一组反例．

选项 B 中，也可能存在大于 7 的数，只要前 9 个数据尽量的小即可：0，0，0，0，0，0，0，0，0，10，显然存在大于 7 的数．

选项 D 中，根据方差公式，如果有大于 7 的数存在，这个数至少为 8，那么方差 $D\geqslant\frac{(8-2)^2}{10}>3$，得到矛盾的结果，所以假设错误（反证法的原理），故答案选 D．

说明：要否定一个结论，就应该找到一个反例．反例的标志就是：它能满足条件，但是它却不能让结论成立．反例的取得，往往可以“矫枉过正”，在满足条件的极端边界处，进行搜索确定．

例 14　如例 14 图，某隧道设计为双向四车道，车道总宽 22 m，要求通行车辆限高 4.5 m，隧道全长 2.5 km，隧道的拱线近似地看成半个椭圆形状．

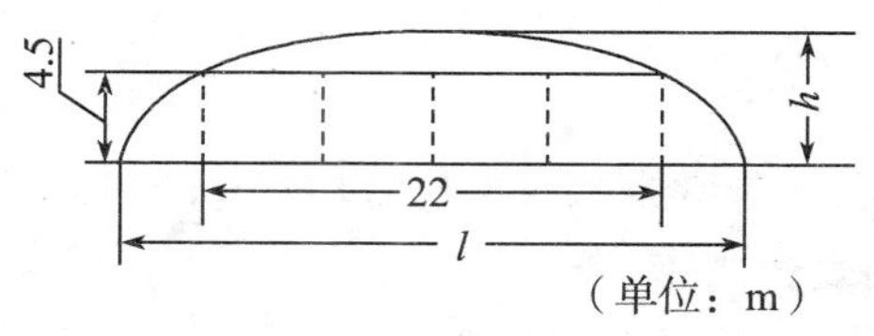

例 14 图

(1) 若最大拱高 h 为 6 m，则隧道设计的拱宽 l 是多少？

(2) 若最大拱高 h 不小于 6 m，则应如何设计拱高 h 和拱宽 l，才能使半椭圆形隧道的土方工程量最小？(椭圆 $\frac{x^2}{a^2}+\frac{y^2}{b^2}=1$ 的面积 $S=\pi ab$)

探究：(1) 恰当建立直角坐标系，使点 $P(11,4.5)$，椭圆方程为 $\frac{x^2}{a^2}+\frac{y^2}{b^2}=1$.

将 $b=h=6$ 与点 P 坐标代入椭圆方程，得 $a=\frac{44\sqrt{7}}{7}$，此时 $l=2a=\frac{88\sqrt{7}}{7}\approx33.3$. 因此隧道的拱宽约为 33.3 m.

(2) 由椭圆方程 $\frac{x^2}{a^2}+\frac{y^2}{b^2}=1$，得 $\frac{11^2}{a^2}+\frac{4.5^2}{b^2}=1$.

因为 $\frac{11^2}{a^2}+\frac{4.5^2}{b^2}=1\geqslant\frac{2\times11\times4.5}{ab}$，

即 $ab\geqslant99$，当且仅当 $\frac{11^2}{a^2}=\frac{4.5^2}{b^2}=\frac{1}{2}$ 时，等号成立，

即 $a=11\sqrt{2}$，$b=\frac{3\sqrt{2}}{2}$ 时，半椭圆的面积 $S=\frac{\pi ab}{2}\geqslant\frac{99\pi}{2}$.

此时，$l=2a=22\sqrt{2}\approx31.1$，$h=b\approx6.4$，

故当拱高约为 6.4 m、拱宽约为 31.1 m 时，土方工程量最小.

说明：根据椭圆的面积公式，结合椭圆的方程，利用均值不等式研究其最大值，这是转化成纯数学问题后最应该想到的问题. 半椭圆的面积函数和椭圆上的点得到的那个关于 a，b 的方程，二者结合起来，“积与和”的结构特征让我们“闻到了均值不等式的味道”.

例 15　(2001 年全国高考题)从社会效益和经济效益出发，某地投入资金进行生态环境建设，并以此发展旅游产业. 根据规划，本年度投入 800 万元，以后每年投入将比上年减少 $\frac{1}{5}$. 本年度当地旅游业收入估计为 400 万元，由于该项建设对旅游业的促进作用，预计今后的旅游业收入每年会比上年

增加$\frac{1}{4}$.

(Ⅰ)设n年内(本年度为第一年)总投入为a_n万元,旅游业总收入为b_n万元.写出a_n,b_n的表达式;

(Ⅱ)至少经过几年旅游业的总收入才能超过总投入?

探究:(Ⅰ)第1年投入为800万元,第2年投入为$800\times\left(1-\frac{1}{5}\right)$万元,…,第$n$年投入为$800\times\left(1-\frac{1}{5}\right)^{n-1}$万元,它们形成一个等比数列,所以,$n$年内的总投入为$a_n=800+800\times\left(1-\frac{1}{5}\right)+\cdots+800\times\left(1-\frac{1}{5}\right)^{n-1}=4\ 000\times\left[1-\left(\frac{4}{5}\right)^n\right](n\in\mathbf{N}^*)$.

第1年旅游业收入为400万元,第2年旅游业收入为$400\times\left(1+\frac{1}{4}\right)$,…,第$n$年旅游业收入为$400\times\left(1+\frac{1}{4}\right)^{n-1}$万元,它们形成一个等比数列,所以,$n$年内的旅游业总收入为:$b_n=400+400\times\left(1+\frac{1}{4}\right)+\cdots+400\times\left(1+\frac{1}{4}\right)^{n-1}=1\ 600\times\left[\left(\frac{5}{4}\right)^n-1\right](n\in\mathbf{N}^*)$.

(Ⅱ)设至少经过n年旅游业的总收入才能超过总投入,

由此$b_n-a_n>0$,

即$1\ 600\times\left[\left(\frac{5}{4}\right)^n-1\right]-4\ 000\times\left[1-\left(\frac{4}{5}\right)^n\right]>0$,

化简得$5\times\left(\frac{4}{5}\right)^n+2\times\left(\frac{5}{4}\right)^n-7>0$.

设$x=\left(\frac{4}{5}\right)^n$得$5x^2-7x+2>0$,

解之得$x<\frac{2}{5}$或$x>1$(不合题意,舍去),

即$\left(\frac{4}{5}\right)^n<\frac{2}{5}$,由此得$n\geqslant 5$.

答:至少经过5年旅游业的总收入才能超过总投入.

说明:现实生活中的数列问题,常常从列举开始,逐步找到其发展规律.与数列有关的问题,常涉及产量、产值、繁殖、利息、物价、增长率、植树

造林、土地沙化等有关的实际问题.解决这类问题的方法是通过列举法,构造等差数列、等比数列,利用数列知识或通过递推归纳得到结论.

例 16 (2002 年全国高考题)某城市 2001 年末汽车保有量为 30 万辆,预计此后每年报废上一年末汽车保有量的 6%,并且每年新增汽车数量相同.为保护城市环境,要求该城市汽车保有量不超过 60 万辆,那么每年新增汽车数量不应超过多少辆?

探究:设 2001 年末汽车保有量为 b_1 万辆,以后各年末汽车保有量依次为 b_2 万辆,b_3 万辆,….

每年新增汽车 x 万辆,则 $b_1=30$,$b_2=b_1\times0.94+x$.

对于 $n>1$,有 $b_{n+1}=b_n\times0.94+x=b_{n-1}\times0.94^2+(1+0.94)x$,…(列举出规律,充分抓住等比数列的求和特征),

所以 $b_{n+1}=b_1\times0.94^n+x(1+0.94+\cdots+0.94^{n-1})=b_1\times0.94^n+\dfrac{1-0.94^n}{0.06}x=\dfrac{x}{0.06}+\left(30-\dfrac{x}{0.06}\right)\times0.94^n$.

当 $30-\dfrac{x}{0.06}\geqslant0$,即 $x\leqslant1.8$ 时,上述数列为递减数列,$b_{n+1}\leqslant b_n\leqslant\cdots\leqslant b_1=30$;

当 $30-\dfrac{x}{0.06}<0$,即 $x>1.8$ 时,

$\lim\limits_{n\to\infty}b_n=\lim\limits_{n\to\infty}\left[\dfrac{x}{0.06}+\left(30-\dfrac{x}{0.06}\right)\times0.94^{n-1}\right]=\dfrac{x}{0.06}$,

数列 $\{b_n\}$ 随着项数 n 的增大,可以任意靠近 $\dfrac{x}{0.06}$,

因此,如果要求汽车保有量不超过 60 万辆,即 $b_n\leqslant60(n=1,2,3,\cdots)$,

则 $\dfrac{x}{0.06}\leqslant60$,即 $x\leqslant3.6$(万辆).

综上,每年新增汽车不应超过 3.6 万辆.

例 17 某突发事件,在不采取任何预防措施的情况下发生的概率为 0.3,一旦发生,将造成 400 万元的损失.现有甲、乙两种相互独立的预防措施可供采用.单独采用甲、乙预防措施所需的费用分别为 45 万元和 30 万元,采用相应预防措施后此突发事件不发生的概率为 0.9 和 0.85.若预防方案允许甲、乙两种预防措施单独采用、联合采用或不采用,请确定预防方案使总费用最少.(总费用=采取预防措施的费用+发生突发事件损失的期望值)

探究：① 不采取预防措施时，总费用即损失期望为 $400\times0.3=120$（万元）.

② 若单独采取措施甲，则预防措施费用为 45 万元，发生突发事件的概率为 $1-0.9=0.1$，损失期望值为 $400\times0.1=40$（万元），所以总费用为 $45+40=85$（万元）.

③ 若单独采取预防措施乙，则预防措施费用为 30 万元，发生突发事件的概率为 $1-0.85=0.15$，损失期望值为 $400\times0.15=60$（万元），所以总费用为 $30+60=90$（万元）.

④ 若联合采取甲、乙两种预防措施，则预防措施费用为 $45+30=75$（万元），发生突发事件的概率为 $(1-0.9)(1-0.85)=0.015$，损失期望值为 $400\times0.015=6$（万元），所以总费用为 $75+6=81$（万元）.

综合①②③④，比较其总费用可知，应选择联合采取甲、乙两种预防措施，可使总费用最少.

说明：读懂题目是解决问题的第一步，列举法使得问题变得越来越清晰，通过分类讨论，问题逐步得到解决.

与概率、统计有关的问题，这方面的问题几乎都是应用型问题，主要方法就是建立数学模型，研究对应的纯数学问题.

例 18　某高三理科班共有 60 名同学参加某次考试，从中随机挑选出 5 名同学，他们的数学成绩 x 与物理成绩 y 见下表.

数学成绩 x	145	130	120	105	100
物理成绩 y	110	90	102	78	70

参考数据：回归直线的系数 $\hat{b}=\dfrac{\sum\limits_{i=1}^{n}(x_i-\bar{x})(y_i-\bar{y})}{\sum\limits_{i=1}^{n}(x_i-\bar{x})^2}$，$\hat{a}=\bar{y}-\hat{b}\bar{x}$，

$K^2=\dfrac{n(ad-bc)^2}{(a+b)(c+d)(a+c)(b+d)}$，$P(K^2\geqslant6.635)=0.01$，$P(K^2\geqslant10.828)=0.001$.

数据表明 y 与 x 之间有较强的线性关系.

(1) 求 y 关于 x 的线性回归方程.

(2) 该班一名同学的数学成绩为 110 分，利用(1)中的回归方程，估计该同学的物理成绩.

(3) 本次考试中，规定数学成绩达到 125 分为优秀，物理成绩达到 100

分为优秀.若该班数学优秀率与物理优秀率分别为50%和60%,且除去抽走的5名同学外,剩下的同学中数学优秀但物理不优秀的同学共有5人.能否在犯错误概率不超过0.01的前提下认为数学优秀与物理优秀有关?

探究:(1)由题意可知 $\overline{x}=120$,$\overline{y}=90$,故:

$$\hat{b}=\frac{(145-120)(110-90)+(130-120)(90-90)+(120-120)(102-90)+(105-120)(78-90)+(100-120)(70-90)}{(145-120)^2+(130-120)^2+(120-120)^2+(105-120)^2+(100-120)^2}$$

$$=\frac{500+0+0+180+400}{625+100+0+225+400}=\frac{1\,080}{1\,350}=\frac{4}{5}=0.8.$$

$\hat{a}=90-120\times0.8=-6$,故回归方程为 $\hat{y}=0.8x-6$.

(2)将 $x=110$ 代入上述方程,得 $\hat{y}=0.8\times110-6=82$.

(3)由题意可知,该班数学优秀人数及物理优秀人数分别为30,36.抽出的5人中,数学优秀但物理不优秀的共1人,故全班数学优秀但物理不优秀的人共6人.于是,可以得到2×2列联表为:

	物理优秀	物理不优秀	合计
数学优秀	24	6	30
数学不优秀	12	18	30
合计	36	24	60

于是,$K^2=\frac{60\times(24\times18-12\times6)^2}{30\times30\times36\times24}=10>6.635$,

因此,在犯错误概率不超过0.01的前提下,可以认为数学优秀与物理优秀有关.

说明:这类统计问题数据较多、信息量很大,那个庞大的公式,也需要我们做大量的代入计算.所有这些,都需要我们的耐心和细心.当然,如果熟悉公式的变形,计算量可能会减少一些.

应用性问题对培养创造性思维能力有重要意义,它不仅可以提高建模意识和应变能力,也是学习数学的最重要的方法.学以致用是我们学习的终极目标,不仅要学数学,还要倡导做数学、用数学的新理念,关注当前国内外的科学、技术、政治、经济、文化,紧扣时代的主旋律,凸显学科综合的特色,不断提高核心素养.

第四节　开放性探究性问题

子曰:“学而不思则罔,思而不学则殆.”对这句话,我们可以看作孔子所提倡的学习方法:一味读书,而不深究不质疑,只能被书本牵着鼻子走,迷失自我而得不到深层的知识和创新的方法;若只是一味空想而不进行扎实有效的科研型研究,学习很容易走到尽头而得不到真正的成果.只有把学习、思考、质疑和探究结合起来,才是真正的研究性学习.“疑”是人类打开宇宙大门的金钥匙.爱因斯坦曾指出:“提出一个问题比解决一个问题更重要.”这是因为解决问题也许仅是一个数学上或实验上的技能而已,而提出新的问题、探求新的可能性,从新的角度去看旧的问题,都需要有创造性和想象力.很多科学的发明和发现,都是大胆猜想提出问题后的结果,它们对人类发展和科技创新的贡献甚至远远大于后来的研究成果.

开放性问题是相对于条件完备、结论确定的传统封闭题而言的,是指那些由于条件不完备、结论不确定而形成较大认知空间的问题.它的核心是锻炼应用数学知识解决问题的能力,培养独立思考和创新的意识.开放性探究型问题是最富有价值的一种数学问题,给问题创新和应变能力打开了巨大的空间,是研究性学习的主要方式.

例 1　如例 1 图①,已知过原点 O 的一条直线与函数 $y=\log_8 x$ 的图象交于 A,B 两点,分别过点 A,B 作 y 轴的平行线与函数 $y=\log_2 x$ 的图象交于 C,D 两点.

(1) 证明:O,C,D 三点共线;

(2) 当 BC 平行于 x 轴时,求点 A,B,C,D 的坐标.

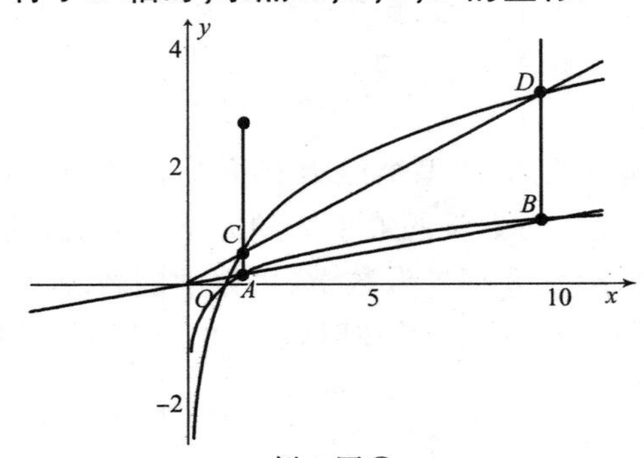

例 1 图①

探究:(1) 设点 A,B 的横坐标分别为 x_1,x_2.

由题设结合函数的图象可知 $x_1>1,x_2>1$,则点 A,B 的纵坐标分别为 $\log_8 x_1,\log_8 x_2$,因为 A,B 在过点 O 的直线上,所以 OA,OB 的斜率相等,即 $\frac{\log_8 x_1}{x_1}=\frac{\log_8 x_2}{x_2}$,则点 C,D 的坐标分别为$(x_1,\log_2 x_1)$,$(x_2,\log_2 x_2)$.

由于 $\log_2 x_1=\frac{\log_8 x_1}{\log_8 2}=3\log_8 x_1$,$\log_2 x_2=3\log_8 x_2$,

OC 的斜率为 $k_1=\frac{\log_2 x_1}{x_1}=\frac{3\log_8 x_1}{x_1}$,$OD$ 的斜率为 $k_2=\frac{\log_2 x_2}{x_2}=\frac{3\log_8 x_2}{x_2}$,

所以 $k_1=k_2$,即 O,C,D 在同一直线上.

(2) 由 BC 平行于 x 轴知 $\log_2 x_1=\log_8 x_2$,

即 $\log_2 x_1=\frac{1}{3}\log_2 x_2$,所以 $x_2=x_1^3$,

代入$\frac{\log_8 x_1}{x_1}=\frac{\log_8 x_2}{x_2}$,整理得 $x_1^3\log_8 x_1=3x_1\log_8 x_1$.

由于 $x_1>1$,知 $\log_8 x_1\neq0$,故 $x_1^3=3x_1$,

又因 $x_1>1$,解得 $x_1=\sqrt{3}$,于是点 $A(\sqrt{3},\log_8\sqrt{3})$,$B(3\sqrt{3},\log_8 3\sqrt{3})$,$C(\sqrt{3},\log_2\sqrt{3})$,$D(3\sqrt{3},\log_2 3\sqrt{3})$.

说明:该题目研究的是两个对数函数的相互关系,既有数形结合又有方程思想,你能根据上述问题编制一道类似的指数函数问题吗?

如例1图②过原点 O 的一条直线与函数 $y=2^x$ 的图象交于 A,B 两点,分别过点 A,B 作 y 轴的平行线与函数 $y=4^x$ 的图象交于 C,D 两点.

(1) O,C,D 三点能共线吗?

(2) 当 $BC/\!/x$ 轴时,求点 A,B,C,D 的坐标.

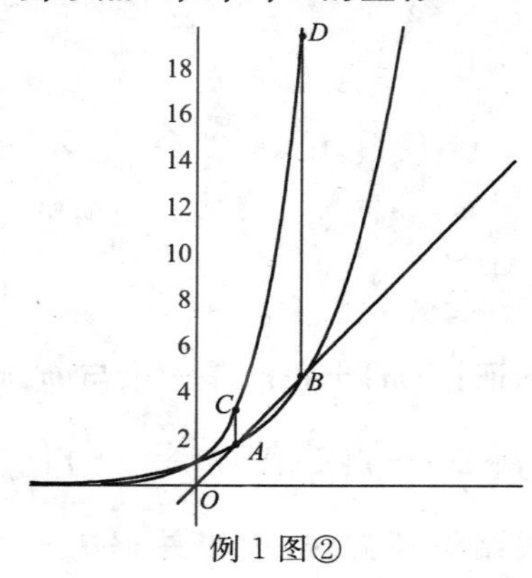

例1图②

探究:(1) 设 $A(x_1,2^{x_1})$,$B(x_2,2^{x_2})$,则 $C(x_1,4^{x_1})$,$D(x_2,4^{x_2})$.

因为 O,A,B 三点共线,所以

$$\frac{2^{x_1}}{x_1}=\frac{2^{x_2}}{x_2}. \qquad ①$$

假设 O,C,D 三点共线,则

$$\frac{4^{x_1}}{x_1}=\frac{4^{x_2}}{x_2}. \qquad ②$$

关注①②的结构特征可以产生作商的冲动,因为两式相除可以产生化简的结果:$2^{x_1}=2^{x_2}$,所以 $x_1=x_2$,显然不可能成立,所以 O,C,D 三点不可能共线.

(2) 因为 $BC//x$ 轴,所以 $4^{x_1}=2^{x_2}$,$2x_1=x_2$,代入$\frac{2^{x_1}}{x_1}=\frac{2^{x_2}}{x_2}$,解得 $x_1=1$,

$x_2=2$,

所以 $A(1,2)$,$B(2,4)$,$C(1,4)$,$D(2,16)$.

说明:知识创新,让两种知识相互映衬,对它们的记忆和理解都能得到提高.

类比对数函数,编制一道指数函数的问题,在类比上就有一个能力的提升,会更清晰地理解两种函数性质的关联性. 在指数函数的第一问当中,问题便成了开放性的,也就是提出结论,让我们去探究其是否成立. 这种问题的一般做法是假设结论成立,然后在此基础上不断作等价转化. 如果最后得到错误或者是矛盾的结果,则可断言结论不可能成立(反证法的原理);如果最后得到一个正确明确的答案,则不仅可以断言结论正确,而且可以给出结论何时成立的具体结果或者结论的具体形式.

上面的第二个问题的第(2)小题当中,如果将问题改为"过原点 O 的一条直线与函数 $y=2^x$ 的图象交于 A,B 两点,分别过点 A,B 作 x 轴的平行线与函数 $y=4^x$ 的图象交于 C,D 两点". 此时 O,C,D 三点能共线吗?

这又是一个研究性问题,答案是肯定的! 你证明一下呗.

例 2　函数 $f(x)=\frac{4^{x+1}}{2+4^x}$.

(1) 若 $m+n=1$,求证:$f(m)+f(n)$是一个与 m,n 无关的常数.

(2) 计算 $f\left(\frac{1}{7}\right)+f\left(\frac{2}{7}\right)+f\left(\frac{3}{7}\right)+f\left(\frac{4}{7}\right)+f\left(\frac{5}{7}\right)+f\left(\frac{6}{7}\right)$的值.

(3) 你能根据上述结论和方法,提出并解决一个数列的前 n 项和问

题吗?

探究:(1) 因为 $f(n)=f(1-m)=\frac{4^{2-m}}{2+4^{1-m}}=\frac{16}{2\cdot 4^{m}+4}=\frac{8}{4^{m}+2}$,

所以 $f(m)+f(1-m)=\frac{8+4^{m+1}}{4^{m}+2}=4$.

(2) 利用上面的结论可得:

原式 $=\left[f\left(\frac{1}{7}\right)+f\left(\frac{6}{7}\right)\right]+\left[f\left(\frac{2}{7}\right)+f\left(\frac{5}{7}\right)\right]+\left[f\left(\frac{3}{7}\right)+f\left(\frac{4}{7}\right)\right]=4+4+4=12$.

(3) $n\in\mathbf{N},n\geqslant 1$,计算 $f\left(\frac{1}{n+1}\right)+f\left(\frac{2}{n+1}\right)+f\left(\frac{3}{n+1}\right)+\cdots+f\left(\frac{n}{n+1}\right)$.

解:设

$$S=f\left(\frac{1}{n+1}\right)+f\left(\frac{2}{n+1}\right)+f\left(\frac{3}{n+1}\right)+\cdots\cdots+f\left(\frac{n}{n+1}\right).\qquad ①$$

因为不知道项数的奇偶性,不好配对求和,所以我们可以考虑推导等差数列前 n 项和公式的"倒序相加法"(有效地避免了分类讨论):

又 $S=f\left(\frac{n}{n+1}\right)+f\left(\frac{n-1}{n+1}\right)+f\left(\frac{n-2}{n+1}\right)+\cdots+f\left(\frac{1}{n+1}\right).\qquad ②$

①+②可得:

$$2S=\left[f\left(\frac{1}{n+1}\right)+f\left(\frac{n}{n+1}\right)\right]+\left[f\left(\frac{2}{n+1}\right)+f\left(\frac{n-1}{n+1}\right)\right]+\cdots+\left[f\left(\frac{n}{n+1}\right)+f\left(\frac{1}{n+1}\right)\right],$$

所以 $2S=4n$,所以 $S=2n$.

说明:问题(1)的证明体现的是消元方法,本质就是函数的图象关于点 $M\left(\frac{1}{2},2\right)$ 中心对称,转化成更好理解的程序型语言就是:如果两个变量的和为 1,则其对应函数值的和必为 4. 依照这个程序,我们解决了第(2)题,然后提出了更广泛的第(3)题.

因为开放性探究型问题的条件常常是不完备的,没有固定的标准答案,可能需要分类讨论,所以问题的解决策略具有非常规性、发散性和创新性.

开放性探究型问题,形式新颖,解法多样,要求解答者自己去自主探究,结合已有知识和方法,对问题进行观察、分析、比较和概括,它对数学思想、数学意识、数学观念及综合运用数学方法的能力都提出了较高的要求. 它有利于培养探索、分析、归纳、判断、讨论与证明等方面的能力，经历一个发现问题、研究问题、解决问题的全过程，能够有效地考查和训练数学能力.

开放性探究型问题一般可分为条件追溯型、结论探究型、条件重组型和规律探究型. 很多时候，需要对条件和结论的存在性进行辨析和推断，甚至需要做一些数学上的实验操作(特例列举、图形辅助、实物演示等等). 每一类问题的求解策略，既有所不同又有共性，下面分三大类简要加以说明.

一、条件追溯型(条件的存在性探究)

这种问题的特点是在结论明确的前提下，探究问题中某些元素满足的条件的全部信息.

一般研究方法是从结论出发，在其成立的假设之下，做一系列等价的推理和运算. 在这些过程中，对结论进行不断的化简，努力朝着条件的要求前进. 如果最后发展的结果能成立，则结论是肯定的，此时可以对问题的条件进行肯定的呈现；如果最后的结果无解或者是矛盾的信息，则可以对条件给予否定的呈现.

应该注意的是：从结论回推条件的过程中，有时候不能一直做等价性推算，此时得到的条件，其范围可能已经被放大了，这样的条件可能在逆推的时候，得不到题目要求的结论，所以此时要对得到的条件进行检验. 检验的方法就是面对得到的具体的清晰明确的条件研究一下由其能否推证至结论. 在这个过程中，对上述条件进行取舍，问题的完备性就得到了有效的保障.

例 3　(1) 是否存在实数 k，使得函数 $f(x)=kx+\lg(10^x+1)$ 是 R 上的偶函数？若存在，求 k 的值；若不存在说明理由.

(2) 是否存在实数 k，使得函数 $f(x)=\log_2(kx+\sqrt{x^2+1})$ 是 R 上的奇函数？若存在，求 k 的值；若不存在说明理由.

(3) 是否存在常数 φ，使得 $0<\varphi<\pi$ 且 $f(x)=\sin^2x+\sin^2(x+\varphi)+\sin^2(x+2\varphi)-\frac{3}{2}$ 为奇函数？若存在，请求出 φ 的值；若不存在，请说明理由.

探究：(1) 假设存在实数 k，使得 $f(x)$ 是偶函数.

$$f(-x)=\lg(10^{-x}+1)-kx=\lg\frac{1+10^x}{10^x}-kx=\lg(10^x+1)-(k+1)x$$

由 $f(-x)=f(x)$ 可整理得：$(2k+1)x=0$ 恒成立，所以 $k=-\frac{1}{2}$.

(2) 假设存在实数 k，使得 $f(x)$ 是奇函数，则 $f(-x)=-f(x)$，

即 $\log_2(-kx+\sqrt{x^2+1})=-\log_2(kx+\sqrt{x^2+1})$，

所以 $\log_2(-kx+\sqrt{x^2+1})+\log_2(kx+\sqrt{x^2+1})=0$，

所以 $\log_2(-k^2x^2+x^2+1)=0$，所以 $(1-k^2)x^2=0$，即 $k=\pm1$.

(3) 化简是数学解题的王道，应该先把函数表达式降次合并同类项：

$$f(x)=\frac{1-\cos 2x}{2}+\frac{1-\cos(2x+2\varphi)}{2}+\frac{1-\cos(2x+4\varphi)}{2}-\frac{3}{2}$$

$$=-\frac{1}{2}(1+\cos 2\varphi+\cos 4\varphi)\cos 2x+\frac{1}{2}(\sin 2\varphi+\sin 4\varphi)\sin 2x.$$

所以 $f(-x)=-\frac{1}{2}(1+\cos 2\varphi+\cos 4\varphi)\cos 2x-\frac{1}{2}(\sin 2\varphi+\sin 4\varphi)\sin 2x$.

因为 $f(x)$ 是奇函数，则由 $f(-x)=-f(x)$ 可整理得：

$1+\cos 2\varphi+\cos 4\varphi=0$，所以 $2\cos^2 2\varphi+\cos 2\varphi=0$，所以 $\cos 2\varphi=0$ 或 $-\frac{1}{2}$.

因为 $2\varphi\in(0,2\pi)$，所以 $2\varphi=\frac{\pi}{2},\frac{3\pi}{2},\frac{2\pi}{3},\frac{4\pi}{3}$，所以 $\varphi=\frac{\pi}{4},\frac{3\pi}{4},\frac{\pi}{3},\frac{2\pi}{3}$.

说明：上述问题都是给出结论让我们去探究其成立的条件，是条件探求性问题. 一般做法是：假设结论成立，然后在此基础上不断作等价转化，不断发展简化其成立的充要条件. 如果最后得到错误或者矛盾的结果，则可断言结论不可能成立（反证法的原理）；如果最后得到一个正确的答案，则不仅可以断言结论正确，而且可以给出结论何时成立的具体结果或者结论的具体形式.

另外对于第(2)、(3)题，我们可以继续探究：

第(2)题中，若 $k=1$，则 $f(x)=\log_2(x+\sqrt{x^2+1})$ 是 R 上的奇函数，它的单调区间是什么？你能画出它的图象吗？

说明：因为它的定义域为 R，这是一个连续函数（函数的图象是不间断的），$f(0)=0$，其图象过原点，$x>0$ 时，显然随着自变量的增大，函数值也变大，所以 $[0,+\infty)$ 为函数的增区间.

依据奇函数图象关于原点中心对称的特点，可知函数在区间$(-\infty,0]$上也是递增的，所以$f(x)$的单调增区间是$(-\infty,+\infty)$.

当自变量x足够大的时候，函数表达式里的1几乎可以忽略，也就是几乎有$f(x)=\log_2(x+\sqrt{x^2})=\log_2(2x)$，所以函数图象如例3图所示.

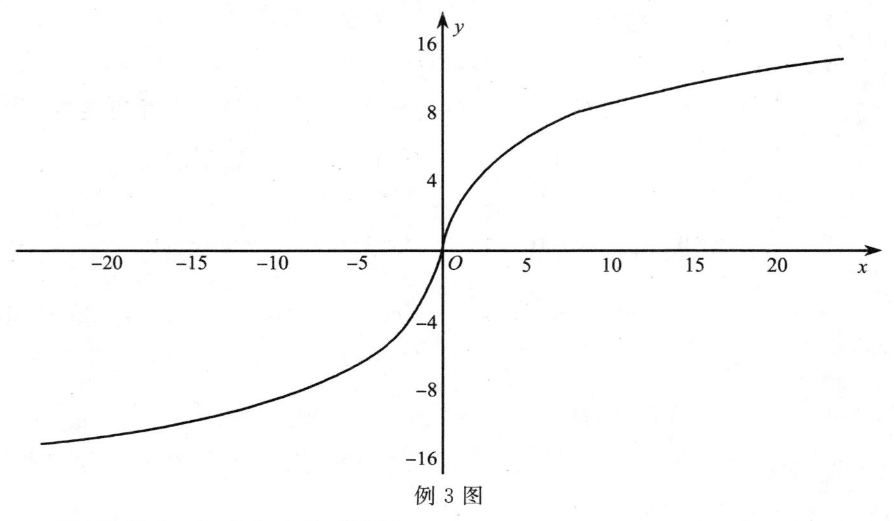

例3图

第(3)题中，很多人会这样探究：

因为$f(x)=\sin^2 x+\sin^2(x+\varphi)+\sin^2(x+2\varphi)$为奇函数，

所以$f(0)=0$，所以$\sin^2\varphi+\sin^2 2\varphi=0$，所以$\varphi=\frac{\pi}{4},\frac{3\pi}{4},\frac{\pi}{3},\frac{2\pi}{3}$.

你认为这种做法可靠吗？

上述推理中，“因为$f(x)=\sin^2 x+\sin^2(x+\varphi)+\sin^2(x+2\varphi)$为奇函数，所以$f(0)=0$”.这个推理尽管正确，但它们不是等价的，逆推是不成立的.$f(0)=0$的结果尽管与最后的答案相符，但是此时的“$\varphi=\frac{\pi}{4},\frac{3\pi}{4},\frac{\pi}{3},\frac{2\pi}{3}$”并不能说明$f(x)$为奇函数，应该在此基础上再进行检验，真正确定最后的答案.

例4　给定双曲线$x^2-\frac{y^2}{2}=1$，过点$A(1,1)$能否作直线m，使m与所给双曲线交于两点Q_1及Q_2，且点A是线段Q_1Q_2的中点？这样的直线m如果存在，求出它的方程；如果不存在，说明理由.

探究：假设这样的直线存在，显然直线是不垂直于x轴的，设其方程为$y=k(x-1)+1$，

代入双曲线方程，整理得$(2-k^2)x^2+(2k^2-2k)x-k^2+2k-3=0(*)$.

设$Q_1(x_1,y_1)$，$Q_2(x_2,y_2)$，则x_1，x_2是方程$(*)$的两个实根，即$x_1+x_2=\dfrac{2k^2-2k}{k^2-2}$.

如果A是Q_1Q_2的中点，就有$x_1+x_2=2$，所以有$\dfrac{2k^2-2k}{k^2-2}=2$，所以$k=2$.

但是，直线和双曲线有两个交点，还应满足$\Delta=(2k^2-2k)^2-4(2-k^2)(-k^2+2k-3)>0$.

但是，$k=2$不满足这个要求. 故满足题中条件的直线不存在.

说明：韦达定理的使用条件是判别式非负，这个隐含条件极易被忽视.

例5　如例5图，在正四棱柱$ABCD—A_1B_1C_1D_1$中，E，F，G，H分别是棱CC_1，C_1D_1，D_1D，DC的中点，N是BC的中点，点M在四边形$EFGH$及其内部运动，则点M满足条件________时，有MN∥平面B_1BDD_1.

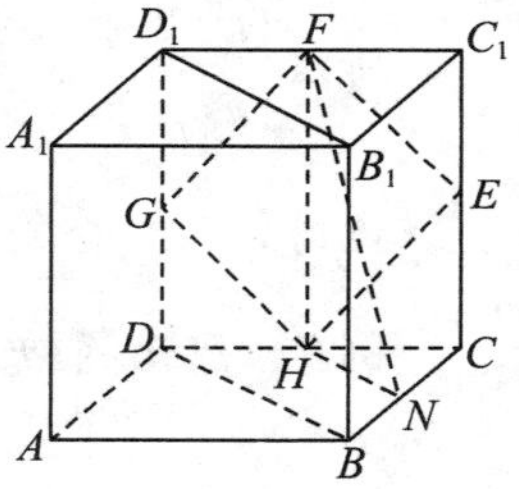

例5图

探究：点M要满足两个要求：

(1) 点M要在四边形$EFGH$或其内部；

(2) MN∥平面B_1BDD_1.

我们知道，过点N且平行于平面B_1BDD_1的点的轨迹是过点N且与平面B_1BDD_1平行的平面，即是平面NHF.

(因为$NH\parallel BD$，$NH\not\subset$平面B_1BDD_1，$BD\subset$平面B_1BDD_1，所以NH∥平面B_1BDD_1；同理，FH∥平面B_1BDD_1，$NH\cap FH=H$，所以平面NHF∥平面B_1BDD_1). 又因为两个平面相交必交于唯一的直线，而该交线为HF，所以$M\in$线段HF.

说明：本题为条件探索型题目，其结论明确，需要求得结论成立的充分条件，可将题设和结论都视为已知条件，进行演绎推理推导出所需寻求的条件. 解这类题要求变换思维方向，辩证地看待问题的条件和结论.

例6　如例6图，正方体$ABCD—A_1B_1C_1D_1$的棱长为a，$M\in A_1B$，$N\in B_1D_1$，问：MN能否与两条异面直线A_1B和B_1D_1都垂直？如果能，求出M，N的位置及MN

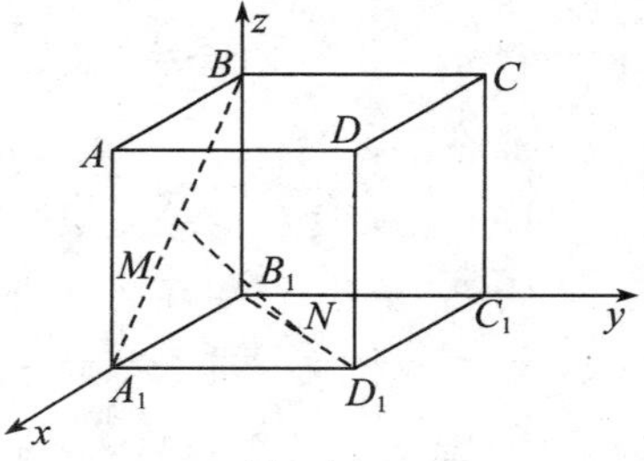

例6图

两点间的距离,并写出求解过程;如果不能,说明理由.

探究:建立空间直角坐标系,以 B_1 为坐标原点,以 B_1A_1 为 x 轴,以 B_1C_1 为 y 轴,以 B_1B 为 z 轴,如图建立空间直角坐标系,

则 $A_1(a,0,0)$,$B_1(0,0,0)$,$B(0,0,a)$,$D_1(a,a,0)$.

因为在 x 轴和 z 轴所确定的平面内,直线 A_1B 的方程为 $x+z=a$,所以可设 $M(x_0,0,a-x_0)$;

因为在 x 轴和 y 轴所确定的平面内,直线 B_1D_1 的方程为 $y=x$,所以可设 $N(t,t,0)$,$\overrightarrow{A_1B}=(-a,0,a)$,$\overrightarrow{B_1D_1}=(a,a,0)$,$\overrightarrow{MN}=(t-x_0,t,x_0-a)$;

因为 $\overrightarrow{A_1B}\perp\overrightarrow{MN}$,$\overrightarrow{B_1D_1}\perp\overrightarrow{MN}$,所以 $\overrightarrow{A_1B}\cdot\overrightarrow{MN}=0$,$\overrightarrow{B_1D_1}\cdot\overrightarrow{MN}=0$,

所以 $\begin{cases}t=2x_0-a\\x_0=2t\end{cases}$ 解得 $x_0=\dfrac{2}{3}a$,$t=\dfrac{1}{3}a$,此时 $M\left(\dfrac{2a}{3},0,\dfrac{a}{3}\right)$,$N\left(\dfrac{a}{3},\dfrac{a}{3},0\right)$.

此时,M,N 分别为 A_1B,B_1D_1 的三等分点,$MN=\dfrac{\sqrt{3}}{3}a$.

例 7　已知函数 $f(x)=2-|x|$,无穷数列 $\{a_n\}$ 满足 $a_{n+1}=f(a_n)$,$n\in\mathbf{N}^*$.

(1) 若 $a_1=0$,求 a_2,a_3,a_4.

(2) 若 $a_1>0$,且 a_1,a_2,a_3 成等比数列,求 a_1 的值.

(3) 是否存在 a_1,使得 a_1,a_2,a_3,$\cdots$,a_n 成等差数列?若存在,求出所有这样的 a_1;若不存在,说明理由.

探究:(1) $a_2=2$,$a_3=0$,$a_4=2$.

(2) $a_2=2-|a_1|=2-a_1$,$a_3=2-|a_2|=2-|2-a_1|$.

① 当 $0<a_1\leqslant2$ 时,$a_3=2-(2-a_1)=a_1$,所以 $a_1^2=(2-a_1)^2$,得 $a_1=1$.

② 当 $a_1>2$ 时,

$a_3=2-(a_1-2)=4-a_1$,

所以 $a_1(4-a_1)=(2-a_1)^2$,

得 $a_1=2-\sqrt{2}$(舍去)或 $a_1=2+\sqrt{2}$.

综合①,②得 $a_1=1$ 或 $a_1=2+\sqrt{2}$.

(3) 假设这样的等差数列存在,那么 $a_2=2-|a_1|$,$a_3=2-|2-|a_1||$.

由 $2a_2=a_1+a_3$ 得 $2-a_1+|2-|a_1||=2|a_1|$.

以下分情况讨论(零点分区法去掉绝对值符号,逐步将问题剥茧抽丝):

① 当 $a_1>2$ 时,由(*)得 $a_1=0$,与 $a_1>2$ 矛盾.

② 当 $0<a_1\leqslant 2$ 时，由（*）得 $a_1=1$，从而 $a_n=1(n=1,2,\cdots)$，

所以 $\{a_n\}$ 是一个等差数列.

③ 当 $a_1\leqslant 0$ 时，则公差 $d=a_2-a_1=(a_1+2)-a_1=2>0$，因此存在 $m\geqslant 2$，使得 $a_m=a_1+2(m-1)>2$. 此时 $d=a_{m+1}-a_m=2-|a_m|-a_m<0$，矛盾.

综合①，②，③可知，当且仅当 $a_1=1$ 时，$a_1,a_2,a_3,\cdots$ 构成等差数列.

说明：在本题的探究中，通过分类讨论，逐步去掉绝对值符号，是一大特点，这是必需的化简措施；另外，根据数列前三项的关系，逐步明确其相关信息，在相关元素得到确认以后，整个数列的性质便自动浮出水面了. 这是由特殊到一般、由具体到抽象的科学认知过程，在数列问题的探究中往往是发现规律的金钥匙.

例 8　给定常数 $c>0$，定义函数 $f(x)=2|x+c+4|-|x+c|$，数列 a_1，$a_2,a_3,\cdots$ 满足 $a_{n+1}=f(a_n)$，$n\in\mathbf{N}^*$.

(1) 若 $a_1=-c-2$，求 a_2 及 a_3.

(2) 求证：对任意 $n\in\mathbf{N}^*$，$a_{n+1}-a_n\geqslant c$.

(3) 是否存在 a_1，使得 $a_1,a_2,\cdots,a_n$ 成等差数列？若存在，求出所有这样的 a_1；若不存在，说明理由.

探究：(1) $a_2=f(a_1)=f(-c-2)=2|-c-2+c+4|-|-c-2+c|=4-2=2$，

$a_3=f(a_2)=f(2)=2|2+c+4|-|2+c|=2(6+c)-(c+2)=10+c$.

(2) 由已知可得 $f(x)=\begin{cases}x+c+8, x\geqslant -c\\ 3x+3c+8, -c-4\leqslant x<-c\\ -x-c-8, x<-c-4\end{cases}$（多个绝对值符号的化简，一般用零点分区法去掉绝对值符号）.

① 当 $a_n\geqslant -c$ 时，$a_{n+1}-a_n=c+8>c$.

② 当 $-c-4\leqslant a_n<-c$ 时，$a_{n+1}-a_n=2a_n+3c+8\geqslant 2(-c-4)+3c+8=c$.

③ 当 $a_n<-c-4$ 时，$a_{n+1}-a_n=-2a_n-c-8>-2(-c-4)-c-8=c$，

所以对任意 $n\in\mathbf{N}^*$，$a_{n+1}-a_n\geqslant c$.

(3) 假设存在 a_1，使得 $a_1,a_2,\cdots,a_n$ 成等差数列.

由(2)及 $c>0$，得 $a_{n+1}>a_n$，即 $\{a_n\}$ 为无穷递增数列.

又 $\{a_n\}$ 为等差数列，所以存在正数 M，当 $n>M$ 时，$a_n\geqslant -c$，

从而 $a_{n+1}=f(a_n)=a_n+c+8$. 由于 $\{a_n\}$ 为等差数列，因此公差 $d=c+8$.

① 当 $a_1<-c-4$ 时，则 $a_2=f(a_1)=-a_1-c-8$，

又 $a_2=a_1+d=a_1+c+8$，故 $-a_1-c-8=a_1+c+8$，即 $a_1=-c-8$，从而 $a_2=0$.

当 $n\geqslant 2$ 时，由于 $\{a_n\}$ 为递增数列，故 $a_n\geqslant a_2=0>-c$，

所以 $a_{n+1}=f(a_n)=a_n+c+8$，而 $a_2=a_1+c+8$，故当 $a_1=-c-8$ 时，

$\{a_n\}$ 为无穷等差数列，符合要求.

② 若 $-c-4\leqslant a_1<-c$，则 $a_2=f(a_1)=3a_1+3c+8$；又 $a_2=a_1+d=a_1+c+8$，

所以 $3a_1+3c+8=a_1+c+8$，得 $a_1=-c$，应舍去.

③ 若 $a_1\geqslant -c$，则由 $a_n\geqslant a_1$ 得到 $a_{n+1}=f(a_n)=a_n+c+8$，

从而 $\{a_n\}$ 为无穷等差数列，符合要求.

综上，a_1 的取值范围为 $\{-c-8\}\cup[-c,+\infty)$.

说明：本题综合考查了分类讨论的思想，如何去掉绝对值符号成为问题的关键. 这再一次说明分类讨论的标准就是解决问题的一个条件. 在研究过程中，我们应该主动、自觉、充分地去使用这些条件，这往往是一条捷径.

对本题的探究不仅仅从数列的前几项开始，当项数 n 足够大的时候，等差数列的发展趋势也可以给我们足够的启示. 去掉绝对值符号后，我们可以得到一个有用的结论，把这个结论与前几项的研究结合起来，加上分类标准的条件，思路便慢慢明朗起来了.

针对一个确定的结论，条件未知需探究，或条件增删需确定，或条件正误需判断，这是条件回溯型探究题的主要特点和方法.

二、条件结论混组型

这类问题是指给出了一些相关信息，但需要对这些信息进行重新组合构成新的复合命题，或条件和结论都需要去重组探求；有时候条件结论互换互变，变成原命题的逆命题或者是否命题.

此类问题要有更强的基础知识和基本技能，需要联想和推证，不断在问题的条件和结论之间进行必要的修正和调控. 一般的解题思路是通过对条件的反复重组，进行逐一探求；或者是通过条件和结论的对调，观察分析探究其可能性，进行条件或结论的强化或弱化；最后再对问题进行可靠性推证.

问题的创造比问题的解决更重要. 解答此类问题是真正意义上的知识

的创新和思维的创造，对发现问题、解决问题的能力提出了综合性的要求. 这种发现问题、创造问题的活动，应该贯穿于我们的数学教学之中. 前面的例 1 就是这类问题.

例 9　已知 $\boldsymbol{\alpha}$，$\boldsymbol{\beta}$ 是两个不同的平面，$\boldsymbol{m}$，$\boldsymbol{n}$ 是平面 $\boldsymbol{\alpha}$ 及 $\boldsymbol{\beta}$ 之外的两条不同的直线，给出四个论断：① $\boldsymbol{m \perp n}$；② $\boldsymbol{\alpha \perp \beta}$；③ $\boldsymbol{n \perp \beta}$；④ $\boldsymbol{m \perp \alpha}$. 以其中的三个论断作为条件，余下一个论断作为结论，写出你认为正确的一个命题________________.

探究：本题给出了四个论断，要求以其中三个为条件，余下一个为结论，用枚举法写出四种情况，并逐一验证.

(1) $m \perp n, \alpha \perp \beta, n \perp \beta \Rightarrow m \perp \alpha$；

(2) $m \perp n, \alpha \perp \beta, m \perp \alpha \Rightarrow n \perp \beta$；

(3) $m \perp n, n \perp \beta, m \perp \alpha \Rightarrow \alpha \perp \beta$；

(4) $\alpha \perp \beta, n \perp \beta, m \perp \alpha \Rightarrow m \perp n$.

不难发现，命题(3)(4)为真命题，而命题(1)(2)为假命题.

说明：对于条件重组型题，我们可以先根据条件的各种可能性，将所有情况有序列出，保证不重不漏，然后再进一步进行推理验证即可.

例 10　已知三个不等式：$\boldsymbol{ab>0}$，$\boldsymbol{bc>ad}$，$\boldsymbol{\frac{c}{a}>\frac{d}{b}}$（其中 $\boldsymbol{a}$，$\boldsymbol{b}$，$\boldsymbol{c}$，$\boldsymbol{d}$ 均为实数），用其中两个不等式作为条件，余下的一个不等式作为结论组成一个命题，可组成的正确命题的个数是________个.

探究：根据所求，共可建立三个命题，下面分别进行证明判断.

(1) 命题：若 $ab>0$，$bc>ad$，则 $\frac{c}{a}>\frac{d}{b}$.

判断：$ab>0$，$bc>ad$，则 $\frac{c}{a}-\frac{d}{b}=\frac{bc-ad}{ab}>0$，所以 $\frac{c}{a}>\frac{d}{b}$，所以该命题正确.

(2) 命题：若 $ab>0$，$\frac{c}{a}>\frac{d}{b}$，则 $bc>ad$.

判断：若 $ab>0$，则在 $\frac{c}{a}>\frac{d}{b}$ 两边同时乘以 ab 可得 $bc>ad$，所以该命题正确.

(3) 命题：若 $\frac{c}{a}>\frac{d}{b}$，$bc>ad$，则 $ab>0$.

判断：若 $\frac{c}{a}>\frac{d}{b}$，则 $\frac{c}{a}-\frac{d}{b}>0$，所以 $\frac{bc-ad}{ab}>0$，因为 $bc>ad$，所以 $bc-$

$ad>0$,所以 $ab>0$.

所以该命题正确,故三个命题均为真命题,答案是3.

说明:常用作差法比较两个量的大小关系,分式的常用运算是通分.

例11　若$\{a_n\}$,$\{b_n\}$都是等比数列,则$\{a_n \cdot b_n\}$也是等比数列;

若$\{a_n\}$,$\{b_n\}$都是等差数列,则$\{a_n+b_n\}$也是等差数列.

这两个命题几乎是一个数学常识,但它们的变式:

(1) 若$\{a_n\}$,$\{b_n\}$均为等差数列,则$\{a_n \cdot b_n\}$是等差数列吗?如果是,请说明两个数列的关系;如果不是,也请说明两个数列的关系.

(2) 若$\{a_n\}$,$\{b_n\}$均为等比数列,则$\{a_n+b_n\}$是等比数列吗?如果是,请说明两个数列的关系;如果不是,也请说明两个数列的关系.

探究:(1) 若$\{a_n\}$,$\{b_n\}$均为等差数列.设 $a_n=d_1n+t_1$,$b_n=d_2n+t_2$,则 $a_n \cdot b_n=(d_1n+t_1)(d_2n+t_2)=d_1d_2n^2+(d_1t_2+d_2t_1)n+t_1t_2$.

(Ⅰ) 当 $d_1d_2=0$,即$\{a_n\}$和$\{b_n\}$中至少有一个是常数列时,$\{a_n \cdot b_n\}$是等差数列.

(Ⅱ) 当 $d_1d_2\neq 0$ 时,$\{a_n \cdot b_n\}$的通项公式为关于 n 的二次函数,它不是等差数列.

(2) 若$\{a_n\}$,$\{b_n\}$均为等比数列,设 $a_n=a_1p^{n-1}$,$b_n=b_1q^{n-1}$.

(Ⅰ) 若 $p=q$,显然 $a_{n+1}+b_{n+1}=q(a_n+b_n)$,则$\{a_n+b_n\}$是等比数列.

(Ⅱ) 假设当两个数列公比不相同时,数列$\{a_n+b_n\}$仍然是等比数列,

所以$(a_1p^{n-1}+b_1q^{n-1})^2=(a_1p^{n-2}+b_1q^{n-2})(a_1p^n+b_1q^n)$,

化简得 $2pq=p^2+q^2$,

即$(p-q)^2=0$,所以 $p=q$,这与公比 p 与 q 不相等矛盾,所以假设不成立,所以原命题成立.

说明:初等数学的创新,主要是知识和方法的创新.研究性学习,就是不断地提出课题,进行专题研究,这样便会使得自己对相应的专题性问题的认识高人一筹.

2000年全国高考试卷理科第20题就是考察了中学师生在这方面的科研能力!

(Ⅰ) 已知数列$\{c_n\}$,其中 $c_n=2^n+3^n$,且数列$\{c_{n+1}-pc_n\}$为等比数列,求常数 p;

(Ⅱ) 设$\{a_n\}$,$\{b_n\}$是公比不相等的两个等比数列,$c_n=a_n+b_n$,证明数列$\{c_n\}$不是等比数列.

例 12　设数列 $a_1,a_2,\cdots,a_n$ 中的每一项都不为 0.

(1) 证明:若$\{a_n\}$为等差数列,则对任何 $n\in\mathbf{N}^*$,都有$\frac{1}{a_1a_2}+\frac{1}{a_2a_3}+\cdots+\frac{1}{a_na_{n+1}}=\frac{n}{a_1a_{n+1}}$.

(2) 上述问题的逆命题成立吗?如果成立,请给出证明;如果不成立,请说明理由.

探究:(1)(裂项相消法):设数列$\{a_n\}$的公差为 d,若 $d=0$,则所述等式显然成立.

若 $d\neq0$,则$\frac{1}{a_1a_2}+\frac{1}{a_2a_3}+\cdots+\frac{1}{a_na_{n+1}}=\frac{1}{d}\left(\frac{a_2-a_1}{a_1a_2}+\frac{a_3-a_2}{a_2a_3}+\cdots+\frac{a_{n+1}-a_n}{a_na_{n+1}}\right)$

$=\frac{1}{d}\left[\left(\frac{1}{a_1}-\frac{1}{a_2}\right)+\left(\frac{1}{a_2}-\frac{1}{a_3}\right)+\cdots+\left(\frac{1}{a_n}-\frac{1}{a_{n+1}}\right)\right]$

$=\frac{1}{d}\left(\frac{1}{a_1}-\frac{1}{a_{n+1}}\right)=\frac{1}{d}\frac{a_{n+1}-a_1}{a_1a_{n+1}}=\frac{n}{a_1a_{n+1}}$.

(2) 直觉告诉我们,这是真的!

下面用数学归纳法证明.

因为上述的等式对一切 $n\in\mathbf{N}^*$ 都成立,

所以 $n=2$ 时,$\frac{1}{a_1a_2}+\frac{1}{a_2a_3}=\frac{2}{a_1a_3}$.　　①

两端同乘 $a_1a_2a_3$,即得 $a_1+a_3=2a_2$,所以 a_1,a_2,a_3 成等差数列.

记公差为 d,则 $a_2=a_1+d$.

下面证明 $a_n=a_1+(n-1)d$ 对一切正整数 n 都成立.

显然 $n=1,2$ 时上式都成立.

假设 $a_k=a_1+(k-1)d(k>1)$时成立.

则当 $n=k-1$ 时,由条件可得如下等式:

$\frac{1}{a_1a_2}+\frac{1}{a_2a_3}+\cdots+\frac{1}{a_{k-1}a_k}=\frac{k-1}{a_1a_k}$.　　②

当 $n=k$ 时,

$\frac{1}{a_1a_2}+\frac{1}{a_2a_3}+\cdots+\frac{1}{a_{k-1}a_k}+\frac{1}{a_ka_{k+1}}=\frac{k}{a_1a_{k+1}}$.　　③

将②整体代入③可得$\frac{k-1}{a_1a_k}+\frac{1}{a_ka_{k+1}}=\frac{k}{a_1a_{k+1}}$,

在该式两端同乘 $a_1a_ka_{k+1}$ 得:$(k-1)a_{k+1}+a_1=ka_k$.

将 $a_k=a_1+(k-1)d$ 代入其中整理得 $(k-1)a_{k+1}=(k-1)a_1+k(k-1)d$，

进而 $a_{k+1}=a_1+kd$，

所以对一切 $n\in\mathbf{N}^*$，都有 $a_n=a_1+(n-1)d$，所以 $\{a_n\}$ 是等差数列.

说明：又是一个知识创新，又是一道高考题.

分式数列的求和常用裂项求和法，恒等式的证明常用赋值法.

三、结论探究型

这类问题的特点是在一定的条件下，探究问题结论的具体内容，或者探究问题的某种结论能否成立以及结论成立的具体分类状态. 这类问题的基本特征是有条件而无结论或结论的正确与否需要确定.

如果探究的结论是否定性的不存在或不成立等，解题的整体过程就是反证法的基本原理.

解决这类问题，可以从特殊情形入手，用归纳类比的合情思维方式，通过观察、分析、归纳、判断来做一番猜测，得出结论，再就一般情形去论证结论.

一般研究方法是从发展化简的条件出发，努力朝着结论的要求前进. 如果最后发展的结果刚好指向结论，则结论是肯定的；如果最后的结果无解或者是矛盾的信息，则可以对结论给予否定的呈现.

应该注意的是，从条件到结论的推算过程，由于问题的不确定性，可能不能对结论的情况，简单地用“是否对错”来回答，有时候要分类讨论，对结论的不同情形进行取舍.

例 13　某渔业公司今年初花 98 万元购进一艘渔船，用于捕捞. 已知每年所需的维修费用(单位:万元)是:第一年 12 万元，以后每年都要递增 4 万元，该船每年捕捞的总收入为 50 万元.

(1) 设使用 n 年后的盈利总额为 $f(n)$，写出 $f(n)$ 与 n 的关系式.

(2) 捕捞若干年后，该渔船就要报废，请你在以下两种方案中做出选择：

① 年平均盈利最大时将渔船报废；

② 总利润最大时将渔船报废.

探究：(1) 每年的维修费用成等差数列 $\{a_n\}$，$a_1=12$，$d=4$，n 年所需要的维修费用总和为 $S_n=2n^2+10n$，则 n 年后的盈利总额为 $f(n)=50n-(2n^2+10n)-98=-2n^2+40n-98$.

(2) ① 设年平均盈利为$\frac{f(n)}{n}=40-\left(2n+\frac{98}{n}\right)\leqslant 12$,当且仅当$2n=\frac{98}{n}$,即$n=7$时,此时年平均盈利最大值为12.此时总利润为$7\times 12=84$.

② 当$n=10$时$f(n)_{\max}=f(10)=102$,此时总利润最大为102,此时年平均利润为$\frac{102}{10}=10.2$.

时间就是金钱,企业追求的应该是单位时间内的效益,不能忽视时间的成本.企业如果一直坚持7年一个周期来更换新渔船,则其10年来的总收入为120万元,远远大于第二方案,所以选择第一种方案.

说明:要使两种方案有可比性,必须让它们在同一条起跑线上,计算其在同一段时间内的利润值.

例14　已知二次函数$f(x)=ax^2+bx$(a,b为常数且$a\neq 0$)满足条件:$f(-x+5)=f(x-3)$,且方程$f(x)=x$有等根.

(1) 求$f(x)$的解析式.

(2) 是否存在实数$m,n(m<n)$,使$f(x)$的定义域和值域分别是$[m,n]$和$[3m,3n]$?如果存在,求出m,n的值;若不存在,说明理由.

探究:(1) 由$f(-x+5)=f(x-3)$可得函数$y=f(x)$图象的对称轴为$x=1$;又因为方程$f(x)=x$有等根,所以$\begin{cases}-\frac{b}{2a}=1\\ \Delta=(b-1)^2=0\end{cases}\Rightarrow\begin{cases}a=-\frac{1}{2},\\ b=1\end{cases}$

所以$f(x)=-\frac{1}{2}x^2+x$.

(2) 假设存在这样的m,n满足条件,由于$f(x)=-\frac{1}{2}x^2+x=-\frac{1}{2}(x-1)^2+\frac{1}{2}$,

所以$3n\leqslant\frac{1}{2}$即$n\leqslant\frac{1}{6}<1$,故二次函数$f(x)$在区间$[m,n]$上是增函数,

从而有$\begin{cases}f(m)=3m\\ f(n)=3n\end{cases}\Rightarrow\begin{cases}m=-4\text{ 或 }0\\ n=-4\text{ 或 }0\end{cases}$.

因为$m<n$,

所以$m=-4,n=0$.

说明:问题(2)中,存在两个变量m,n,本来是一个非常复杂的分类讨论题,因为借助了值域的范围,缩小了参数的取值范围,从而使一个复杂的讨

论问题变得相对简单和清晰.

例 15 已知椭圆 $C:\frac{x^2}{a^2}+\frac{y^2}{b^2}=1(a>b>0)$,四点 $P_1(1,1)$,$P_2(0,1)$,$P_3\left(-1,\frac{\sqrt{3}}{2}\right)$,$P_4\left(1,\frac{\sqrt{3}}{2}\right)$中恰有三点在椭圆 C 上.

(1) 求 C 的方程.

(2) 设直线 l 不经过 P_2 点且与 C 相交于 A,B 两点,若直线 P_2A 与直线 P_2B 的斜率的和为 -1,直线 l 能否过某一个定点?若能,请求出该点坐标;若不能,请说明理由.

探究:(1) 由于 P_3,P_4 两点关于 y 轴对称,故由题设知 C 经过 P_3,P_4 两点.

若 $P_1(1,1)$,$P_4\left(1,\frac{\sqrt{3}}{2}\right)$两点都在椭圆上,则其纵坐标应该是一对相反数,故 C 不经过点 P_1,所以点 P_2 在 C 上.因此$\begin{cases}\frac{1}{b^2}=1\\\frac{1}{a^2}+\frac{3}{4b^2}=1\end{cases}$,解得$\begin{cases}a^2=4\\b^2=1\end{cases}$,

故 C 的方程为$\frac{x^2}{4}+y^2=1$.

(2) 设直线 P_2A 与直线 P_2B 的斜率分别为 k_1,k_2.

如果 l 与 x 轴垂直,设 $l:x=t$,由题设知 $t\neq0$,且$|t|<2$.

B 的坐标分别为$\left(t,\frac{\sqrt{4-t^2}}{2}\right)$,$\left(t,-\frac{\sqrt{4-t^2}}{2}\right)$,则 $k_1+k_2=\frac{\sqrt{4-t^2}-2}{2t}-\frac{\sqrt{4-t^2}+2}{2t}=-1$,得 $t=2$.此时 A,B 两点重合,不符合题设.从而可设 $l:y=kx+m(m\neq1)$.

将 $y=kx+m$ 代入$\frac{x^2}{4}+y^2=1$ 得$(4k^2+1)x^2+8kmx+4m^2-4=0$.

设 $A(x_1,y_1)$,$B(x_2,y_2)$,则 $x_1+x_2=-\frac{8km}{4k^2+1}$,$x_1x_2=\frac{4m^2-4}{4k^2+1}$.

而 $k_1+k_2=\frac{y_1-1}{x_1}+\frac{y_2-1}{x_2}=\frac{kx_1+m-1}{x_1}+\frac{kx_2+m-1}{x_2}$
$=\frac{2kx_1x_2+(m-1)(x_1+x_2)}{x_1x_2}$.

由题设 $k_1+k_2=-1$，故 $(2k+1)x_1x_2+(m-1)(x_1+x_2)=0$，

即 $(2k+1)\cdot\dfrac{4m^2-4}{4k^2+1}+(m-1)\cdot\dfrac{-8km}{4k^2+1}=0$. 解得 $k=-\dfrac{m+1}{2}$.

此时 $l:y=-\dfrac{m+1}{2}x+m$，即 $y+1=-\dfrac{m+1}{2}(x-2)$，所以 l 过定点 $(2,-1)$，或化简为 $m\left(-\dfrac{x}{2}+1\right)-\dfrac{1}{2}x-y=0$. 因为 $m\in R$，所以 $\begin{cases}-\dfrac{x}{2}+1=0\\ -\dfrac{1}{2}x-y=0\end{cases}\Rightarrow\begin{cases}x=2\\ y=-1\end{cases}$，所以 l 过定点 $(2,-1)$.

说明：定点问题与定值问题类似，在"变"中求"定". 定点问题可以应用特例先找到定点，从特殊的情况来推证一般的结果. 但是，上述思路并非如此，而是在充分发展条件的基础上达到了消元的目的，完成了对直线方程的进一步确定，带着结论的期待去观察化简后的直线方程，不难发现它过定点的事实.

例 16　抽象函数与问题创新.

没有具体解析式只给出其一定性质的函数，我们称其为抽象函数. 由于这类问题可以将函数的定义域、值域、单调性、奇偶性、周期性和图象的研究集于一身，可以明确地训练我们的抽象概括能力，所以在学习当中，这类问题应该占有较大比重，下面对其进行比较全面细致的研究.

若连续非常数函数 $f(x)$ 满足：

(1) $f(x+y)=f(x)+f(y)$ 对于一切实数 x,y 都成立，

(2) $f(x+y)=f(x)f(y)$ 对于一切实数 x,y 都成立，

(3) $f(xy)=f(x)+f(y)$ 对于一切正实数 x,y 都成立，

(4) $f(xy)=f(x)f(y)$ 对于一切正实数 x,y 都成立，

则它们分别是正比例函数、指数函数、对数函数、幂函数，这种说法对吗？

说明：答案是肯定的.

准备一点预备知识，那就是连续函数的概念和高等数学的海因定理：

对任意实数 x_0，都存在一个有理数列 x_n，且 $x_n\to x_0$.

如果函数 $y=f(x)$ 在 x_0 处附近有定义，并且在 x_0 的左右极限都等于 $f(x_0)$，那么我们称函数 $f(x)$ 在点 x_0 处连续.

如果函数在区间(a,b)内的每一点处都连续，则称函数在该区间内连续.

连续函数的图象都是连续不断的，可导函数一定是连续函数.

当$x \to x_0$时，$f(x)$的极限存在，数列$x_n \to x_0$，x_n都在连续函数$f(x)$定义域内，$x_n \neq x_0$，那么$\lim\limits_{x \to x_0} f(x) = \lim\limits_{n \to \infty} f(x_n)$（海因定理）.

问题开发1：$f(x+y)=f(x)+f(y)$对于一切实数x，y都成立.

(1) 求证$f(x)$为奇函数；

(2) 若$x>0$时，$f(x)<0$，求证$f(x)$为$\mathbf{R}$上的减函数；

(3) 若$f(1)=k$且$f(x)$是连续函数，求证$f(x)=kx$对一切实数x都成立.

探究：(1) 设$x=y=0$，可得$f(0)=0$，

再让$y=-x$，可得$f(x)+f(-x)=f(0)=0$，所以$f(x)$为奇函数.

(2) 方法1：设$x_1<x_2$，则$x_2-x_1>0$，所以$f(x_2-x_1)<0$，由此可得$f(x_2)-f(x_1)<0$，所以$f(x)$为$\mathbf{R}$上的减函数.

方法2：因为$x>0$时$f(x)<0$，所以$f(x+y)=f(x)+f(y)<f(y)$；

又$x+y>y$，所以$f(x)$为$\mathbf{R}$上的减函数.

(3) 若$x=1/n$，$n\in\mathbf{N}^*$，由$f(1)=k$得：$f(1/n+1/n+1/n+\cdots+1/n)=f(1/n)+f(1/n)+f(1/n)+\cdots+f(1/n)=k$，

进而$nf(1/n)=k$，所以$f(1/n)=k/n$，即此时$f(x)=kx$成立.

若$x=m/n(m\in\mathbf{N}^*)$，则$f(m/n)=f(1/n+1/n+1/n+\cdots+1/n)=f(1/n)+f(1/n)+f(1/n)+\cdots+f(1/n)=m(k/n)$，此时$f(x)=kx$成立.

当$x=-m/n$时，由$f(-m/n)+f(m/n)=0$得$f(-m/n)=-(m/n)k$，此时也有$f(x)=kx$成立，可知$f(x)=kx$对一切有理数x都成立.

由海因定理得，如果该函数是连续的，则$f(x)=kx$对所有实数x也成立.

问题开发2：$f(x+y)=f(x)f(y)$对于一切实数x，y都成立，且$x>0$时$f(x)>1$.

(1) 求$f(0)$的值；

(2) 求证$f(x)>0$；

(3) 求证$f(x)$为$\mathbf{R}$上的增函数；

(4) 若$f(1)=a(a>1)$，函数$f(x)$是连续的，求证$f(x)=a^x$对一切实数x都成立.

探究：(1) 令$x=0$，$y=1$得$f(0)=1$.

(2) 令 $y=-x$,得 $f(x)f(-x)=1$,即当自变量互为相反数时,对应函数值互为倒数.由 $x>0$ 时 $f(x)>1$ 可知,当 $x<0$ 时,$f(x)>0$,总之 $f(x)>0$.

(3) 设 $x_1<x_2$,则 $x_2-x_1>0$,所以 $f(x_2-x_1)>1$,

即 $f(x_2)f(-x_1)>1$,即 $f(x_2)/f(x_1)>1$,所以 $f(x_1)<f(x_2)$,所以 $f(x)$为 $\mathbf{R}$ 上的增函数.

(4) 显然,$x\in\mathbf{N}_+$ 时,可设 $x=n$,$f(x)=f(n)=f(1+1+1+\cdots+1)=f(1)f(1)f(1)\cdots f(1)=f^n(1)=a^n=a^x$.

若 $x=1/n$,$n\in\mathbf{N}_+$ 时,由 $f(1)=a$ 得 $f(1/n+1/n+1/n+\cdots+1/n)=f(1/n)f(1/n)f(1/n)\cdots f(1/n)=a$,进而 $f^n(1/n)=a$,所以 $f(1/n)=a^{1/n}$,也满足 $f(x)=a^x$.

若 $x=m/n$(m 为自然数),则 $f(x)=f(m/n)=f(1/n+1/n+1/n+\cdots+1/n)=f(1/n)f(1/n)f(1/n)\cdots f(1/n)=f^m(1/n)=(a^{1/n})^m=a^{m/n}=a^x$.

当 $x=-m/n$ 时,由 $f(-m/n)f(m/n)=1$ 得:$f(-m/n)=a^{-m/n}$,

此时也有 $f(x)=a^x$.

总之,对所有有理数 x,$f(x)=a^x$,由海因定理得,如果该函数是连续的,则 $f(x)=a^x$ 对所有实数 x 也成立.

问题开发 3:$f(xy)=f(x)+f(y)$对于一切正数 x,y 都成立,且 $x>1$ 时 $f(x)>0$.

(1) 求 $f(1)$的值;

(2) 求证 $f(x)$在 $x>0$ 时为增函数;

(3) 若 $f(a)=1(a>1)$,函数 $f(x)$是连续的,求证 $f(x)=\log_a x$ 对一切正实数 x 都成立.

探究:(1) 由 $x=1,y=1$ 得 $f(1)=0$.

(2) 设 $0<x_1<x_2$,则 $x_2/x_1>1$,所以 $f(x_2/x_1)>0$,所以 $f(x_2/x_1)+f(x_1)>f(x_1)$,即 $f[(x_2/x_1)x_1]>f(x_1)$,所以 $f(x_1)<f(x_2)$,所以 $f(x)$为 $\mathbf{R}$ 上的增函数.[实际上很容易证明 $f(x_2/x_1)=f(x_2)-f(x_1)$,$f(1/x)+f(x)=0$]

(3) 显然,$x\in\mathbf{N}_+$ 时,可设 $x=n$,$f(a^x)=f(a^n)=f(a\cdot a\cdot a\cdot\cdots\cdot a)=f(a)+f(a)+f(a)\cdots+f(a)=nf(a)=n=x$.

若 $x=1/n$,$n\in\mathbf{N}_+$,由 $f(a)=1$ 得:$f(a^{1/n}a^{1/n}a^{1/n}\cdots a^{1/n})=1$,

进而 $nf(a^{1/n})=1$,所以 $f(a^{1/n})=1/n$,也满足 $f(a^x)=x$.

若 $x=m/n$(m 也为自然数),则 $f(a^x)=f(a^{m/n})=f(a^{1/n}a^{1/n}a^{1/n}\cdots a^{1/n})=mf(a^{1/n})=m/n=x$,也满足 $f(a^x)=x$.

当 $x=-m/n$ 时,由 $f(a^{-m/n})+f(a^{m/n})=0$ 得:$f(a^{-m/n})=-m/n$,

此时也有 $f(a^x)=x$.总之对所有有理数 x,$f(a^x)=x$,

由海因定理得,如果该函数是连续的,则 $f(a^x)=x$ 对所有实数 x 也成立.

令 $a^x=t$ 可得 $f(t)=\log_a t$,所以 $f(x)=\log_a x$.

说明:下面的三个问题,请你自主研究.

问题 1:若 $f(xy)=f(x)f(y)$ 对于一切实数 x,y 都成立,$f(0)=0$,$f(2)=8$,则 $f(x)=x^3$ 对一切实数 x 恒成立吗?

问题 2:若 $f(x-y)=f(x)f(y)+g(x)g(y)$ 对于一切实数 x,y 都成立,$f(0)=1$.

(1) 求证 $f(x)$ 为偶函数;

(2) 求证 $f^2(x)+g^2(x)=1$ 恒成立;

(3) 若 $f(a)=-1$,求证 $f(x)$ 为周期函数.

提示:(1) 可以验证 $f(x-y)=f(y-x)\cdots$.

(2) 令 $y=x$ 可得….

(3) 可以求得 $g(a)=0$,$f(2a)=1$,$g(2a)=0$,从而可以验证 $f(x-2a)=f(x)$.

该题中,可以把 $f(x)$ 类比为 $\cos x$ 吗?

问题 3:已知函数 $f(x)$ 的定义域关于原点对称,且满足以下三个条件:

① $f(x-y)=\dfrac{f(x)-f(y)}{1+f(x)f(y)}$;

② $f(a)=1(a>0)$;

③ 当 $0<x<2a$ 时,$f(x)>0$.

(1) 求证 $f(x)$ 为定义域内的奇函数;

(2) 求证 $f(x)$ 为周期函数;

(3) 求证 $f(x)$ 为 $(0,4a)$ 上的增函数.

提示:赋值法,类比,猜想,验证,转化

该题中,可以把 $f(x)$ 类比为 $\tan x$ 吗?

总之,解决开放性、探索性问题,尽管需要较多数学思想方法的综合应用,对观察、联想、类比、猜想、抽象、概括等方面的能力有较高的要求,但还是有章可循、有法可依的. 我们通过不断探究、反思与总结,辩证地对待问题的条件和结论(在这些开放的问题当中,有些条件,在结论回溯的过程当中,它们就是结论;有些结论,在发展条件的时候,它们也可以给我们一定的启发和引导,起到条件的作用),总能见题归类、见类思法,不断地从模糊到清晰、从抽象到具体,在不断提升自己数学思维品质的同时,数学能力也不断得到升级,最终实现质的飞跃,从根本上提高我们的研究性学习能力.

数学教学需要创新,创新使数学充满活力. 创新能提高学习能力,研究性学习能使我们的数学学科核心素质不断发展.

第五节　直观想象力是天生的吗

直观是指对客观事物的直接接触而获得的感性认识.我们认识事物往往都从直观开始.数学想象是对数学形象的特征推理,包括猜想、设想、回忆、联想等等.数学里的直观想象包括:

(1)利用图形描述数学问题;

(2)利用图形理解数学问题;

(3)利用图形探索和解决数学问题;

(4)利用图形进行数学记忆;

(5)将数学模型和实际问题相互转化.

直观想象是指借助几何直观和空间想象感知数学问题的形态与变化,利用图形理解和解决数学问题的过程.直观想象不只是“数形结合”,构建数学问题的直观模型、对问题进行恰当的转化往往也能体现出直观想象的作用.

直观想象能力是天生的,但是它一直在不断成长当中,它的正式形成和开发依赖于后天的经历和训练.依靠先天的遗传,数学的直观想象能力只能停留在比较原始的水平上.人在这方面的潜能是很大的,合理的开发与训练,完全可以使这方面的能力达到最大值.

直观想象能力和数学直觉数学经验密切相关,经历数学知识的形成过程,在直观观察、合理想象的基础上,一定可以更加深刻地理解数学知识的本质.

数学学科核心素养主要包含以下六个方面:数学抽象、逻辑推理、数学建模、直观想象、数学运算和数据分析.这些核心素养既有独立性,又相互交融;它们相辅相成、相互促进,形成一个有机的数学研究能力的整体.其他五大数学能力的形成,无疑会对直观想象能力的培养起到联动效果;反之,直观想象能力的培养和形成,也会在某种程度上提升其他数学能力.这是符合辩证法的.

一、数学直觉、生活经验和数学经历，有时候可以给我们直接的答案，没有必要经过复杂的推理和运算

从直观上感知数学，从生活经验和活动经历中体验数学，不断提升自己的数学理解，也是新课程理念的要求.

例 1　(1) 周长相等的正三角形、正方形和圆，其面积分别是 S_1, S_2, S_3，则它们的大小顺序为________.

答案：$S_1<S_2<S_3$，"越光滑，面积就越大"，这几乎是所有初中学生的直觉，其实他们都没有经过严格的计算.

(2) 表面积相等的正四面体、正方体和球，其体积分别是 V_1, V_2, V_3，则它们的大小顺序为________.

分析：与上一小题类比，完全可以得到：$V_1<V_2<V_3$. 降维类比在某种程度上，也是一种直观想象.

例 2　(1) 一个矩形 $ABCD$ 中，$AB=a$，$AD=b(a<b)$，分别以 AB 和 AD 为轴，将该矩形旋转一周，所得几何体的体积分别为 V_a, V_b，比较 V_a 与 V_b 的大小.

探究：$V_a>V_b$.

说明：夏天里，用一块矩形的纸板为自己扇风乘凉，显然握住短边风力更大；用一块矩形的木板划水，显然握住短边阻力更大.

(2) 一个直角三角形的三条边长分别为 $a, b, c(a<b<c)$，分别以这三条边为轴，将该三角形旋转一周，所得几何体的体积分别为 V_a, V_b, V_c，比较它们的大小.

探究：借助于上一小题的经验，我们是否可以更直接地得到结论呢？$V_c<V_b<V_a$

说明：在旋转问题上，以多边形的短边为轴，"转大圈的区域越多"，一般来说，所得旋转体的体积就越大.

生活经验、数学实践的积累与总结，它们是直观想象的最好素材. 在这方面加以联想，经常可以更直接地解决问题.

二、积累总结那些常见几何体的性质并适时地加以应用，往往事半功倍

例 3　(1) 三个平面两两相交，有三条交线，则它们的位置关系是(　　)

A. 平行　　　　　　　　　　　　　　B. 共点

C. 平行或者共点　　　　　　　　　　D. 两两异面

探究:答案为C. 该题的几何原型就是三棱锥的三个侧面和三棱柱的三个侧面,它们的位置关系鲜明、直观.

(2) 正四面体的棱长为 a,求其外接球的半径和内切球的半径,一个球与该正四面体的六条棱都相切,求这个球的体积.

探究:关于正四面体 $ABCD$,我们研究的问题有:

若 H,E 分别是 AB,CD 的中点,则 HE 为 AB,CD 的公垂线 $HE=\frac{\sqrt{2}}{2}a$.

若球与正四面体的六条棱都相切,则 HE 为直径,体积 $V=\frac{\sqrt{2}}{24}\pi a^3$.

$AG\perp$ 底面 BCD,垂足为 G,G 为底面的中心,由勾股定理可得 $AG=\frac{\sqrt{6}}{3}a$(正四面体的高).

等边三角形的外接圆和内切圆同心,通过类比可知,正四面体的外接球和内切球也同心.

三角形的内切圆半径通常用等面积法来确定,那么四面体的内切球半径应该可以用等体积法来确定.

取球心 O,则 O 与四面体的四个面都可以构成一个三棱锥,它们的高就是内切球的半径 r,它们的体积之和就是原正四面体的体积,所以可以得到 $4r=AG=\frac{\sqrt{6}}{3}a$.

如例3图,OA 为外接球的半径 R,显然 $R+r=AG=\frac{\sqrt{6}}{3}a$,$r=\frac{1}{4}AG=\frac{\sqrt{6}}{12}a$,$R=\frac{3}{4}AG=\frac{\sqrt{6}}{4}a$,$R=3r$.

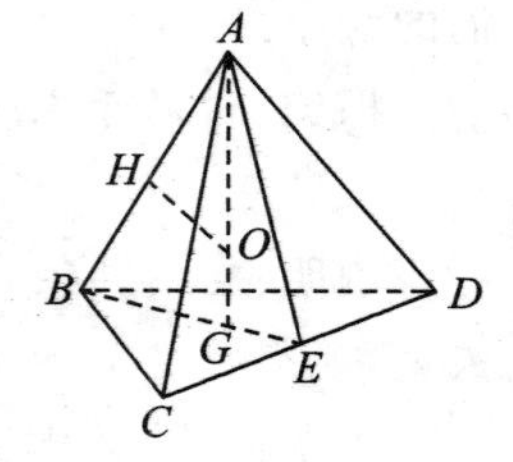

例3图

说明:财富靠积累,知识和方法靠积累,信心和能力也靠积累. 正四面体相关知识的积累与总结,会提升我们对相关问题的洞察力和预见性.

三、改变问题的观察角度，会提高直观想象的效果

例 4　**如例 4 图①，在多面体 $ABCDEF$ 中，已知面 $ABCD$ 是边长为 3 的正方形，$EF /\!/ AB$，$EF=\frac{3}{2}$，EF 与面 AC 的距离为 2，求该多面体的体积.**

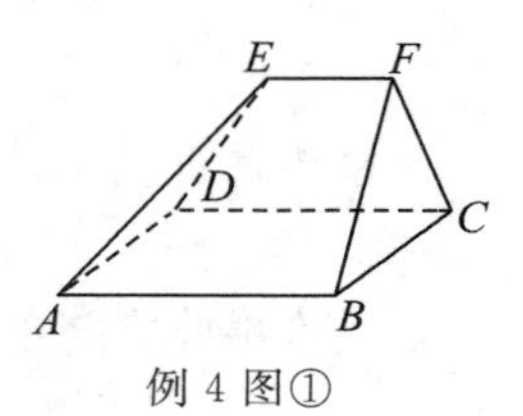

例 4 图①

探究：不规则几何体的体积计算，往往需要变换问题的观察角度，利用割补法将问题规范化.

分别取 AB，CD 的中点 G，H，连接 EG，GH，EH，把该多面体分割成一个四棱锥 $E—AGHD$ 与一个三棱柱 $EGH—FBC$.

因为面 $ABCD$ 是边长为 3 的正方形，$EF /\!/ AB$，$EF=\frac{3}{2}$，EF 与面 AC 的距离为 2，

所以 $S_{四边形AGHD}=3\times\frac{3}{2}=\frac{9}{2}$，

所以四棱锥 $E—AGHD$ 的体积为 $V_1=\frac{1}{3}\times 2\times\frac{9}{2}=3$.

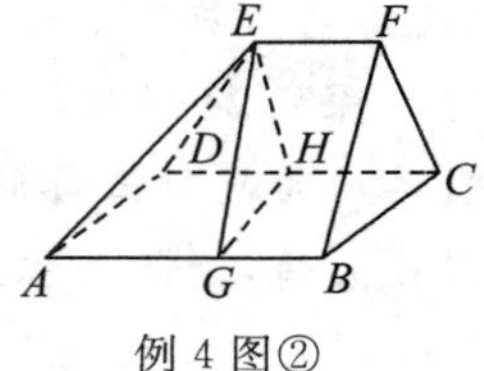

例 4 图②

将三棱柱 $EGH—FBC$ 复制一个，二者合并成一个平行六面体，其下底面为 $BCHG$，高为 2，平行六面体的体积为 9，所以三棱柱的体积为 $V_2=\frac{9}{2}$，所以整个多面体的体积为 $V=V_1+V_2=3+\frac{9}{2}=\frac{15}{2}$.

说明：割补法就是一种直观想象，其中复制以后，补成一个平行六面体的构造，它对创造能力的要求是比较高的. 这个措施把底面正方形和 EF 到底面的距离为 2 两个条件完美地结合起来了.

例 5　**一件正三棱锥的工艺品，侧棱长度为 1，如何设计才能使其体积最大？为什么？**

探究 1：如例 5 图①，三棱锥 $P—ABC$ 中，$PA=PB=PC=1$，$\triangle ABC$ 为等边三角形.

过 P 作 $PO\perp$ 平面 ABC 于 O，则 O 为底面的中心.

连接 AO 并延长交 BC 于 M.

设 $PO=x(0<x<1)$，在 $\mathrm{Rt}\triangle PAO$ 中，

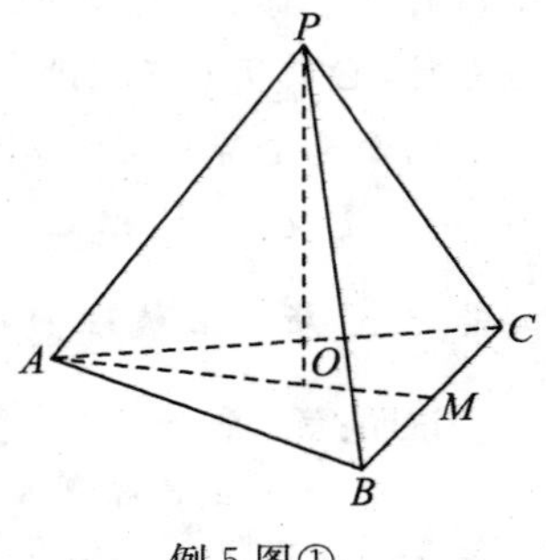

例 5 图①

$AO=\sqrt{1-x^2}$，$AM=\frac{3}{2}\sqrt{1-x^2}$，

容易求出$\triangle ABC$的面积$S=\frac{3\sqrt{3}}{4}(1-x^2)$.

三棱锥的体积$V=\frac{\sqrt{3}}{4}x(1-x^2)$.

利用导数的方法可得$x=\frac{\sqrt{3}}{3}$时，三棱锥的最大体积为$\frac{1}{6}$.

说明：请思考，在上面的背景下，如果假设底面边长为x，最后的体积函数将是一个比较复杂的无理式，你知道这是为什么吗？由此可见，自变量的选择还是有讲究的.在变化过程中，我们要用发展的眼光去探测前进道路上的“暗礁”，防患于未然.

探究2：如例5图②，在初中，我们就知道，一个腰长为1的等腰三角形，当其成为直角三角形的时候，一条腰“站立”在另外一条腰上，从而使得高取得最大值，进而面积最大.

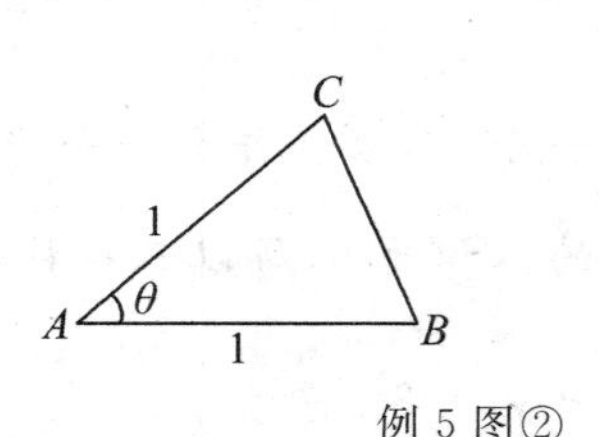

例5图②

换个角度会怎样？把一条腰“摆平”，问题清晰起来了.传统等腰三角形的画法是把两条腰放在左右两侧，底边水平放置，那样就不太好建立直接联系了.

类比一下，将两条侧棱PA，PB所在平面看成三棱锥的下底面，如例5图③所示，显然，当PA与PB垂直时，它们所在三角形的面积最大.由于原三棱锥的三个侧面是全等的，所以此时线段PC也“站立”起来了；也就是说，三棱锥$C—PAB$的底面积和高同步取得最大值，所以三棱椎$P—ABC$的最大体积为$\frac{1}{6}$.

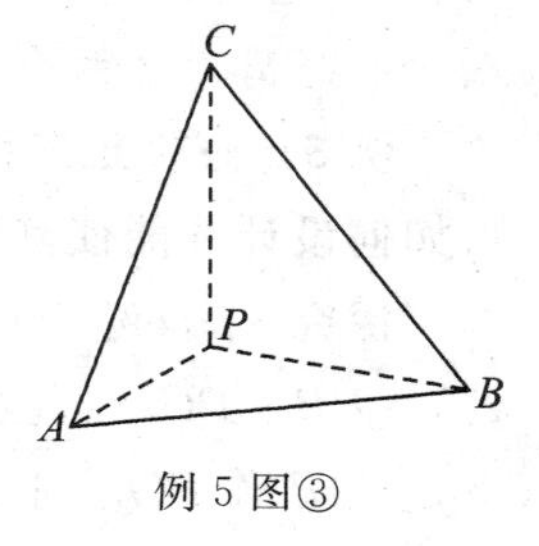

例5图③

说明：第二种方法异常简洁优美，这完全得益于我们改变了观察问题的角度.

换个角度会怎样？变换问题的观察角度，往往会有不一样的精彩.改变问题的观察方向和角度是解答立体几何问题的常用方法.

四、制造现场感，设身处地身临其境，可以尝试着为自己的直观想象进行现场直播

例 6　如例 6 图，已知正方体的棱长为 3，在每一个面的正中有一个正方形孔贯通到对面，孔的边长为 1，孔的各棱与正方体的棱要么平行，要么垂直.

(1) 求该几何体的体积；(2) 求该几何体的表面积.

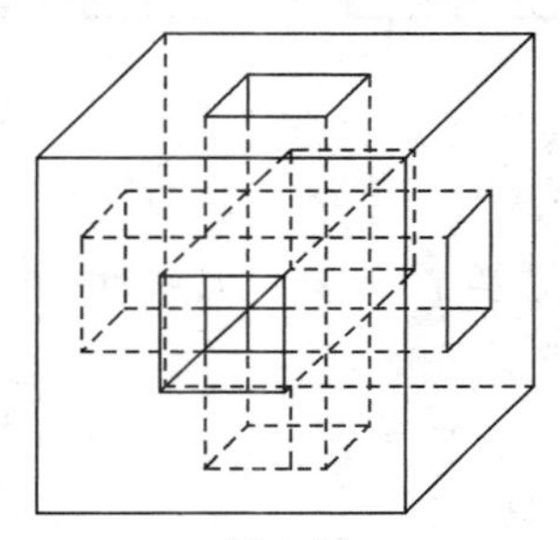

例 6 图

探究：设想自己是一只小青蛙，从右边的地面上爬进洞口. 上下左右都是一个边长为 1 的正方形；边看边走，一不小心，小青蛙掉落在地面上了！前后左右各有四个边长为 1 的正方形，在自己的上方，前后左右也有四个边长为 1 的正方形，真有些坐井观天的感觉！除了天上的月亮，它清楚地看到中间地带有四个窗户在透射着光亮. 怎么出去呢？它踌躇着，原路返回还是从另外的三个窗台上爬出去？来去的风景是否一样精彩？

经过这样一番“现场直播”不难得出，几何体的体积为原正方体的体积减去 7 个小正方体的体积，答案为 20；表面积为原正方体的表面积 54，减去 6 个洞口的面积，然后加上 24 个内部小正方形的面积，答案为 72.

例 7　如例 7 图①所示的一个 $5\times4\times4$ 的长方体，上面有 $2\times1\times4$，$2\times1\times5$，$3\times1\times4$ 穿透的三个洞，那么剩下部分的体积是(　　)

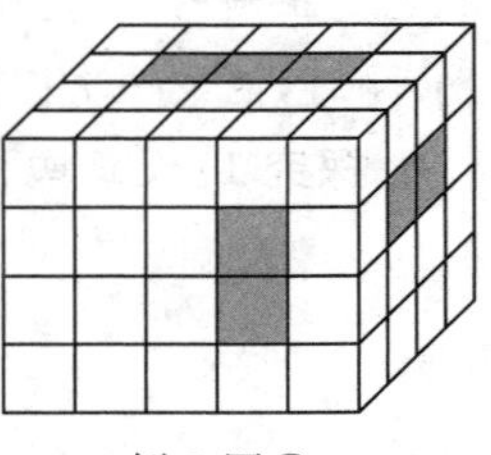

例 7 图①

A. 58

B. 56

C. 54

D. 50

探究：设想这样操作：棱长为 1 的小正方体堆积成了这个大型的长方体，一共有四层，第一层有 $5\times4-3=17$ 个小正方体.

第一层去掉后，第二层便暴露出来了，它的左右方向有两道空白通道 5

$\times 2$,前后还有一道空白通道 1×4,有 $5\times 4-10-4+2=8$ 个小正方体,如例7图②所示.

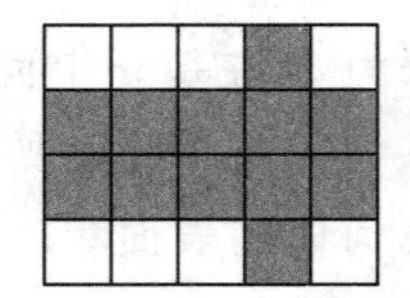
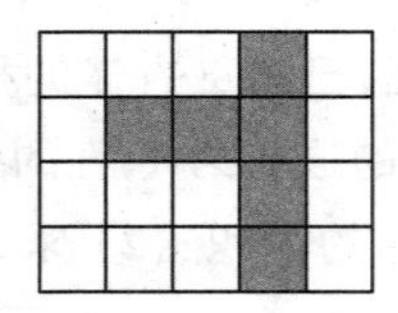

例7图②

第二层去掉后,第三层便暴露出来了,它的左右方向有一道空白 1×3,前后还有一道空白通道 1×4,有 $5\times 4-3-4+1=14$ 个小正方体,如例7图②所示;第三层去掉后,只剩下底层了,和第一层一样,有 $5\times 4-3=17$ 个小正方体.

综上,小正方体的个数为56.

说明:模拟现场操作,"亲临现场"去感受感觉感知,就是直观想象,能力就是在这种模拟中被培养起来的.

倡导做数学的理念,知行合一,说起来容易,真正去做,往往不是那么心甘情愿,但是当你真正地去做完之后,你的认知水平肯定会升级!

例8 棱长为1的正四面体和一个棱长均为1的正四棱锥,重合一个面以后,所得几何体有几个面?

分析:这是1982年美国中学生数学竞赛中的一道试题.这次竞赛全美国有83万名中学生参加,命题专家和绝大多数考生都认为这个问题的正确答案是7个面,但一位名叫丹尼尔的学生的答案是5个面.成绩公布后,丹尼尔发现自己就做"错"了这一道题.他当即提出申诉,但是他的答案被评卷委员会否定了.丹尼尔坚信自己的答案,回家后自己做了一个模型进行试验,验证了自己是正确的,但是他没有办法给出证明,当工程师的父亲也没有帮助他完成证明.不过,他又一次提出申诉.有关专家仔细研究后,发现丹尼尔竟然是正确的!

探究1:设正四棱锥 $A—BCDE$ 与正四面体 $A—DEF$,如例8图①所示.

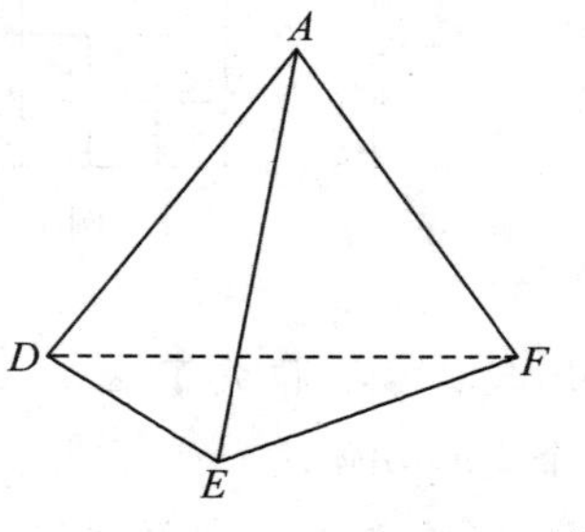

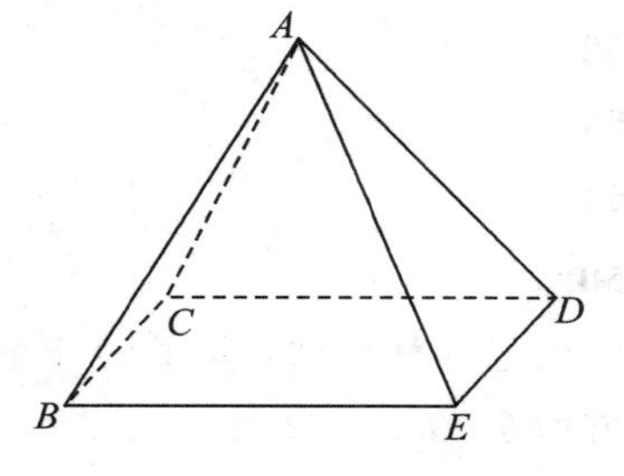

例8图①

将它们重合一个面 ADE 以后得到一个几何体 $ABCDEF$，如例 8 图②所示.

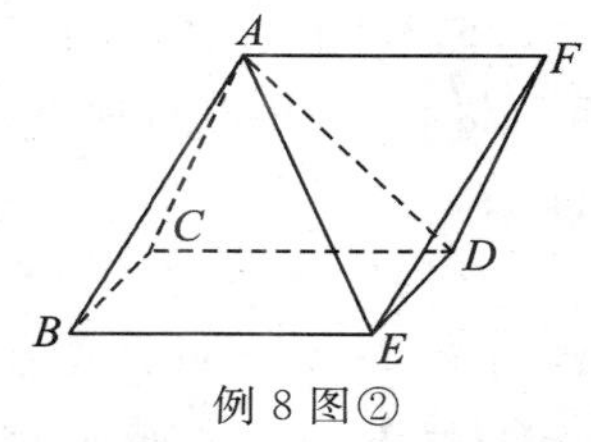

例 8 图②

取 AE 中点 G，连 BG，DG，FG. 如图③所示，易知 $AE\perp BG$，$AE\perp DG$，$AE\perp FG$，所以 $\angle BGD$，$\angle DGF$ 分别是二面角 $B-AE-D$，$D-AE-F$ 的平面角.

$BG=DG=FG=\frac{\sqrt{3}}{2}$. $BD=\sqrt{2}$.

$\triangle BDG$ 中，由余弦定理可得：$\cos\angle BGD=-1/3$，

$\triangle DGF$ 中，由余弦定理可得：$\cos\angle DGF=1/3$，

所以 $\angle BGD+\angle DGF=180^\circ$，

所以，A，B，E，F 四点共面；

同理，A，C，D，F 四点共面，

所以，多面体 $ABCDEF$ 是五面体（三棱柱）.

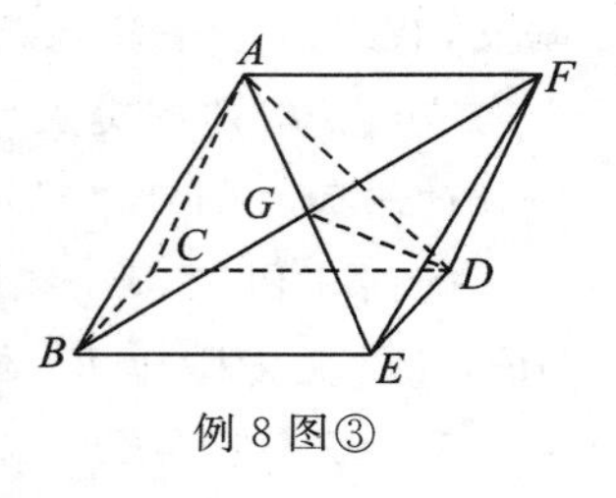

例 8 图③

探究 2： 逆向思维一下，设计一个放倒的三棱柱 $ABC-FED$，如例 8 图②所示，左右两面 ABC 和 DEF 为边长为 1 的等边三角形，$BCDE$ 为正方形，$ABEF$ 和 $ACDF$ 为边长为 1 的菱形，其中 ABE 和 ACD 为等边三角形.

将该三棱柱（五面体）沿平面 ADE 分开，刚好得到棱长为 1 的正四面体 $A-DEF$ 和一个棱长均为 1 的正四棱锥 $A-BCDE$. 由这两个几何体的唯一确定性可知将它们重合一个面以后，所得的几何体必定是刚才的三棱柱（五面体）.

说明： 探究 1 是精确的计算证明，设计也非常精巧，富有创造性和想象力；探究 2 更好，避开了复杂的运算，充分显示了直观想象的魅力和作用. 丹尼尔把数学竞赛的一次事故变成了一个发人深省的故事.

五、让空间中的元素灵动起来，在运动变化过程中找到问题的变化规律，获得问题的突破点

例 9　**(1)** 四面体四个面的面积分别为 S_1，S_2，S_3，S_4，S 为其中的最大

值，$\lambda=(S_1+S_2+S_3+S_4)/S$，则 λ 的取值范围是(　　)

A. $(2,4]$　　B. $(2.5,3.5]$　　C. $(3,5]$　　D. $(2.5,4]$

探究：当分子的四个面积相等时，它们相对于分母 S 达到最大，此时 $(S_1+S_2+S_3+S_4)/S$ 取最大值 4.

当四个面面积不等时，不妨假设 $S_4=S$，则 $(S_1+S_2+S_3+S_4)/S=1+(S_1+S_2+S_3)/S$. 由于是四面体，我们可以考虑分子相对于分母越小越好，一个极端状态就是正三棱锥的三个侧面面积非常之小，也就是顶点无限接近与底面，这三个面积的和大于 S 但是无限接近于 S，故 $(S_1+S_2+S_3)/S>1$，所以 $(S_1+S_2+S_3+S_4)/S$ 的取值范围为 A.

(2) 如例 9 图①，三棱锥 $P—ABC$ 为一工艺品木块，三个侧面都是锐角三角形，在侧面 PAB 内过点 M 作一直线，使其与 PC 垂直，写出画线方法，说明原理.

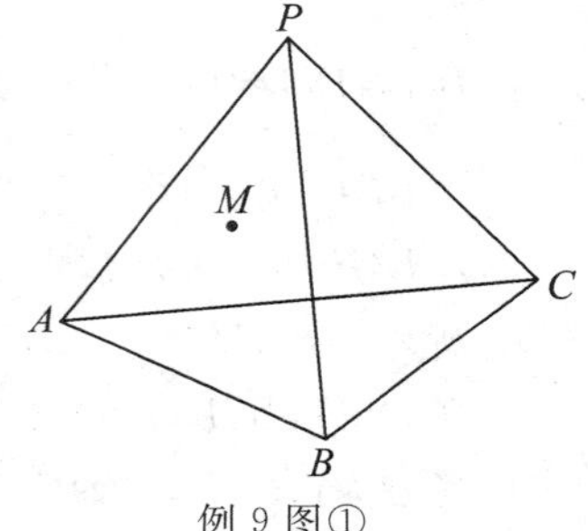

例 9 图①

探究：这样的直线可能不止一条，把问题进行动态推演，该直线所在的平面肯定与直线 PC 垂直，找到这个平面就是问题的关键，而这个平面与直线 PC 是有交点的，而且该直线和该交点所在的平面我们可以现场试验一下.

如例 9 图②，取点 $D\in PC$，在 $\triangle PBC$ 内作 $DF\perp PC$ 交 PB 于 F，在 $\triangle PAC$ 内作 $DE\perp PC$ 交 PA 于 E. 连接 EF. 因为 $DF\perp PC$，$DE\perp PC$，所以 $PC\perp$ 平面 DEF，$PC\perp EF$. 在 $\triangle PAB$ 内，过 M 作 $QR\parallel EF$. 所以 $QR\perp PC$. QR 即所求直线.

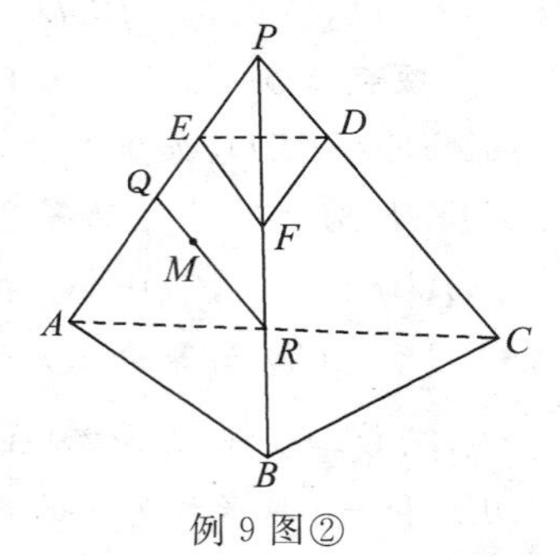

例 9 图②

说明：直观想象当然包含着设计构造和创新的内容. 构造也不是空穴来风，往往也有合情推理的成分. 依据条件做一些力所能及的发展，根据结论做一些合乎情理的转化，往往可以抓住结论的尾巴.

例 10　(1) 已知一平面与一正方体的 12 条棱的夹角都等于 α，则 $\sin\alpha=$________.

探究：和其他数学能力一样，直观想象的原则之一就是简化问题，舍弃那些不必要的信息往往更容易抓住问题的本质.

如例 10 图①，在正方体 $ABCD—A_1B_1C_1D_1$ 中，12 条棱，太多，可以简化一下. 与 12 条棱夹角相等的平面有很多，也应该将其定位.

与 A_1B_1，A_1D_1，AA_1 平行的直线各有 4 条，$A_1B_1=A_1D_1=AA_1$，$A_1—AB_1D_1$ 是正三棱锥，A_1B_1，A_1D_1，AA_1 与平面 AB_1D_1 所成角相等，

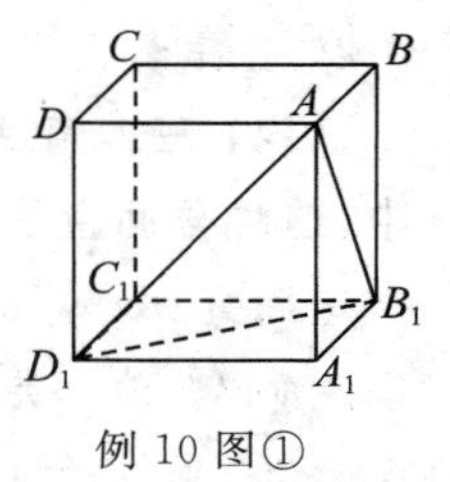

例 10 图①

所以与正方体的 12 条棱所在的直线所成的角均相等的一个平面是平面 AB_1D_1.

正三棱锥 $A_1—AB_1D_1$ 中，由等体积法可得 $A_1—AB_1D_1$ 的高为 $\frac{\sqrt{3}}{3}a$（a 为正方体的棱长），所以 $\sin\alpha=\frac{\sqrt{3}}{3}$.

(2) 正方体木块一共有八个顶点，用一个平面截掉一个三棱锥后，剩余几何体的顶点个数为________.

探究：以截面经过正方体的顶点个数分类求解，防止以偏概全.

若截面不经过原正方体的顶点，则剩下的几何体有 10 个顶点，$8-1+3=10$，如例 10 图②(1)所示.

若截面只经过原正方体一个顶点，则剩下的几何体有 9 个顶点，$8-1+2=9$，如例 10 图②(2)所示.

若截面只经过原正方体两个顶点，则剩下的几何体有 8 个顶点，$8-1+1=8$，如例 10 图②(3)所示.

若截面经过原正方体三个顶点，则剩下的几何体有 7 个顶点，$8-1=7$，如例 10 图②(4)所示.

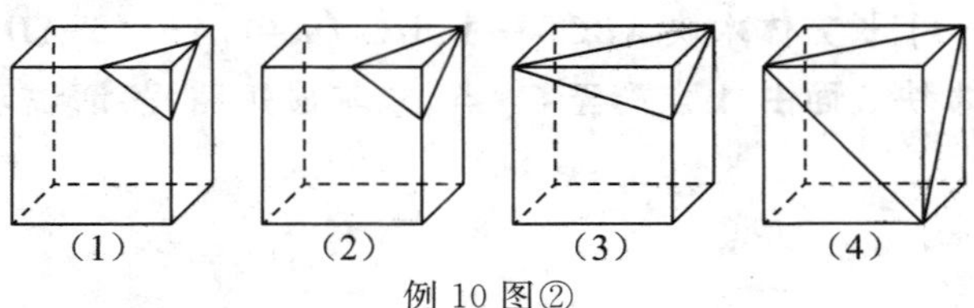

例 10 图②

所以，结果为 7，8，9，10 四种情况.

(3) 若把两条异面直线称作“一对”，正方体的 12 条棱中，异面直线共有________对.

探究：任意取出一条棱，它与另外的四条棱异面，则 12 条棱共形成 $12\times4=48$ 对异面直线，但是这样每对异面直线都被重复了 2 次，所以共有 48/2

=24 对异面直线.

(4) 三条直线两两异面,则称其为一个异面直线组,正方体的 12 条棱中,这种异面直线组共有________组.

探究:如例 10 图③,平行线之间不能形成异面直线,而 12 条棱可以分为三类,左右方向的、前后方向的、上下方向的,所以一个异面直线组内的三条直线必须三个方向各取一条. 不妨先取左右方向的,再取前后方向的,最后是上下方向的.

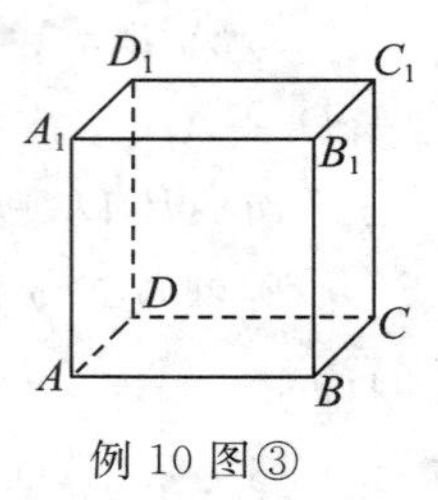

例 10 图③

AB 开头可以形成 AB, B_1C_1, DD_1 和 AB, A_1D_1, CC_1,共有两组.

又因为左右方向的棱共有四条,所以一共有 $2\times4=8$ 个异面直线组.

说明:列举法结合空间想象,问题其实没有那么难.

正方体是个很好的载体,里面有很多令人惊奇的变化,注意收集和总结,我们的直观想象至少可以在正方体的气场附近自由地"拍照".

你能想象出一个四面体的三视图均为正方形吗? 尝试一下正方体 $ABCD—A_1B_1C_1D_1$ 中的四面体 ACB_1D_1.

你的想象未必能展现你的能量,亲自去实验(包括作图),才能使得你的思想插上自由的翅膀.

六、数学是一门实践性很强的学科,注重数学实践,在生活体验和实践中感悟,无疑会对数学的直观想象产生重大影响

勤于思考,勇于实践,你的经历和经验会超过他人,直观想象的素材便会在不知不觉的积累中自动形成.

例 11 (1) 长方体木块 $ABCD—A_1B_1C_1D_1$ 中,$AB=5, AD=4, AA_1=3$,一蚂蚁沿着木块表面由 A 点爬至 C_1 点,求其最短路程,请说明最短路线共有多少条.

探究:如例 11(1)图:

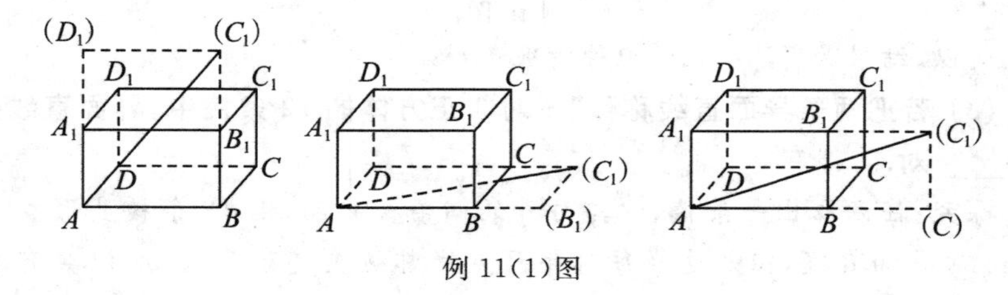

例 11(1)图

长方体 $ABCD—A_1B_1C_1D_1$ 的表面可如例 11(1)图三种方法展开，分类讨论画出几何体的部分侧面展开图，利用直角三角形容易解得 AC_1 的值.

路程可能是：

方案 1　将上底面和前侧面“摆平”，或者将下底面和后侧面“摆平”，答案为：$\sqrt{5^2+(3+4)^2}=\sqrt{74}$；

方案 2　将下底面和右侧面“摆平”，或者将上底面和左侧面“摆平”，答案为：$\sqrt{4^2+(3+5)^2}=\sqrt{80}=4\sqrt{5}$；

方案 3　将左侧面和后侧面“摆平”，或者将前侧面和右侧面“摆平”，答案为：$\sqrt{3^2+(5+4)^2}=\sqrt{90}=3\sqrt{10}$.

所以，方案 1 为最佳方案，一共有两条路径.

(2) 如例 11(2)图，圆柱形玻璃杯高为 12 cm、底面周长为 18 cm，在杯内离杯底 4 cm 的点 C 处有一滴蜂蜜，此时一只蚂蚁正好在杯外壁，离杯上沿 4 cm与蜂蜜相对的点 A 处，则蚂蚁到达蜂蜜的最短距离为________ cm.

探究：如例 11(2)图：

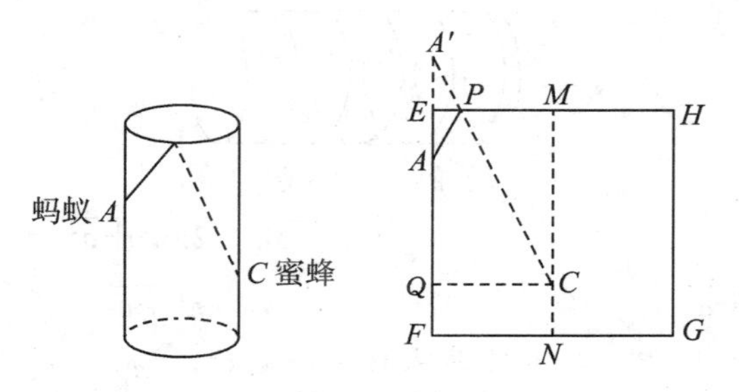

例 11(2)图

沿过 A 的圆柱的高展开圆柱的侧面，得出矩形 $EFGH$.

蚂蚁要翻过杯沿进入杯子内部到达蜂蜜 C 处，它的路线应该是 $AP+PC$，这就转化成我们熟悉的问题了.

过 C 作 $CQ\perp EF$ 于 Q，作 A 关于 EH 的对称点 A'，连接 $A'C$ 交 EH 于 P，连接 AP，则 $AP+PC$ 就是蚂蚁到达蜂蜜的最短距离.

因为 $AE=A'E$，$A'P=AP$，所以 $AP+PC=A'P+PC=A'C$.

因为 $CQ=9$ cm，$A'Q=12$ cm-4 cm$+4$ cm$=12$ cm，

在 Rt$\triangle A'QC$ 中，由勾股定理得 $A'C=15$ cm.

(3) 光线与地面成 30°，6 m 木棍的影子最长为________；半径为 3 m 的木球的影子最长为________.

探究:显然当木棍与阳光垂直的时候,其影子最长为 12 m,这个结论可以进行演示得知,如例 11(3)图①所示.

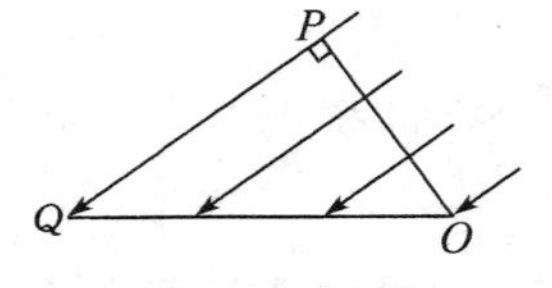

例 11(3)图①

没有必要在一般的三角形中,用正弦定理证明.

这两个问题其实完全相同,直观想象一下,那条与阳光垂直的直径在地面上的投影就是答案,它其实是一个直角梯形的一条腰(斜腰)如例 11(3)图②所示,答案也是 12 m.

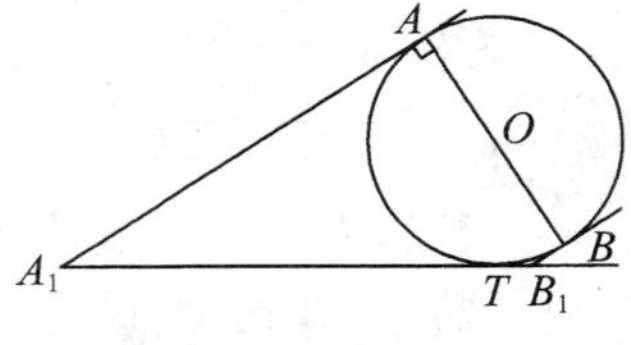

例 11(3)图②

(4) 如例 11(4)图①,在底面圆的直径为 1、长为 a 的圆柱体零件上从 A 点到 B 点均匀(等距)地绕上 5 匝细线,则这 5 匝细线的总长度为(　　)

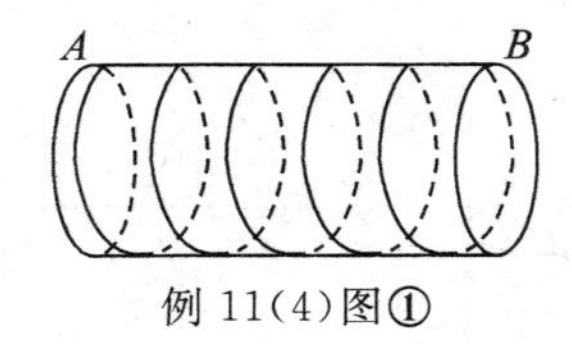

例 11(4)图①

A. 5π　　**B.** $\sqrt{25\pi^2+a^2}$

C. $5\sqrt{\pi^2+a^2}$　　**D.** $\sqrt{\pi^2+a^2}$

探究:请你用一张 A4 的白纸卷成一个圆柱,在外面画上 5 匝细线,然后沿着线段 AB 剪开后你会发现,该圆柱的侧面展开图的矩形的长为 a,高为 π,从 A 开始,在矩形内部有 5 条相同的斜线段分别对应着 5 匝细线,如例 11(4)图②所示.

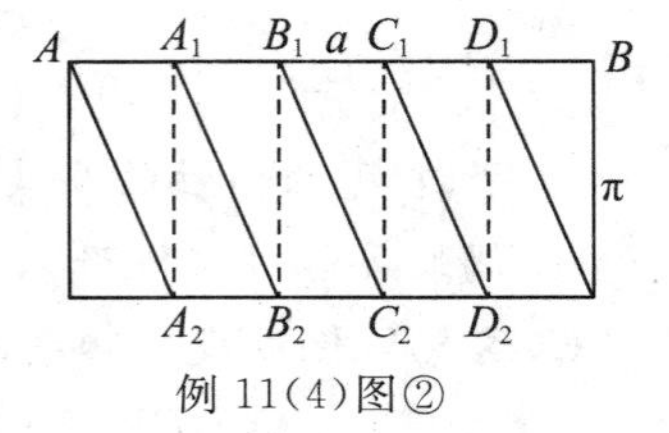

例 11(4)图②

由勾股定理可得每条线段长度为 $\sqrt{\pi^2+\frac{1}{25}a^2}$,所以答案为 B.

(5) 如例 11(4)图①是一个小正方体的一个表面展开图,小正方体从例 11(4)图①(1)所示位置依次翻转到第 1 格、第 2 格、第 3 格,这时小正方体朝上一面的字是________.

若将该正方体表面剪开,使得任何一个正方形都与另外的某一个正方

形至少有一条公共边，这样的表面展开图总共有多少个？

探究：小正方体从例 11(5)图①(1)所示位置翻转到第 3 格，这时小正方体朝下一面的字是祝.

我们考虑将例 11(5)图①(2)恢复成立体图，祝的对面就是答案(注意字体朝外).

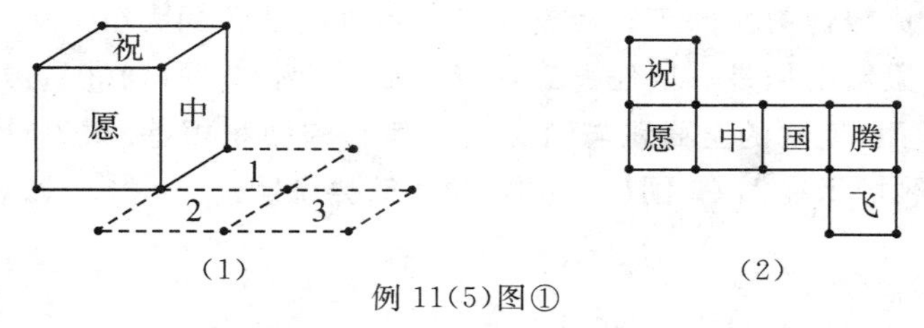

例 11(5)图①

以“中”为上底面，则“愿”变成左侧面，“祝”变成后侧面；“国”变成右侧面，“腾”变成下底面，“飞”变成了前侧面，“飞”就是答案！

正方体的表面展开图共有 11 种. 你能把“祝愿中国腾飞”这六个字分别填写进去吗？

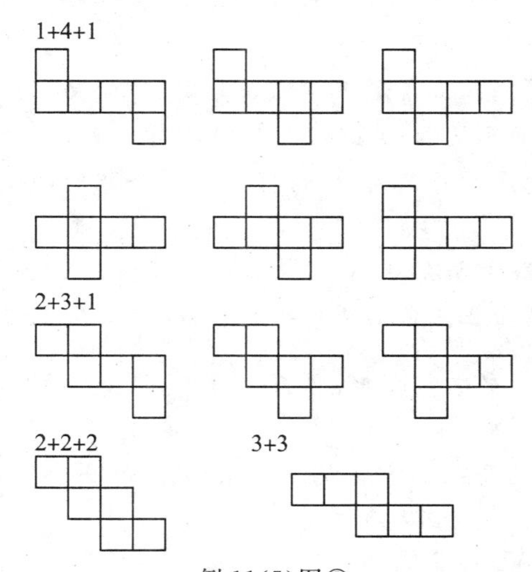

例 11(5)图②

说明：数学实验的内涵十分丰富. 在实际生活中经常动手搞一些小制作，可以丰富我们的空间素材；利用手中的纸和笔，结合教室里的墙壁以及门窗，都可以帮助我们进行空间想象. 直观想象很多时候不可能一蹴而就. 随着数学实验的进行，随着图形的不断完善，问题越来越接近于真实，我们的空间认知也会越来越清醒.

例 12　(2002 全国高考数学 22 题)

(1) 给出两块相同的正三角形纸片(如例 12 图(1)①,例 12 图(1)②),要求用其中一块剪拼成一个正三棱锥模型,另一块剪拼成一个正三棱柱模型,使它们的全面积都与原三角形的面积相等.请设计一种剪拼方法,分别用虚线标示在例 12 图(1)①和例 12 图(1)②中,并作简要说明.

(2) 试比较你剪拼的正三棱锥与正三棱柱的体积的大小.

(3) 如果给出的是一块任意三角形的纸片(例 12 图(1)③),要求剪拼成直三棱柱模型,使它的全面积与给出的三角形的面积相等.请设计一种剪拼方法,用虚线标示在例 12 图(1)③中,并作简要说明.

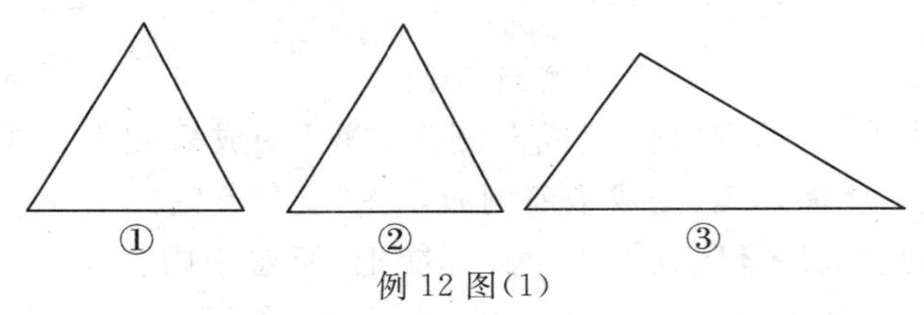

例 12 图(1)

解:(1) 如例 12 图(1)①,沿正三角形三边中点连线折起,可拼得一个正三棱锥.

如例 12 图(1)②,正三角形三个角上剪出三个相同的四边形,其较长的一组邻边边长为三角形边长的 1/4,有一组对角为直角,余下部分按虚线折起,可成为一个缺上底的正三棱柱,而剪出的三个相同的四边形恰好拼成这个正三棱柱的上底.

(2) 依上面剪拼的方法,有 $V_{柱}>V_{锥}$.

推理如下:设给出正三角形纸片的边长为 2,那么,正三棱锥与正三棱柱的底面都是边长为 1 的正三角形,其面积为$\frac{\sqrt{3}}{4}$.

现在计算它们的高:$h_{锥}=\frac{\sqrt{6}}{3}$,$h_{柱}=\frac{1}{2}\tan 30°=\frac{\sqrt{3}}{6}$,

所以 $V_{锥}=\frac{\sqrt{2}}{12}$,$V_{柱}=\frac{1}{8}$,

所以 $V_{锥}<V_{柱}$.

(3) 受例 12 图(1)②拼折方法的影响,如例 12 图(2)中③,在三角形三个角上也应该剪出三个四边形,它们将来要拼接成三棱柱的上底,而每条边上剩下的小矩形将来要作为棱柱的侧面,所以原三角形每条边被截取的两段之和等于剩下的那一段.

剪下的任何一个四边形都有两条边垂直于原三角形的对应边，它们都等于后来三棱柱的高，也就是有一组对角为直角．该直角顶点在三角形内角平分线上，而内角平分线的交点就是三角形的内心．

根据上述要求，分别连接三角形的内心与各顶点，得到三条线段．

三棱柱的下底面每条边的边长，应该等于原三角形对应边长的一半，我们闻到了中位线的“气味”，所以再以这三条线段的中点为顶点作三角形．以新作的三角形为直三棱柱的底面，过新三角形的三个顶点向原三角形三边作垂线，沿六条垂线剪下三个四边形，可以拼接成直三棱柱的上底；余下部分按虚线折起，成为一个缺上底的直三棱柱，即可得到直三棱柱模型．

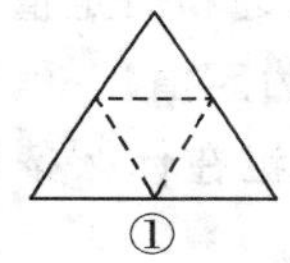
①

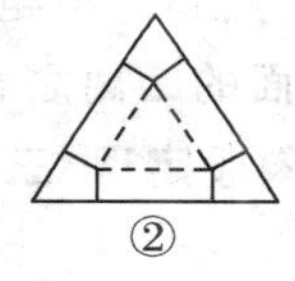
②

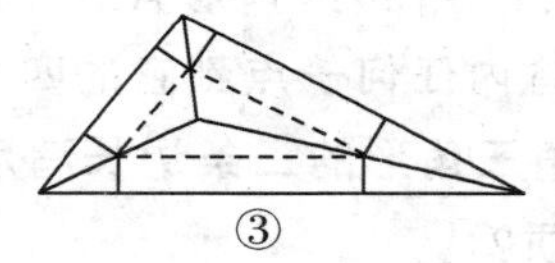
③

例12图(2)

说明：虽说是折叠游戏，但是不仅仅考查了我们的数学的学习和实验经历，而其构造和创造的过程中，充分考查了我们真正的数学能力．这是当年最有创造性、最大胆的一个高考题，有数学经历和经验，做过数学实验的同学，在这方面无疑是领先的．

做个试验呗：四面体 $ABCD$ 中，$AD=x$，其余五条棱长均为 1，$\angle ABC=\alpha$，求 x 和 α 的取值范围以及四面体的最大表面积．做一个试验，你将豁然开朗．答案是 $x\in(0,\sqrt{3})$，$\alpha\in\left(0,\dfrac{2\pi}{3}\right)$，$1+\dfrac{\sqrt{3}}{2}$．

数学抽象、逻辑思维、数学建模、数学运算、直观想象、数据处理以及应用能力和创新意识，在以上几种数学核心素养中，直观想象尤其是空间想象能力的培养最艰巨．正如苏联数学家柯尔莫戈洛夫说的，“在中学，空间形状的直观想象是特别困难的一件事情”．

衡量一个学生空间想象能力的标志：

(1) 对直观的依赖程度；

(2) 对平面、空间各种位置的分析；

(3) 对各种空间形体分解组合的运算程度．

培养空间想象能力应达到以下几个要求：

(1) 对基本几何图形非常熟悉，能正确画图，并在头脑中分析基本图形的基本元素之间位置关系及度量关系；

(2) 能反映并思考客观事物的空间形状及位置关系;

(3) 有熟练的识图能力,能从复杂的图形中区分出基本图形,并能分析其中的基本图形和基本元素之间的基本关系.

加强作图能力的培养是培养直观想象能力的重要一环.

七、与原有知识和方法进行类比,也是直观想象能力的标志之一

研究立体几何的时候,如果能与平面几何的知识方法联系起来,联想类比,适时转化,往往能获得理想的结果.

例 13 (1) 等边三角形 *ABC* 内的点到三边距离之和为定值;

正四面体内任何一点到它的四个面的距离之和为定值.

(2) 直角三角形的三条边长满足勾股定理;三棱锥在什么条件下具备类似的何种性质?

探究:(1) 如例 13 图①:

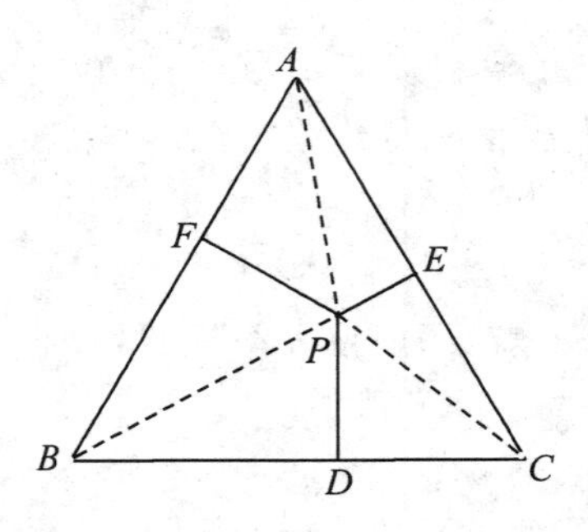

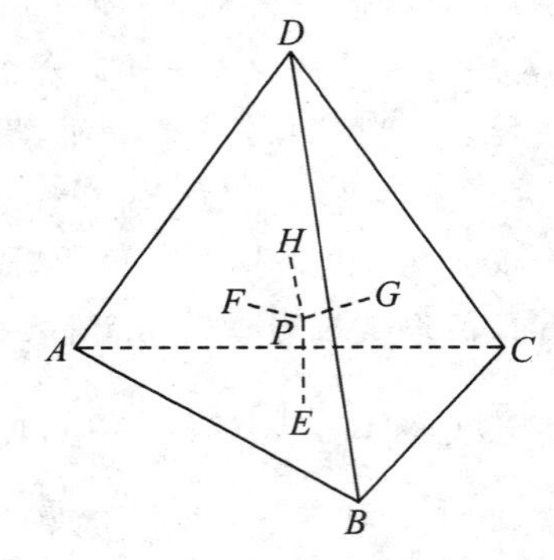

例 13 图①

P 为等边三角形 ABC 内任意一点,PD,PE,PF 分别为 P 到三角形三边的距离. 设正三角形 ABC 的边长为 a,则 $S_{\triangle ABC}=\frac{\sqrt{3}}{4}a^2$.

$$S_{\triangle ABC}=S_{\triangle PAB}+S_{\triangle PAC}+S_{\triangle PBC}$$

$$=\frac{1}{2}AB\times PF+\frac{1}{2}AC\times PE+\frac{1}{2}BC\times PD$$

$$=\frac{1}{2}a\times(PD+PE+PF),$$

所以 $PD+PE+PF=\frac{\sqrt{3}}{2}a$.

如例 13 图①，P 为正四面体内的任意一点，它把正四面体分割成四个底面积相等的三棱锥，P 到四个面的距离分别为 PE,PF,PG,PH，同理可得 $PE+PF+PG+PH=\frac{\sqrt{6}}{3}a$.

(3) 类比到三棱锥，如图，若 AB,AC,AD 两两垂直，猜测：

$S^2_{\triangle BCD}=S^2_{\triangle ABC}+S^2_{\triangle ACD}+S^2_{\triangle ABD}$

证明：如例 13 图②，作 $AE\perp CD$ 于 E，连 BE，易证 $BE\perp CD$，

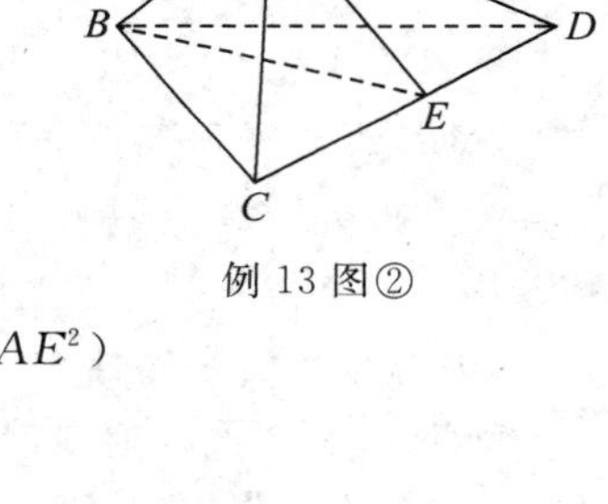

例 13 图②

$S^2_{\triangle BCD}=\frac{1}{4}CD^2\cdot BE^2$

$=\frac{1}{4}(AC^2+AD^2)(AB^2+AE^2)$

$=\frac{1}{4}(AC^2AB^2+AD^2AB^2+AC^2AE^2+AD^2AE^2)$

$=\frac{1}{4}(AC^2AB^2+AD^2AB^2+CD^2AE^2)$

$=S^2_{\triangle ABC}+S^2_{\triangle ACD}+S^2_{\triangle ABD}$.

说明：本题还有其他证明方法，不再赘述. 但是，不管那种方法，都是不断地发展条件，发展条件达到充分的程度，通过适当的运算，肯定会发现通向结论的路径.

例 14　任何一个三角形都有外接圆吗？任何一个四面体都有外接球吗？

探究：如例 14 图①，在 $\triangle ABC$ 中，做 AB,AC 的中垂线，两中垂线交于一点 P，连接 PA,PB,PC.

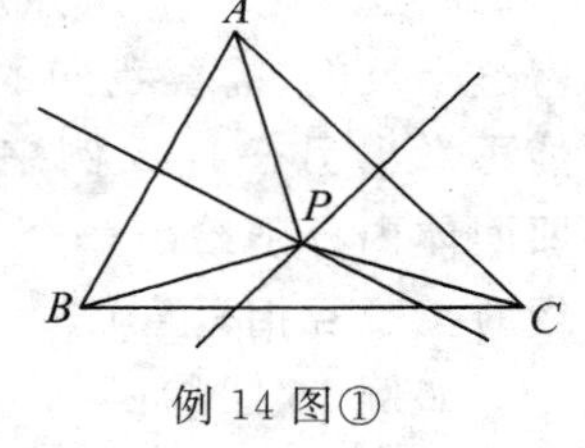

例 14 图①

所以 $PA=PB$ 且 $PA=PC$ 所以 $PB=PC$，

所以 P 点也在 BC 边上的中垂线上，

所以 $\triangle ABC$ 三条边的中垂线交于一点，

因为 $PA=PB=PC$，所以交点 P 为三角形的外接圆圆心（外心）.

借鉴平面几何的相关问题，过三角形 ABC 外心可作垂直于其所在平面的直线，该直线可以叫作三角形 ABC 的“中垂线”. 显然，该直线上的任何一点与原三角形的三个顶点等距离.

如例 14 图②，四面体 $SABC$ 中，如果能够证明 $\triangle ABC$ 与 $\triangle SAB$ 的“中垂线”能够交于一点，问题就被证明了.

设$\triangle SAB$的外心为O_1,“中垂线”为O_1P_1,$\triangle ABC$的外心为O_2,“中垂线”为O_2P_2,AB为$\triangle SAB$与$\triangle ABC$的公共边,O为AB中点.

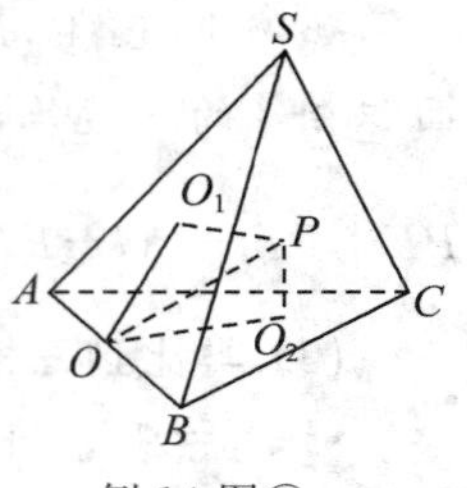

例 14 图②

连接OO_1,OO_2,则$AB\perp OO_1$,$AB\perp OO_2$.

$AB\perp O_1P_1$,$AB\perp O_2P_2$,所以$AB\perp$平面OO_1P_1,$AB\perp$平面OO_2P_2,

所以平面OO_1P_1与平面OO_2P_2重合,

所以O_1P_1与O_2P_2在同一平面内,它们肯定相交于一点P,

所以$PA=PB=PC=PS$,所以点P为四面体$SABC$的外接球球心.

说明:类比平面几何的知识和方法会大大提升我们的空间想象能力;在借鉴类比中进行合理的构造,也会不断地提高我们的数学创造能力.但是,类比是一种合情推理,它只是给我们提供了一个可以借鉴的研究方向和方法,类比的结果的真实性和可靠性有待于进一步的严格证明.

例 15　在平面几何中,“如果两个角的两条边分别对应平行,那么这两个角相等或者互补”,“如果两个角的两条边分别对应垂直,那么这两个角相等或者互补”.这两个命题都是正确的,但是到了空间,第一个依然正确,这是教材上的一个定理,而第二个却出现了意外.

如例 15 图①,正方体中P为下底面$ABCD$内的动点,$\angle A_1AD$与$\angle BAP$中,$AA_1\perp AP$,$AD\perp AB$,但是这两个角并没有任何等量关系.获得这个反例,需要我们的构造,这就是创新.你能再举出另一种反例来吗?请在正方体和正四面体内分别给出一个反例(正四面体的每一组对棱都互相垂直).

例 15 图①

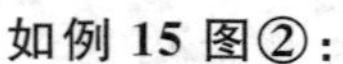
如例 15 图②:

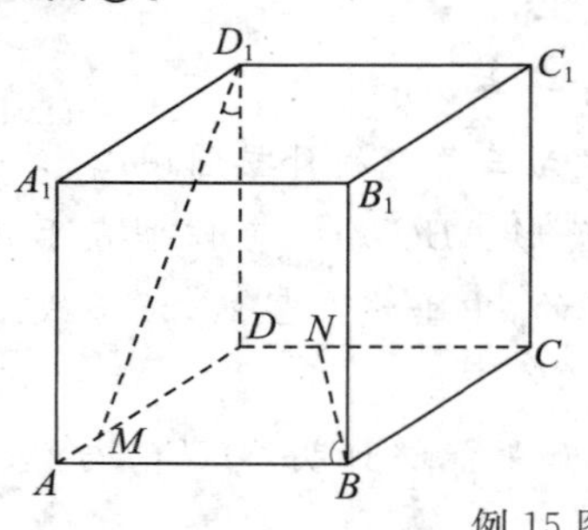

例 15 图②

说明:依托常见的基本几何体,可以自由并且更加准确地进行直观想象和数学构造,所以掌握基本图形的基本元素之间的位置关系及度量关系,并且能够在复杂的立体图形中把它们分离辨析清楚,是提高直观想象力的重要一环.

八、学科知识与学科活动是直观想象的两翼,学科知识是直观想象形成的主要载体,学科活动是直观想象形成的主要路径

立体几何中的点线面的各种关系,平行垂直问题的常规证明方法,体积表面积夹角与距离的基本计算方法,三视图的各种组合方式……这些问题的研究与积累,无疑会给我们的直观想象插上双翼,直观想象会更加游刃有余,问题解决会更加得心应手.

数学学科活动不仅仅是推理和计算,也不仅仅是在课堂上,现实生活中到处都有直观想象的好素材.坐一次过山车、开车绕过一座立交桥、搭建一个积木城堡都可以锻炼我们的直观想象能力.

善于动手实验,甚至在作图过程中也可以不断丰富我们的空间感,在实物和图形之间不断转换,不断改进和丰富完善空间图形,这些都是我们探索问题的必要过程.

例 16　如例 16 图,正方形 $ABCD$ 的边长为 $2\sqrt{2}$,四边形 $BDEF$ 是平行四边形,BD 与 AC 交于点 G,O 为 GC 的中点,$FO=\sqrt{3}$ 且 $FO\perp$ 平面 $ABCD$.

(1) 求证:$AE/\!/$平面 BCF;

(2) 求证:$CF\perp$平面 AEF;

(3) 求二面角 $A—FC—B$ 的余弦值.

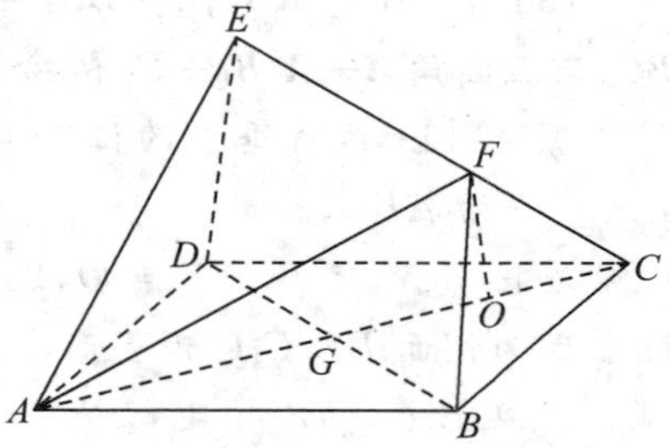

例 16 图

探究:(1) 要证 $AE/\!/$平面 BCF,可以考虑证明 AE 所在的平面平行于平面 BCF.

因为 $ABCD$ 是正方形,四边形 $BDEF$ 是平行四边形,

所以 $BC/\!/AD$,$FB/\!/ED$,所以平面 $FBC/\!/$平面 ADE.

因为 $AE\subset$平面 ADE,所以 $AE/\!/$平面 BCF.

(2) 要证明 $CF\perp$平面 AEF,首选 CF 垂直于平面 AEF 内的两条相交线.$CF\perp AF$ 应该靠计算,把 $CF\perp EF$ 的证明转化成 $CF\perp BD$ 会更“踏实”.

因为 $FO\perp$ 平面 $ABCD$，所以 $FO\perp BD$.

又因为 $AC\perp BD$，所以 $BD\perp$ 平面 AFC，所以 $FC\perp BD$，

因为 $BD/\!/EF$，所以 $FC\perp EF$.

在 $\triangle AFO$ 和 $\triangle CFO$ 中，由勾股定理可得：$CF=2$，$AF=2\sqrt{3}$.

$\triangle AFC$ 中，$AC=4$，$AC^2=AF^2+CF^2$，所以 $CF\perp AF$，所以 $CF\perp$ 平面 AEF.

(3) 以 O 为原点建立空间直角坐标系，或者用线面垂直、线线垂直的关系（三垂线定理）都可以得到二面角的余弦值 $\frac{\sqrt{21}}{7}$.

说明：你试试看，用坐标法来证明第(2)题，可能比传统方法更简单，而且其中的过渡性结论可以直接用于第(3)题中.

例 17　如例 17 图①，三棱柱 ABC—$A_1B_1C_1$ 中，侧面 BB_1C_1C 为菱形，$AC=AB_1$.

(1) 证明：$AB\perp B_1C$；

(2) 若 $AC\perp AB_1$，$\angle CBB_1=60^\circ$，$AB=BC=1$，求三棱柱的体积和表面积；

(3) 若 $AC\perp AB_1$，$\angle CBB_1=60^\circ$，$AB=BC$，求二面角 A—A_1B_1—C_1 的余弦值.

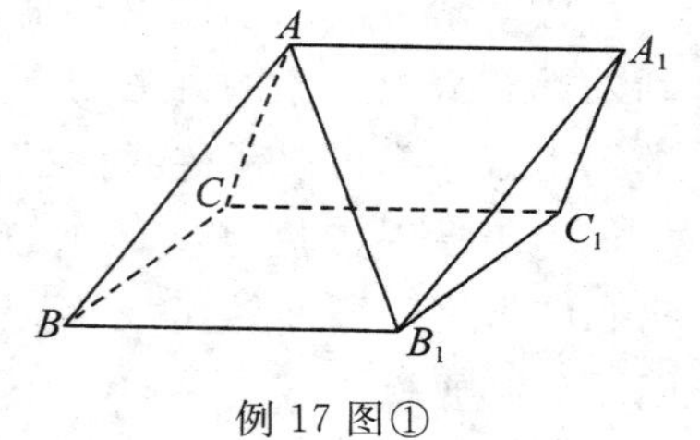

例 17 图①

探究：(1) 线线垂直的证明经常转化成线面垂直问题，可以考虑证明：$B_1C\perp$ 平面 ABO，

连接 BC_1，交 B_1C 于点 O，连接 AO.

因为侧面 BB_1C_1C 为菱形，

所以 $B_1C\perp BC_1$，且 O 为 BC_1 和 B_1C 的中点；

又因为 $AC=AB_1$，所以 $B_1C\perp AO$，

所以 $B_1C\perp$ 平面 ABO，

所以 $B_1C\perp AB$，即 $AB\perp B_1C$.

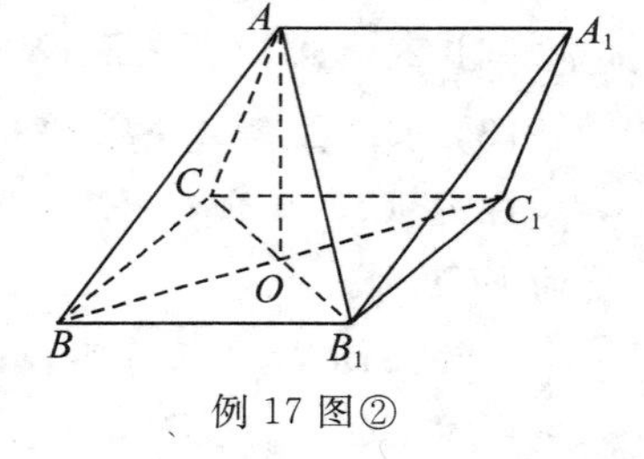

例 17 图②

(2) 求体积的常用方法是割补法，

可以证明 $AO\perp$ 平面 BB_1C_1C.

由 $\angle CBB_1=60^\circ$，$AB=BC=1$ 可得 $\triangle CBB_1$ 为等边三角形且 $CB_1=1$，$BO=\frac{\sqrt{3}}{2}$.

在 $Rt\triangle AB_1C$ 中，$AO=\frac{1}{2}$，$AC=AB_1=\frac{\sqrt{2}}{2}$.

在 $\triangle ABO$ 中，$AB=1$，所以由勾股定理可得：$AO\perp BO$，

又等腰三角形 AB_1C 中，$AO\perp B_1C$. 所以 $AO\perp$ 平面 BB_1C_1C（四棱锥的高）.

方法1：将该棱柱复制一个，与原棱柱可以对接为一个平行六面体，它的下底面为 BCC_1B_1，高为 AO……

方法2：三棱柱 $ABC—A_1B_1C_1$ 的体积等于三棱锥 $A—B_1BC$ 体积的3倍：因为三棱锥 $A—B_1BC$ 与三棱锥 $A—B_1C_1C$ 等底同高，三棱锥 $A—B_1C_1C$ 就是三棱锥 $B_1—AC_1C$，三棱锥 $B_1—AC_1C$ 与三棱锥 $B_1—AC_1A$ 等底同高，……而这三个三棱锥的体积之和就是三棱柱的体积……

答案为$\frac{\sqrt{3}}{8}$.

表面积的求法其实也很简单：分析每一个表面的结构特征，最大限度地减少运算量.

连接 AC_1，由 $AO\perp$ 平面 BB_1C_1C 可得：$AO\perp BC_1$，所以 $\triangle ABC_1$ 为等腰三角形，$AB=AC_1=1$.

除了菱形 BB_1C_1C 之外，其他表面上有六个全等的三角形，三条边长分别为 $1,1,\frac{\sqrt{2}}{2}$，所以表面积为$\frac{\sqrt{3}}{2}+\frac{3\sqrt{7}}{4}$.

(3) 由上一小题可得：OA,OB,OB_1 两两垂直.

以 O 为坐标原点，$\overrightarrow{OB}$ 的方向为 x 轴的正方向，$|\overrightarrow{OB}|$ 为单位长度，$\overrightarrow{OB_1}$ 的方向为 y 轴的正方向，$\overrightarrow{OA}$ 的方向为 z 轴的正方向建立空间直角坐标系.

因为 $\angle CBB_1=60°$，所以 $\triangle CBB_1$ 为正三角形，又 $AB=BC$，

所以 $A\left(0,0,\frac{\sqrt{3}}{3}\right)$，$B(1,0,0)$，

$B_1\left(0,\frac{\sqrt{3}}{3},0\right)$，$C\left(0,-\frac{\sqrt{3}}{3},0\right)$，

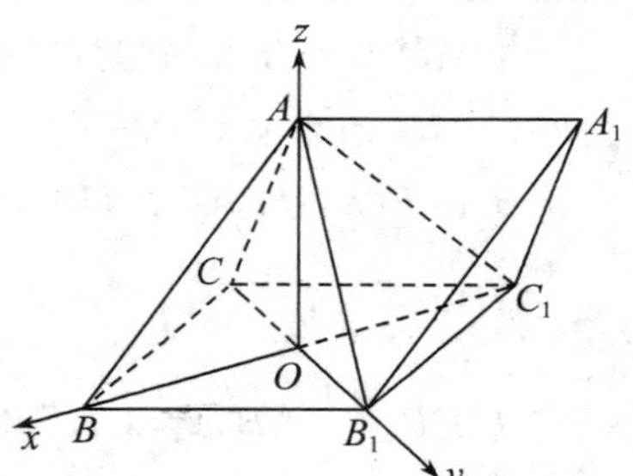

例17图③

所以 $\overrightarrow{AB_1}=\left(0,\frac{\sqrt{3}}{3},-\frac{\sqrt{3}}{3}\right)$，$\overrightarrow{A_1B_1}=\left(1,0,-\frac{\sqrt{3}}{3}\right)$，$\overrightarrow{B_1C_1}=\overrightarrow{BC}$

$=\left(-1,-\dfrac{\sqrt{3}}{3},0\right)$.

设向量 $\boldsymbol{n}=(x,y,z)$ 是平面 AA_1B_1 的法向量，

则 $\begin{cases}\boldsymbol{n}\cdot\overrightarrow{AB_1}=\dfrac{\sqrt{3}}{3}y-\dfrac{\sqrt{3}}{3}z=0\\ \boldsymbol{n}\cdot\overrightarrow{A_1B_1}=x-\dfrac{\sqrt{3}}{3}z=0\end{cases}$，可取 $\boldsymbol{n}=(1,\sqrt{3},\sqrt{3})$，

同理可得平面 $A_1B_1C_1$ 的一个法向量 $\boldsymbol{m}=(1,-\sqrt{3},\sqrt{3})$，

所以 $\cos\langle\boldsymbol{m},\boldsymbol{n}\rangle=\dfrac{\boldsymbol{m}\cdot\boldsymbol{n}}{|\boldsymbol{m}||\boldsymbol{n}|}=\dfrac{1}{7}$，

所以二面角 $A—A_1B_1—C_1$ 的余弦值为 $\dfrac{1}{7}$.

例 18　如例 18 图①，在多面体 $ABCDEF$ 中，四边形 $ABCD$ 是正方形，$EF\parallel AB$，$EF\perp FB$，$AB=2EF=2$，$\angle BFC=90^\circ$，$BF=FC$，H 为 BC 的中点.

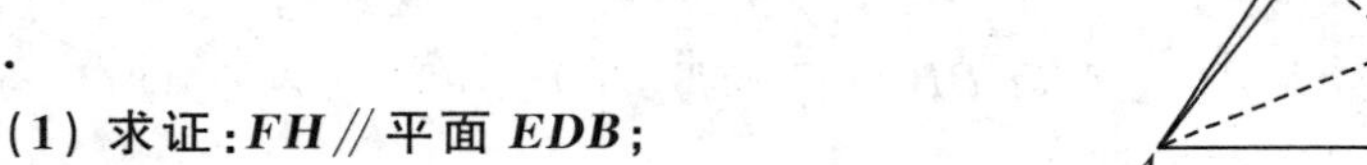

(1) 求证：$FH\parallel$ 平面 EDB；

(2) 求证：$AC\perp$ 平面 EDB；

(3) 求该多面体的体积和表面积；

(4) 求二面角 $B—DE—C$ 的大小.

例 18 图①

探究：这是一个超级大题，完全可以做成一个专题.

(1) 线面平行的证明一般转化成线线平行问题. 也就是说 FH“漂移”可以进入平面 EDB 成为 EG（G 为 AC 的中点）.

设 AC 与 BD 交于点 G，如例 18 图②所示，则 G 为 AC 的中点，

连接 EG，GH，由于 H 为 BC 的中点，故 $GH \underline{\parallel} \dfrac{1}{2}AB$；

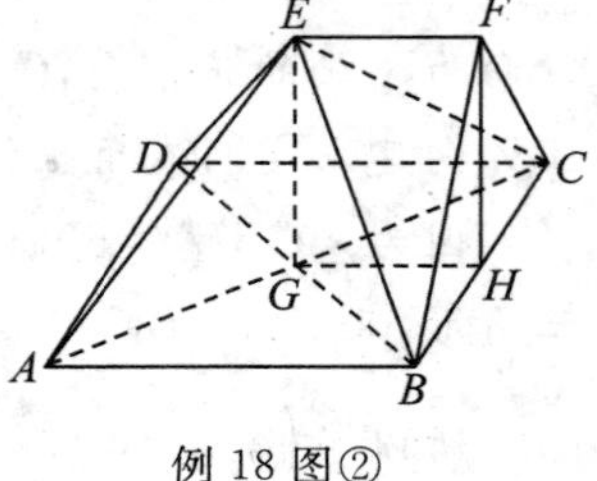

例 18 图②

又 $EF \underline{\parallel} \dfrac{1}{2}AB$，所以 $EF \underline{\parallel} GH$，

所以四边形 $EFHG$ 为平行四边形，

所以 $EG\parallel FH$，而 $EG\subset$ 平面 EDB，所以 $FH\parallel$ 平面 EDB.

(2) 结合结论要求，不断地发展题目中的平行和垂直的各种条件，力求

使之与结论建立联系.

正方形 $ABCD$ 中, $AB \perp BC$;

又 $EF /\!/ AB$, 所以 $EF \perp BC$,

而 $EF \perp FB$, 所以 $EF \perp$ 平面 BFC,

所以 $EF \perp FH$, 所以 $AB \perp FH$;

又 $BF = FC$, H 为 BC 的中点, 所以 $FH \perp BC$,

所以 $FH \perp$ 平面 $ABCD$, 所以 $FH \perp AC$;

又由第(1)问 $FH /\!/ EG$, 所以 $AC \perp EG$,

又 $AC \perp BD$, $EG \cap BD = G$, 所以 $AC \perp$ 平面 EDB.

(3) 该多面体的体积可以看作一个直三棱柱割掉一个三棱锥后的结果, 也可以看成一个四棱锥和一个三棱锥的体积之和为 $\frac{5}{3}$.

表面积为一个直角三角形、一个等腰三角形、两个直角梯形、一个正方形的和为 $5+4\sqrt{2}$.

(4) 建立空间直角坐标系用向量解决, 或者用线面线线的垂直关系(三垂线定理)可得二面角大小为 60°.

直观想象空间能力不应该是到了学校、到了某个年龄段才开始培养, 而应是在人的每一个成长阶段, 都为其营造一个可潜移默化的发展成长环境, 这种能力是天生的, 但是它的发展变化会伴随着人的一生.

创新是一个民族长盛不衰的不竭动力, 想象力是创新能力的第一基因和重要素材. 历史上的重大科学发现和发明, 甚至人类社会上的制度创新, 都是想象力的产物. 直观想象力的培养和应用应该贯穿于人的一生.

第一章　参考答案

第二节　规律的发现和应用

三、强化训练题

（一）选择题

1. D　2. B　3. D　4. A　5. B　6. B　7. C　8. B　9. D　10. C
11. C　12. C

（二）填空题

1. $\frac{1}{6}$　2. 5 次操作　3. 5 013　4. 500　5. $\frac{n(n-1)}{2}$个

6. 0　7. 12 件　8. 9　9. 10　10. $\frac{7}{8}$　11. 三局两胜制　12. 33

（三）解答题

1. 解：$q^k=\frac{1}{q-1}(q^{k+1}-q^k)$

所以 $1+q+q^2+q^3+\cdots+q^{n-1}=\frac{(q-1)+(q^2-q)+(q^3-q^2)+\cdots+(q^n-q^{n-1})}{q-1}$

$=\frac{q^n-1}{q-1}$.

2. 解：逆推法.

走入第 20 格胜，走入第 19，18 格对方会胜，走入第 17 格会胜，走入第 16，15 格对方会胜，走入第 14 格会胜，走入第 13，12 格对方会胜，依次类推，3 格为一个胜负周期，走入第二格会胜，所以走棋方案为：先走者走一步进入第二格，然后观察对方. 若其走一格，则自己走两格；若其走两格，则自己走一格. 最后的胜利必定属于自己.

3. 解：货车在中，客车在前，小轿车在后，且货车与客车、小轿车之间路程相等.

设小轿车、货车、客车的速度分别是 a,b,c，货车与客车、小轿车之间路程是 s.

过了 10 min，小轿车追上了货车，则 $10(a-b)=s$，即 $a-b=\frac{s}{10}$；

又过了 5 min，小轿车追上了客车，则 $15(a-c)=2s$，即 $a-c=\frac{2s}{15}$；

两式相减得：$b-c=\frac{s}{30}$.

设再过 t min，货车追上客车，则 $(15+t)(b-c)=s$，即 $(15+t)\frac{s}{30}=s$，

所以 $t=15$.

4. 解：为了回到队尾，他在追上老师的地方等待了 t_2 min，所以队伍的速度为 $\frac{a}{t_2}$.

他用 t_1 min 的时间跑步追上了老师，所以他的速度为 $\frac{a}{t_1}+\frac{a}{t_2}$.

设他从最前头跑步回到队尾所用时间为 t，则 $t\left(\frac{a}{t_1}+\frac{2a}{t_2}\right)=a$，$t=\frac{t_1t_2}{2t_1+t_2}$.

5. 解：配对求和.

$1^2-2^2+3^2-4^2+5^2-6^2+\cdots+99^2-100^2=(1-2)(1+2)+(3-4)(3+4)+\cdots+(99-100)(99+100)=-(1+2+3+4+\cdots+99+100)=-5\ 050$.

配对求和，分类讨论.

n 为偶数时，原式 $=(1-2)(1+2)+(3-4)(3+4)+\cdots+[(n-1)-n][(n-1)+n]=-[1+2+3+4+\cdots+(n-1)+n]=-\frac{n(n-1)}{2}$.

n 为奇数时，原式 $=(1-2)(1+2)+\cdots+[(n-2)-(n-1)][(n-2)+(n-1)]+n^2=-[1+2+3+4+\cdots+(n-1)]+n^2=-\frac{n(n-1)}{2}+n^2=\frac{n(n-1)}{2}$.

6. 答案：(1) 借助于 $120°$ 的外角，做三角形的高线，转化成直角三角形，用勾股定理求解，地、周长 30，面积 $15\sqrt{3}$.

（2）等面积法，内切圆圆心将三角形分隔成三个高为内切圆半径的三个三角形，其面积为 $3\pi S$.

7. 解：设报 3 的人心里想的数是 x，因为报 3 与报 5 的两个人报的数的平均数是 4，所以报 5 的人心里想的数应是 $8-x$，

第 7 题图

于是报 7 的人心里想的数是 $12-(8-x)=4+x$，

报 9 的人心里想的数是 $16-(4+x)=12-x$，

报 1 的人心里想的数是 $20-(12-x)=8+x$，

报 3 的人心里想的数是 $4-(8+x)=-4-x$，所以得 $x=-4-x$，解得 $x=-2$.

8. 解：（1）如第 8 题图①，沿正三角形三边中点连线折起，可拼得一个正三棱锥；如第 8 题图②，正三角形三个角上剪出三个相同的四边形，其较长的一组邻边边长为三角形边长的 1/4，有一组对角为直角，余下部分按虚线折起，可成为一个缺上底的正三棱柱，而剪出的三个相同的四边形恰好拼成这个正三棱柱的上底.

（2）依上面剪拼的方法，有 $V_{柱}>V_{锥}$.

推理如下：设给出正三角形纸片的边长为 2，那么，正三棱锥与正三棱柱的底面都是边长为 1 的正三角形，其面积为$\frac{\sqrt{3}}{4}$，现在计算它们的高：$h_{锥}=\frac{\sqrt{6}}{3}$，

$h_{柱}=\frac{1}{2}\tan 30^{\circ}=\frac{\sqrt{3}}{6}$，所以 $V_{锥}=\frac{\sqrt{2}}{12}$，$V_{柱}=\frac{1}{8}$.

（3）受第 8 题图②拼折方法的影响，如第 8 题图③，在三角形三个角上也应该剪出三个四边形，它们将来要拼接成三棱柱的上底，而每条边上剩下的小矩形将来要作为棱柱的侧面，所以原三角形每条边被截取的两段之和等于剩下的那一段.

剪下的任何一个四边形都有两条边垂直于原三角形的对应边，它们都等于后来三棱柱的高，也就是有一组对角为直角. 该直角顶点在三角形内角平分线上，而内角平分线的交点就是三角形的内心.

根据上述要求，分别连接三角形的内心与各顶点，得到三条线段.

三棱柱的下底面每条边的边长，应该等于原三角形对应边长的一半，我们闻到了中位线的“气味”，所以再以这三条线段的中点为顶点作三角形. 以新作的三角形为直三棱柱的底面，过新三角形的三个顶点向原三角形三边

作垂线,沿六条垂线剪下三个四边形,可以拼接成直三棱柱的上底,余下部分按虚线折起,成为一个缺上底的直三棱柱,即可得到直三棱柱模型.

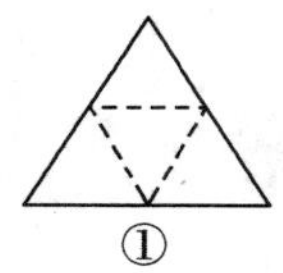
①

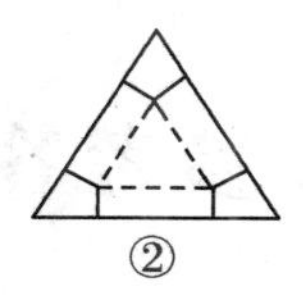
②

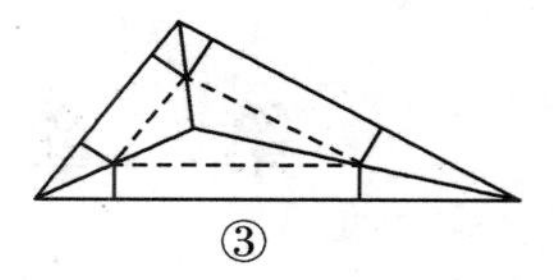
③

第 8 题图

第二章　参考答案

第一节　数与式的运算

二、课后练习

1. 解：$\frac{1}{x}-\frac{1}{y}=2$，所以 $y-x=2xy$，整体代换可得$\frac{3x+xy-3y}{x-xy-y}=\frac{5}{3}$.

2. $\sqrt{2}$与$\sqrt[3]{3}$的大小关系在将它们平方或者六次方后不变，$\sqrt{2}<\sqrt[3]{3}$.

3. 解：将 $3a^2+ab-2b^2=0$ 两边同时除以 a^2 可得：$\frac{b}{a}=-1$ 或$\frac{3}{2}$，$\frac{a}{b}-\frac{b}{a}-\frac{a^2+b^2}{ab}=-2\frac{b}{a}=2$ 或-3.

4. $x\sqrt{\frac{y}{x}}+y\sqrt{\frac{x}{y}}=\pm 4$.（分类讨论）

5. 由题给方程组可解得 $y=-\frac{15}{2}x$，$z=-2x$，故$\frac{x+2y-z}{2x-2y+z}=-\frac{4}{5}$.

三、强化训练题

（一）选择题

1. C　2. B　3. C　4. B　5. A　6. A　7. D　8. C

（二）填空题

1. 1　2. $-2\leqslant x\leqslant 3$　3. $x=5$，-4　4. 7

（三）解答题

1. 化简，分母有理化：$\sqrt{2\,019}-1$.

2. 解：原式$=\frac{a-b}{a+b}=2\sqrt{6}-5$.

3. 解：由条件可得：$\begin{cases} a>0\cdots\cdots① \\ a>-a-c>c\cdots\cdots② \end{cases}$，②式同时除以 a 可得$\frac{c}{a}$的不等式组，解之可得答案为$-2<\frac{c}{a}<-\frac{1}{2}$.

4. 解：因为 $a^2-3a+1=0$，所以 $a^2+1=3a$，$a^2-3a=-1$，将降次进行到底.

原式 $=3a^3-8a^2+\left(a+\frac{1}{a}\right)=3a^3-8a^2+\frac{a^2+1}{a}$

$=3a^3-8a^2+3=3(a^3+1)-8a^2$

$=3(a+1)(a^2-a+1)-8a^2=3(a+1)(3a-a)-8a^2$

$=-2a^2+6a=-2(a^2-3a)=-2\cdot(-1)=2.$

5. 解：打开重组：$(a^2+b^2)xy+ab(x^2+y^2)=a^2xy+b^2xy+abx^2+aby^2$

$=(a^2xy+abx^2)+(b^2xy+aby^2)=ax(ay+bx)+by(bx+ay)$

$=(bx+ay)(ax+by)=5(bx+ay).$

问题得到了极大的化简，但这还不够，我们还要依据现有结构的特点去发展条件.

因为 $(a+b)(x+y)=(ax+by)+(bx+ay)=4$，$ax+by=5$，

所以 $bx+ay=-1$，

原式 $=-5$.

第二节　因式分解与运算能力

二、课后练习

1. $a^3b-2a^2b^2+ab^3=ab(a^2-2ab+b^2)=ab((a+b)^2-4ab)=34.$

2. 配方可得 $a=b=c$，等边三角形.

3. $1-\frac{1}{n^2}=\frac{(n-1)(n+1)}{n^2}$，都照此办法可逐项约分，原式 $=\frac{n+1}{2n}$.

4. 解：由题意可得 $x^4+mx^3+nx-16=(x-2)(x-1)(x^2+ax+b)$. 这是一个恒等式，让 $x=1$，$x=2$ 可得 $m+n-15=0$，$4m+n=0$，容易解得 $m=-5$，$n=20$，则 $mn=-100$.

5. 解：比较大小，首选作差法.

$\left(a+\frac{1}{a}\right)-\left(b+\frac{1}{b}\right)=(a-b)+\left(\frac{1}{a}-\frac{1}{b}\right)=(a-b)-\frac{a-b}{ab}$

$=(a-b)\frac{ab-1}{ab}>0$，

所以 $a+\frac{1}{a}>b+\frac{1}{b}$.

6. $\frac{y_1+y_2}{2}-y_3=\frac{m^2+bm+c+n^2+bn+c}{2}-\left[\left(\frac{m+n}{2}\right)^2+b\frac{m+n}{2}+c\right]$

$=\cdots=\frac{(m-n)^2}{4}\geqslant 0$，所以$\frac{y_1+y_2}{2}\geqslant y_3$.

三、强化训练题

（一）选择题

1. B 2. D

3. B. $\frac{n-1\,909}{2\,009-n}=\frac{100}{2\,009-n}-1$(100 的约数只有 1,2,4,5,10,20,25,50,100).

（二）填空题

1. 3 2. 12 个

3. $2\,009=41\times7\times1\times(-7)\times(-1)$,

所以 $b-a_1=41, b-a_2=7, b-a_3=-7, b-a_4=1, b-a_5=-1$. 上述五个等式相加可得 $b=10$.

（三）解答题

1. 解：$2\left(\sqrt{\frac{15}{a}}+\sqrt{\frac{15}{b}}\right)$为整数，则$\sqrt{\frac{15}{a}}=1$时，$\sqrt{\frac{15}{b}}=1$或$\frac{1}{2}$；

$\sqrt{\frac{15}{a}}=\frac{1}{2}$时，$\sqrt{\frac{15}{b}}=1$或$\frac{1}{2}$；$\sqrt{\frac{15}{a}}=\frac{1}{3}$时，$\sqrt{\frac{15}{b}}=\frac{1}{6}$；$\sqrt{\frac{15}{a}}=\frac{1}{6}$时，$\sqrt{\frac{15}{b}}=\frac{1}{3}$；$\sqrt{\frac{15}{a}}=\frac{1}{4}$时，$\sqrt{\frac{15}{b}}=\frac{1}{4}$，一共 7 对组合，

则这样的有序数对(a,b)共有 7 对.

2. 解：假设两条直角边分别为 a,b，则斜边为$\sqrt{a^2+b^2}$.

由题意得 $a+b+\sqrt{a^2+b^2}=\frac{1}{2}ab$，所以 $2\sqrt{a^2+b^2}=ab-2a-2b$.

两边平方可得 $4(a^2+b^2)=a^2b^2+4a^2+4b^2-4a^2b-4ab^2+8ab$.

整理可得 $ab-4a-4b+8=0$，所以$(a-4)(b-4)=8$，

所以 $a-4=1$ 时，$b-4=8$；$a-4=2$ 时，$b-4=4$，

由此可得三条边长分别为 5,12,13;6,8,10.

第三节　一元二次方程

三、课后练习

（一）选择题

1. B 2. B 3. A

（二）填空题

1. $-\frac{1}{2},-\frac{1}{3}$　2. 3　3. 9 或 -3.

（三）解答题

1. 证明：化简可得原式 $=3x^2+(2a+2b+2c)x+ab+bc+ac$,

由 $\Delta=0$ 可得，$a^2+b^2+c^2-ab-ac-bc=0$，然后配方即可.

2. (1) $\Delta=16m^2+5>0$　(2) $-\frac{1}{2}$.

3. 解：设方程 $x^2+ax+b=0$ 的两个整数根为 α,β，且 $\alpha\leqslant\beta$，则方程 $x^2+cx+a=0$ 的两根为 $\alpha+1,\beta+1$,

由韦达定理得 $\alpha+\beta=-a$，$(\alpha+1)(\beta+1)=a$，两式相加得 $\alpha\beta+2\alpha+2\beta+1=0$，即 $(\alpha+2)(\beta+2)=3$,

所以 $\begin{cases}\alpha+2=1\\\beta+2=3\end{cases}$ 或 $\begin{cases}\alpha+2=-3\\\beta+2=-1\end{cases}$,

解得 $\begin{cases}\alpha=-1\\\beta=1\end{cases}$ 或 $\begin{cases}\alpha=-5\\\beta=-3\end{cases}$.

所以由韦达定理，得：

$a=-(\alpha+\beta)=-[(-1)+1]=0$，$b=\alpha\beta=-1\times1=-1$,

$c=-[(\alpha+1)+(\beta+1)]=-[(-1+1)+(1+1)]=-2$ 或

$a=-(\alpha+\beta)=-[(-5)+(-3)]=8$,

$b=\alpha\beta=(-5)\times(-3)=15$,

$c=-[(\alpha+1)+(\beta+1)]=-[(-5+1)+(-3+1)]=6$.

综上，$a+b+c=-3$ 或 29.

四、强化训练题

（一）选择题

1. C　2. B　3. A　4. B　5. B　6. D

（二）填空题

1. -2 或 1　2. $-\frac{2}{3}$　3. 7

（三）解答题

1. $\frac{\sqrt{5}-1}{2}$.（提示：设全身为 1，下身为 x，则上身为 $1-x$）

2. 解:设整数部分为 x,小数部分为 y,则 $x^2=y(x+y)$,所以 $y=\frac{-x+\sqrt{5x^2}}{2}$. 由 $0<y<1$ 可得 $0<x<\frac{1+\sqrt{5}}{2}$;又 x 为整数,所以 $x=1$,所以 $y=\frac{\sqrt{5}-1}{2}$,所以这个正数为$\frac{\sqrt{5}+1}{2}$.

3. 解:设方程 $ax^2+bx+c=0$ 的两个实数根为 x_1,x_2,则 $x_1+x_2=-\frac{b}{a}$,$x_1\cdot x_2=\frac{c}{a}$,又 $S_1=x_1+x_2=-\frac{b}{a}$,

$S_2=x_1^2+x_2^2=(x_1+x_2)^2-2x_1x_2=\frac{b^2}{a^2}-2\frac{c}{a}$,

$S_3=x_1^3+x_2^3=(x_1+x_2)(x_1^2+x_2^2-x_1x_2)=-\frac{b}{a}\left(\frac{b^2}{a^2}-3\frac{c}{a}\right)$,

所以 $aS_3+bS_2+cS_1=-b\left(\frac{b^2}{a^2}-3\frac{c}{a}\right)+b\left(\frac{b^2}{a^2}-2\frac{c}{a}\right)+c\left(-\frac{b}{a}\right)$

$=\frac{3bc}{a}-\frac{2bc}{a}-\frac{bc}{a}=0$.

4. 解:(1) 由韦达定理,可得$\begin{cases}\frac{3(3m-1)}{m^2-1}>0\\\frac{18}{m^2-1}>0\end{cases}$,解得 $m>1$;

又$\frac{18}{m^2-1}$为正整数,所以 $m^2-1=1$,或 2,或 3,或 6,或 9,或 18;又 m 为正整数,所以 $m=2$.

检验:$m=2$ 时,$\Delta>0$,符合题意.

(2) 将 $m=2$ 代入条件,化简得:

$a^2-4a+2=0$,$b^2-4b+2=0$.

当 $a\neq b$ 时,由韦达定理得 $a+b=4$,$ab=2$,

所以 $a^2+b^2=(a+b)^2-2ab=12=c^2$,

故$\triangle ABC$为直角三角形,且$\angle C=90°$.

此时,$S_{\triangle ABC}=\frac{1}{2}ab=1$.

当 $a=b$ 时,则 $a=b=2\pm\sqrt{2}$.

因为三角形任意两边之和大于第三边,所以 $a=b=2+\sqrt{2}$.

此时,$S_{\triangle ABC}=\frac{1}{2}\times2\sqrt{3}\times\sqrt{(2+\sqrt{2})^2-(\sqrt{3})^2}=\sqrt{9+12\sqrt{2}}$.

综上，$\triangle ABC$的面积为1或$\sqrt{9+12\sqrt{2}}$.

5. 解：举例：$2x^2-x-3=0$的根为有理数$\frac{3}{2}$，-1，$x^2+x-6=0$的根为整数2，-3.

回答：如果系数a，b，c都是奇数，则不可能有有理数根，更不可能有整数根.

证明如下：

如果方程$ax^2+bx+c=0(a\neq0)$有实数根，则$x=\frac{-b\pm\sqrt{b^2-4ac}}{2a}$.

若x为有理数，则b^2-4ac为完全平方数，

不妨设$b^2-4ac=n^2$，因为b为奇数，$4ac$为偶数，则n^2为奇数，

进而，$4ac=b^2-n^2=(b+n)(b-n)$.

因为$b+n$与$b-n$都是偶数，

所以$\begin{cases}b+n=2\\b-n=2ac\end{cases}$或$\begin{cases}b+n=2a\\b-n=2c\end{cases}$.

两式相加可得：$b=1+ac$为偶数，或$b=a+c$，所以b为偶数.

这与b为奇数矛盾，所以，假设不成立，

所以方程没有有理数根，就更不可能有整数根了.

第四节　坐标系与函数

三、课后练习

（一）选择题

1. C　2. C　3. A　4. C　5. D

（二）填空题

1. $k_1<k_3<k_2$　2. 36 s　3. $-\frac{3}{2}$　4. 1

（三）解答题

1. 提示：点$P(-2,1)$关于x轴的对称点$(-2,-1)$也在反射光线所在直线上，一次函数表达式为$y=x+1$.

2. 解：设函数表达式为$y=ax^2+bx+c$.

当$x=0,1$的时候，函数值均为1，所以$c=1$，$b=-a$.

函数变为$y=ax^2-ax+1$.

因为它的图象上的任何一个点，都不可能在一次函数 $y=x$ 的下方，二者最多有一个公共点，联立方程可得：

$ax^2-(a+1)x+1=0$，

所以 $\begin{cases} a>0 \\ \Delta\leqslant 0 \end{cases}$.

因为 $\Delta=(a+1)^2-4a=(a-1)^2\leqslant 0$，

所以 $a=1$，$f(x)=x^2-x+1$.

3. 解：(1) $5\pm\sqrt{10}$.（提示：转化成圆心到直线的距离与半径的和或差）

(2) 假设正方形的连长为 a，也就是圆的弦长为 a，则弦心距为 $\sqrt{10-\frac{a^2}{4}}$.

因为圆心到直线 AB 的距离为 5，

所以结合图象可得 $5\pm\sqrt{10-\frac{a^2}{4}}=a$，解得 $a=2$ 或 6.

正方形的面积为 4 或 36.

4. 解：(1) 点 C 的坐标为 $(0,c)$.

设 $A(x_1,0)$，$B(x_2,0)$，则 $x_1+x_2=-b$，$x_1x_2=c$.

设⊙P 与 y 轴的另一个交点为 D.

由于 AB，CD 是两条相交弦，它们的交点为点 O，

所以 $OA\cdot OB=OC\cdot OD$（相交弦定理，也可由相似三角形证得），

则 $OD=\frac{OA\cdot OB}{OC}=\frac{|x_1x_2|}{|c|}=\frac{|c|}{|c|}=1$.

因为 $c<0$，所以点 C 在 y 轴的负半轴上，从而点 D 在 y 轴的正半轴上，所以点 D 为定点，它的坐标为 $(0,1)$.

(2)因为 $AB\perp CD$，如果 AB 恰好为⊙P 的直径，则 C，D 关于点 O 对称，所以点 C 的坐标为 $(0,-1)$，即 $c=-1$；

又 $AB=|x_1-x_2|=\sqrt{(x_1+x_2)^2-4x_1x_2}=\sqrt{(-b)^2-4c}=\sqrt{b^2+4}$，

所以 $S_{\triangle ABC}=\frac{1}{2}AB\cdot OC=\frac{1}{2}\sqrt{b^2+4}\cdot 1=2$，解得 $b=\pm 2\sqrt{3}$.

四、强化训练题

（一）选择题

1. D　2. D　3. B　4. D　5. A　6. A　7. B.

（二）填空题

1.（1）（4） 2. $2\sqrt{6}$ 3. $\frac{3}{2}$

（三）解答题

1. 略解：(1) $y=m(x^2+2x+1)+5x^2+2x$，$x=-1$ 时，$y=3$，图象过定点$(-1,3)$.

(2) $\Delta=4-12m<0$ 且 $m+5>0$，可得 $m>\frac{1}{3}$.

2. 解：设圆的半径为 r，则圆心 $N(r,r)$.

由 $MN=r$ 可得$\sqrt{(r-1)^2+(r-2)^2}=r$，

解得 $r=1$ 或 5，

圆心 $N(1,1)$或$(5,5)$.

3. 解：(1) 设抛物线 $y=ax^2+bx+c(a\neq0)$.

由题意，知 $a=1$，$b=2$，$c=-3$，所以，抛物线 $y=x^2+2x-3$. 顶点 $D(-1,-4)$，$E(-3,0)$.

(2) 设两圆半径分别为 R_1，R_2，因为 $EO-R_1\leqslant EP\leqslant EO+R_1$，$EC-R_2\leqslant EQ\leqslant EC+R_2$，所以，$EO-R_1+EC-R_2\leqslant EP+EQ\leqslant EO+R_1+EC+R_2$，即 $3\sqrt{2}\leqslant EP+EQ\leqslant 6+3\sqrt{2}$.

(3) 当 $DG/\!/AH$ 时，所走路径长度最小.

D 关于 y 轴的对称点为 $M(1,-4)$，A 关于 x 轴的对称点为 $N(-2,3)$，所以，所走路径长度的最小值 $MN=\sqrt{58}$.

4. 解：(1) 由题意得$\begin{cases}\frac{b}{2a}=1\\ 9a-3b+c=0\\ c=-2\end{cases}$，解得$\begin{cases}a=\frac{2}{3}\\ b=\frac{4}{3}\\ c=-2\end{cases}$，所以此抛物线的解析式为 $y=\frac{2}{3}x^2+\frac{4}{3}x-2$.

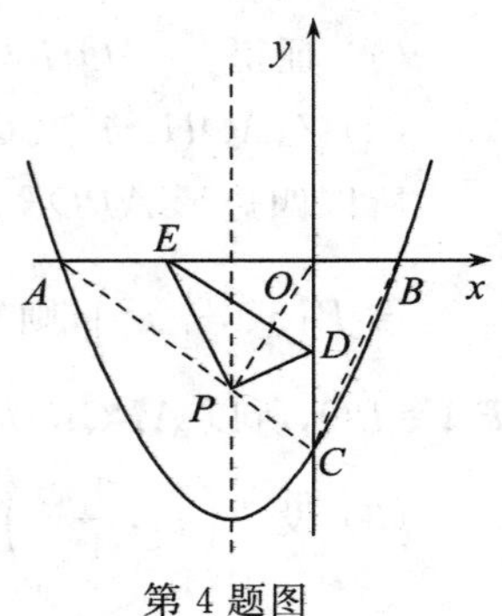

第 4 题图

(2) 连接 AC，BC.

因为 BC 的长度一定，所以 $\triangle PBC$ 周长最小，就是使 $PC+PB$ 最小. B 点关于对称轴的对称点是 A 点，AC 与对称轴 $x=-1$ 的交点即为所求的点 P.

设直线 AC 的表达式为 $y=kx+b$，

则 $\begin{cases}-3k+b=0\\ b=-2\end{cases}$，解得 $\begin{cases}k=-\dfrac{2}{3}\\ b=-2\end{cases}$，

所以此直线的表达式为 $y=-\dfrac{2}{3}x-2$. 把 $x=-1$ 代入得 $y=-\dfrac{4}{3}$，所以 P 点的坐标为 $\left(-1,-\dfrac{4}{3}\right)$.

(3) S 存在最大值.

理由：因为 $DE\parallel PC$，即 $DE\parallel AC$，所以 $\triangle OED\backsim\triangle OAC$，

所以 $\dfrac{OD}{OC}=\dfrac{OE}{OA}$，即 $\dfrac{2-m}{2}=\dfrac{OE}{3}$，所以 $OE=3-\dfrac{3}{2}m$，$OA=3$，$AE=\dfrac{3}{2}m$，

所以 $S=S_{\triangle OAC}-S_{\triangle OED}-S_{\triangle AEP}-S_{\triangle PCD}$

$=\dfrac{1}{2}\times3\times2-\dfrac{1}{2}\times\left(3-\dfrac{3}{2}m\right)\times(2-m)-\dfrac{1}{2}\times\dfrac{3}{2}m\times\dfrac{4}{3}-\dfrac{1}{2}\times m\times1$

$=-\dfrac{3}{4}m^2+\dfrac{3}{2}m=-\dfrac{3}{4}(m-1)^2+\dfrac{3}{4}$.

当 $m=1$ 时，S 最大.

5. 略解：

(1) 证得：$\triangle AOH$ 与 $\triangle CQH$ 全等.

(2) $\triangle AOH$ 与 $\triangle CQH$ 全等，进而 $\triangle PCH$ 与 $\triangle ROH$ 全等，

所以四边形 $APQR$ 为平行四边形.

设 $P\left(x_0,\dfrac{1}{4}x_0^2\right)$，则 $PQ=1+\dfrac{1}{4}x_0^2$，$PA=\sqrt{x_0^2+\left(\dfrac{1}{4}{x_0}^2-1\right)^2}=1+\dfrac{1}{4}x_0^2$. $PA=PQ$，所以 $APQR$ 为菱形.

(3) 设 $P\left(x_0,\dfrac{1}{4}x_0^2\right)$，则 $H\left(\dfrac{x_0}{2},0\right)$.

求得直线 PH 方程 $y=\dfrac{x_0}{2}x-\dfrac{1}{4}x_0^2$，与抛物线 $y=\dfrac{1}{4}x^2$ 联立可得只有一组解，$x=x_0$，所以二者只有一个公共点.

(4) 过 A 点的直线可设为 $y=kx+1$，与抛物线联立，由韦达定理可得两

个交点的横坐标之积为定值-4.

(5) 直线可设为 $y=kx+b$,与抛物线联立,由韦达定理可得两个交点的横坐标之积为$-4b$,即$-4b=-4$,所以 $b=1$,

所以该直线 $y=kx+1$ 必过一个定点 $A(0,1)$.

第五节　二次函数的最大值、最小值

三、课后练习

1. $y=-x(2-x)=x^2-2x$,$x=1$ 时,函数最小值为-1,无最大值.

2. $P(1,2)$,矩形 $OAPB$ 的最大面积为 2.

3. 解:设 P 到 CD 的距离 $PM=x$,则 P 到 EF 的距离 $PG=4-x$. 由相似三角形可得 P 到 BC 的距离 $PH=2(x-3)$,则 P 到 DE 的距离 $PN=10-2x$,所以矩形的面积 $S=x(10-2x)=-2x^2+10x(3\leqslant x\leqslant 4)$,所以该函数图象的对称轴为 $x=\frac{5}{2}$. 结合图象可知 $x=3$ 时,矩形面积最大 $S=12$,最大利用率为 $\frac{12}{16}=\frac{3}{4}$.

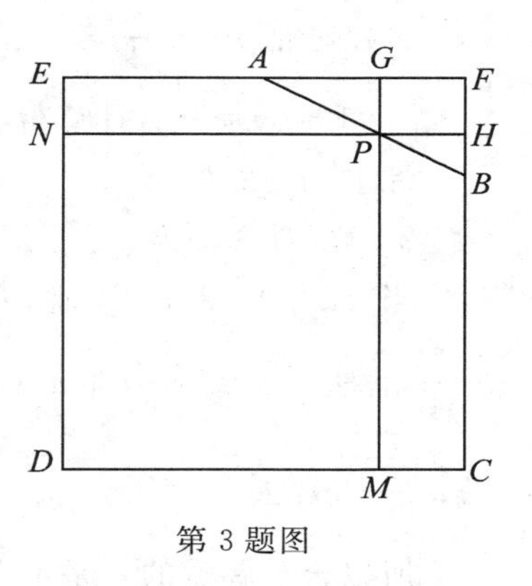

第 3 题图

4. (1) $-1\leqslant t\leqslant 1$;(2) $t=0$.

5. 解:在内接矩形 $ABCD$ 中,对角线 AC 就是圆的直径,假设 $AB=x$,则直角三角形 ABC 中,$BC=\sqrt{4-x^2}$.

矩形面积 $S=x\sqrt{4-x^2}=\sqrt{4x^2-x^4}$,所以 $x^2=2$ 时,面积 S 取得最大值. 此时 $AB=BC=\sqrt{2}$,内接矩形恰好为正方形.

6. 解:(1) 9.

(2) 设 $P\left(x,\frac{9}{x}\right)$,矩形 $PAOB$ 的周长为 L,则 $L=2\left(x+\frac{9}{x}\right)=2\left(\sqrt{x}-\frac{3}{\sqrt{x}}\right)^2+12$,

所以$\sqrt{x}=\frac{3}{\sqrt{x}}$即 $x=3$ 时,周长的最小值为 12,点 $P(3,3)$.

四、强化训练题

1. 解:对称轴为 $x=-\frac{a}{2}<0$.

第一种情况:$-1\leqslant-\frac{a}{2}<0$,即 $0<a\leqslant2$,因对称轴在区间内,故函数最大值在 $x=-\frac{a}{2}$时取到,因对称轴在区间左半段,故函数最小值在 $x=1$ 时取到……

$a=-6$ 或 2,又 $0<a\leqslant2$,所以 $a=2,b=-2$.

第二种情况:$-\frac{a}{2}<-1$,即对称轴在区间外,此时 $a>2$,故 $x=-1$ 时 $y=0$,$x=1$ 时 $y=-4$,计算得出 $a=2,b=-2$,不满足 $a>2$ 的条件.

综上,$a=2,b=-2$.

2. 解:对称轴为 $x=-a$.

当$-a\leqslant0$,即 $a\geqslant0$ 时,$x=2$ 时函数取得最大值 $4a+5=4$,所以 $a=-\frac{1}{4}$,舍去.当$-a>0$,即 $a<0$ 时,$x=-2$ 时函数取得最大值$-4a+5=4$,所以 $a=\frac{1}{4}$,舍去.

所以合乎题意的 a 是不存在的.

3. 解:设画面的左右长为 x cm,则其上下宽为$\frac{4\ 840}{x}$ cm,则整个画面所用纸张的面积为$(x+10)\times\left(\frac{4\ 840}{x}+16\right)$.

(1) $(x+10)\times\left(\frac{4\ 840}{x}+16\right)=6\ 600$,该方程无解,所以甲方要求是无理要求,根本做不到.

(2) 整个画面所用纸张的面积 $S=(x+10)\times\left(\frac{4\ 840}{x}+16\right)=16\left(x+\frac{3\ 025}{x}\right)+5\ 000=16\left(\sqrt{x}-\frac{55}{\sqrt{x}}\right)^2+6\ 760$,

所以$\sqrt{x}=\frac{55}{\sqrt{x}}$即 $x=55$ 时,整个画面面积最小,此时画面规格为 55×88.

4. (1) 由第 4 题图①可得市场售价与时间的函数关系为:

$f(t)=\begin{cases}300-t, 0\leqslant t\leqslant 200\\ 2t-300, 200<t\leqslant 300\end{cases}$，由第 4 题图②可得种植成本与时间的函数关系为 $g(t)=\frac{1}{200}(t-150)^2+100, 0\leqslant t\leqslant 300$.

(2) 设 t 时刻的纯收益为 $h(t)$，则由题意得 $h(t)=f(t)-g(t)$. 即 $h(t)$

$$=\begin{cases}-\frac{1}{200}t^2+\frac{1}{2}t+\frac{175}{2}, 0\leqslant t\leqslant 200,\\ -\frac{1}{200}t^2+\frac{7}{2}t-\frac{1\ 025}{2}, 200<t\leqslant 300\end{cases}.$$

当 $0\leqslant t\leqslant 200$ 时，配方整理得 $h(t)=-\frac{1}{200}(t-50)^2+100$.

所以当 $t=50$ 时，$h(t)$ 取得 0 到 200 上的最大值 100.

当 $200<t\leqslant 300$ 时，配方整理得 $h(t)=-\frac{1}{200}(t-350)^2+100$.

所以，当 $t=300$ 时，$h(t)$ 取得 200 到 300 上的最大值 87.5.

综上，$h(t)$ 的最大值 100，此时 $t=50$，即从 2 月 1 日开始的第 50 天时，上市的西红柿纯收益最大.

5. 解：(1) 如第 5 题图，作 $DE\perp AB$ 于 E，连接 BD. 因为 AB 为直径，所以 $\angle ADB=90^\circ$.

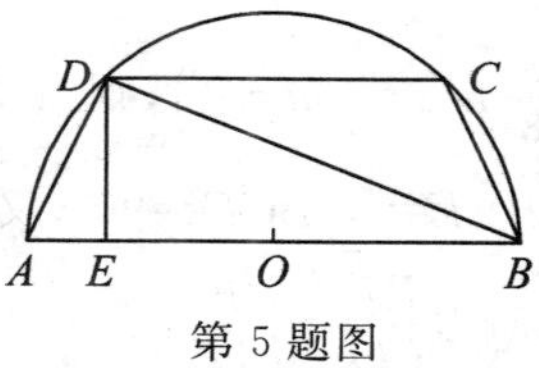

第 5 题图

在 $\text{Rt}\triangle ADB$ 与 $\text{Rt}\triangle AED$ 中，$\angle ADB=90^\circ=\angle AED$，$\angle BAD=\angle DAE$，所以 $\text{Rt}\triangle ADB\backsim\text{Rt}\triangle AED$. 所以 $\frac{AD}{AB}=\frac{AE}{AD}$，即 $AE=\frac{AD^2}{AB}$；又 $AD=x$，$AB=4$，所以 $AE=\frac{x^2}{4}$. 所以 $CD=AB-2AE=4-2\times\frac{x^2}{4}=4-\frac{x^2}{2}$. 于是，$y=AB+BC+CD+AD=4+x+4-\frac{x^2}{2}+x=-\frac{1}{2}x^2+2x+8(0<x<2\sqrt{2})$.

$y=-\frac{1}{2}x^2+2x+8=-\frac{1}{2}(x-2)^2+10, 0<x<2\sqrt{2}$，所以，当 $x=2$ 时，y 有最大值 10.

6. 解：(1) $y=\frac{3}{8}x^2-\frac{3}{4}x-3$.

(2) 设运动时间为 $t(0\leqslant t\leqslant 2)$.

如第6题图①，过点 Q 作 $QH\perp x$ 轴于点 H，$PA=3t$，$BQ=t$，点 C 的坐标是(0，－3). 因为 $QH/\!/OC$，所以 $\angle BHQ=\angle BOC=90°$，所以 $\triangle BQH\backsim\triangle BCO$，所以 $\frac{QH}{CO}=\frac{BQ}{BC}=\frac{BH}{BO}$.

在 $\triangle BCO$ 中，$BO=4$，$CO=3$，由勾股定理得 $BC=\sqrt{BO^2+CO^2}=\sqrt{4^2+3^2}=5$，所以 $\frac{QH}{3}=\frac{t}{5}=\frac{BH}{4}$，即 $QH=\frac{3}{5}t$，$BH=\frac{4}{5}t$，所以 $HO=BO-BH=4-\frac{4}{5}t$，所以点 Q 的坐标为 $\left(4-\frac{4}{5}t,-\frac{3}{5}t\right)$.

在 $\triangle BPQ$ 中，$BP=AB-AP=6-3t$，所以 $S_{\triangle BPQ}=\frac{1}{2}BP\cdot QH=\frac{1}{2}(6-3t)\cdot\frac{3}{5}t=-\frac{9}{10}(t-1)^2+\frac{9}{10}$.

当 $t=1$ 时，$\triangle PBQ$ 的面积有最大值，此时 $S_{\triangle PBQ}=\frac{9}{10}$.

(3) 如第6题图②，过点 K 作 $KF/\!/y$ 轴，交 BC 于点 E，交 x 轴于点 F，连接 BK 和 CK.

设点 K 的坐标为 $\left(m,\frac{3}{8}m^2-\frac{3}{4}m-3\right)$，则点 F 的坐标为 $(m,0)$.

因为 $EF/\!/CO$，所以 $\angle BFE=\angle BOC=90°$，又因为 $\angle FBE=\angle OBC$，

所以 $\triangle BEF\backsim\triangle BCO$，所以 $\frac{EF}{CO}=\frac{BF}{BO}$.

因为 $BF=4-m$，所以 $EF=CO\cdot\frac{BF}{BO}=3\times\frac{4-m}{4}=3-\frac{3}{4}m$，

所以 $EK=KF-EF=-\frac{3}{8}m^2+\frac{3}{4}m+3-3+\frac{3}{4}m=-\frac{3}{8}m^2+\frac{3}{2}m$.

由(2) 可知，此时 $S_{\triangle PBQ}=\frac{9}{10}$，

因为 $S_{\triangle CBK}:S_{\triangle PBQ}=5:2$，所以 $S_{\triangle CBK}=\frac{5}{2}S_{\triangle PBQ}=\frac{5}{2}\cdot\frac{9}{10}=\frac{9}{4}$，

故 $S_{\triangle CBK}=\frac{1}{2}KE\cdot x_B=\frac{1}{2}\left(-\frac{3}{8}m^2+\frac{3}{2}m\right)\times 4=\frac{9}{4}$，

化简得 $m^2-4m+3=0$，解得 $m_1=1$，$m_2=3$，

所以 $y_1=\frac{3}{8}m_1{}^2-\frac{3}{4}m_1-3=-\frac{27}{8}$，$y_2=\frac{3}{8}m_2{}^2-\frac{3}{4}m_2-3=-\frac{15}{8}$，

所以 K_1 的坐标$\left(1,-\frac{27}{8}\right)$，$K_2$ 的坐标$\left(3,-\frac{15}{8}\right)$，

故当点 K 的坐标是$\left(1,-\frac{27}{8}\right)$或$\left(3,-\frac{15}{8}\right)$时，$S_{\triangle CBK}:S_{\triangle PBQ}=5:2$.

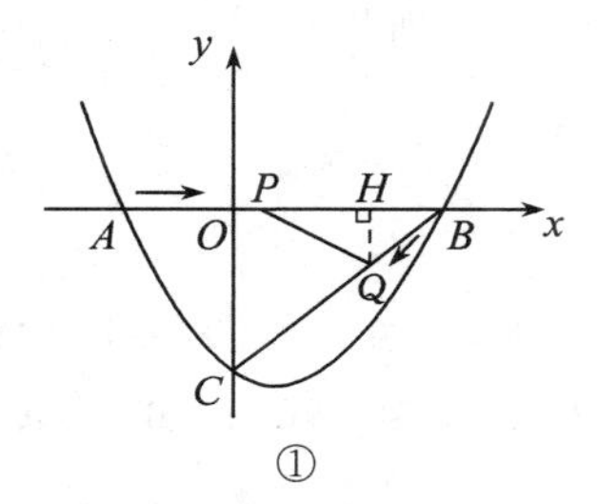

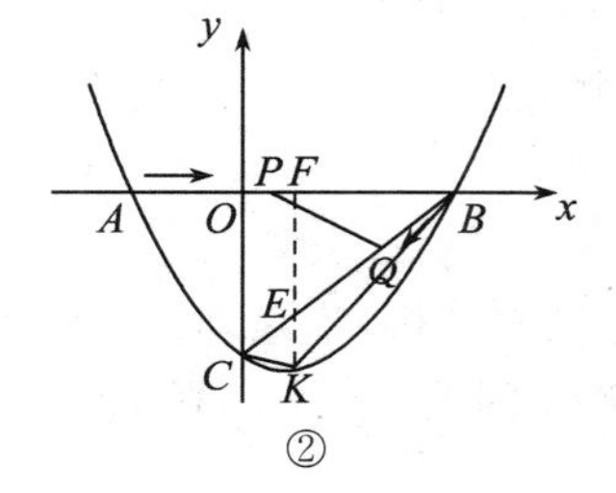

第 6 题图

第六节　平面几何与三角函数

三、课后练习

（一）选择题

1. 因为 PD 切$\odot O$ 于点 C，所以$\angle OCD=90°$；又因为 $CO=CD$，所以$\angle COD=\angle D=45°$，所以$\angle A=\frac{1}{2}\angle COD=22.5°$（同弧所对的圆周角是所对的圆心角的一半）. 因为 $OA=OC$，所以$\angle A=\angle ACO=22.5°$（等边对等角），所以$\angle PCA=180°-\angle ACO-\angle OCD=67.5°$，

故选 D.

2. 作 $AF\perp DB$ 于 F，作 $DE\perp AB$ 于 E.

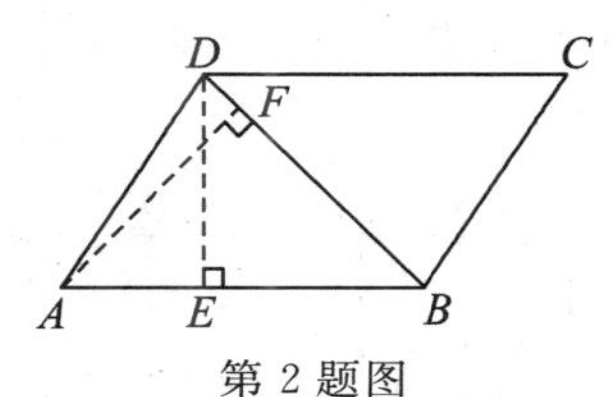

第 2 题图

设 $DF=x$，则 $AD=2x$，因为$\angle ADB=60°$，所以 $AF=\sqrt{3}x$，又因为 $AB:AD=3:2$，所以 $AB=3x$，于是 $BF=\sqrt{6}x$，所以 $3x\cdot DE=(\sqrt{6}+1)x\cdot\sqrt{3}x$，$DE=\frac{3\sqrt{2}+\sqrt{3}}{3}x$，$\sin\angle A=\frac{3\sqrt{2}+\sqrt{3}}{6}$，$\cos\angle A=\frac{\sqrt{3^2-2\times3\sqrt{6}+(\sqrt{6})^2}}{6}$

$=\frac{3-\sqrt{6}}{6}$,

故选 B.

3. $\angle AED=\angle EDC+\angle C$,$\angle ADC=\angle B+\angle BAD$,因为 $AD=AE$,所以$\angle AED=\angle ADE$,因为$\angle B=\angle C$,所以$\angle B+\angle BAD=\angle EDC+\angle C+\angle EDC$,即$\angle BAD=2\angle EDC$,因为$\angle BAD=50°$,所以$\angle EDC=25°$,

故选 B.

4. A

5. C

6. 试题分析:当滚动到$\odot O'$与 CA 也相切时,切点为 D,连接 $O'C$,$O'B$,$O'D$,OO'. 因为 $O'D\perp AC$,所以 $O'D=O'B$,因为 $O'C$ 平分$\angle ACB$,所以$\angle O'CB=\frac{1}{2}\angle ACB=\frac{1}{2}\times 60°=30°$. 因为 $O'C=2O'B=2\times 2=4$,所以 $BC=\sqrt{O'C^2-O'B^2}=\sqrt{4^2-2^2}=2\sqrt{3}$,

故选 C.

考点:1. 切线的性质;2. 解直角三角形.

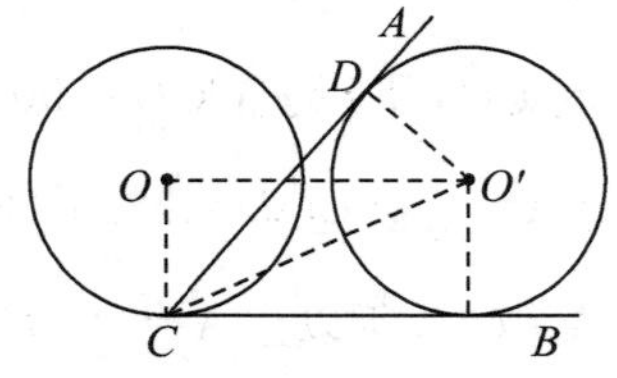

第 6 题图

7. 请你用一张 A4 的白纸卷成一个圆柱,在外面画上 5 匝细线,然后沿着线段 AB 剪开后你会发现,该圆柱的侧面展开图的矩形的长为 a,高为 π,从 A 开始,在矩形内部有五条相同的斜线段分别对应着 5 匝细线,如图所示.

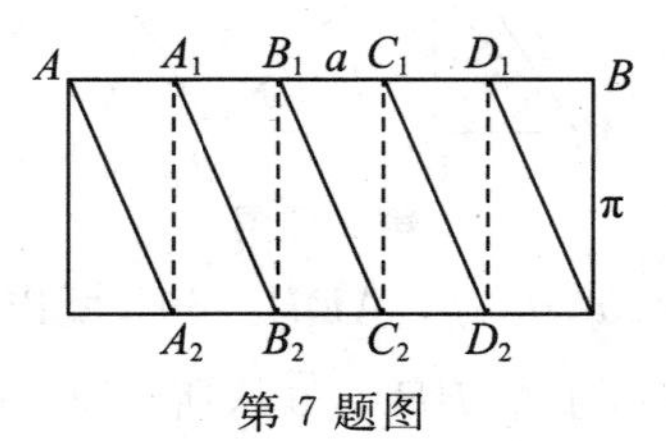

第 7 题图

由勾股定理可得:每条线段长度为$\sqrt{\pi^2+\frac{1}{25}a^2}$. 所以答案为 B.

8. D

（二）填空题

1. 解：设沿着 AE 折叠后点 B 与 AC 上的 B' 点重合，如图所示.

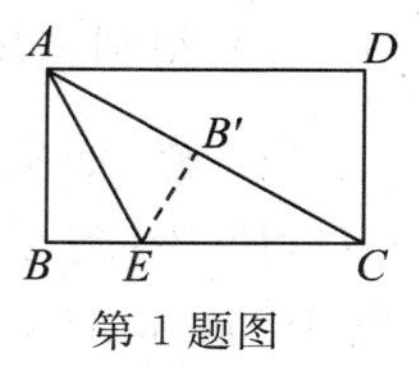

第 1 题图

因为四边形 $ABCD$ 是矩形，所以由折叠的对称性可知，$\angle EB'A=\angle B=90°$，$AB'=AB=2$. 因为 $AE=EC$，所以 $AC=2AB=4$，

故答案为 4.

2. 解：如第 2 题图，由勾股定理知 $AD=9$，$BD=16$，所以 $AB=AD+BD=25$，故由勾股定理逆定理知 $\triangle ACB$ 为直角三角形，且 $\angle ACB=90°$，作 $EF\perp BC$，垂足为 F，设 $EF=x$. 由 $\angle ECF=\dfrac{1}{2}\angle ACB=45°$，得 $CF=x$，于是 $BF=20-x$. 由于 $EF\parallel AC$，所以 $\dfrac{EF}{AC}=\dfrac{BF}{BC}$，即 $\dfrac{x}{15}=\dfrac{20-x}{20}$，解得 $x=\dfrac{60}{7}$. 所以 $CE=\sqrt{2}x=\dfrac{60\sqrt{2}}{7}$，

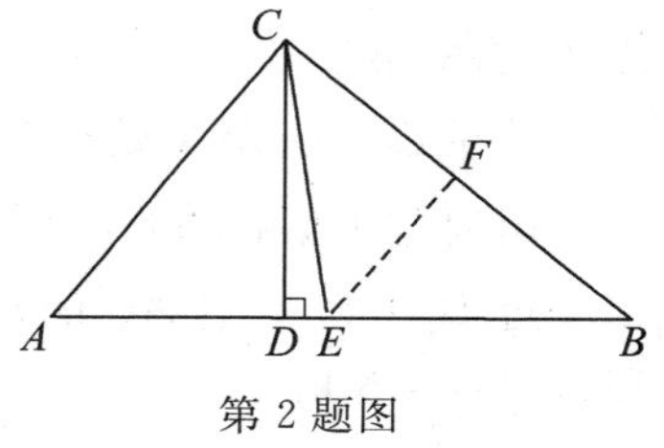

第 2 题图

故答案为 $\dfrac{60\sqrt{2}}{7}$.

3. 5

4. $\dfrac{2\pi}{3}-\dfrac{\sqrt{3}}{2}$

5. 设 $\triangle ABC$ 的面积为 S，因为 $\triangle ADE\backsim\triangle ABC$，则 $\dfrac{AD}{AB}=\sqrt{\dfrac{S_{\triangle ADE}}{S}}$；又因为 $\triangle BDF\backsim\triangle BAC$，则 $\dfrac{BD}{AB}=\sqrt{\dfrac{S_{\triangle BDF}}{S}}$. 两式相加得 $\sqrt{\dfrac{S_{\triangle ADE}}{S}}+\sqrt{\dfrac{S_{\triangle BDF}}{S}}=\dfrac{AD}{AB}+\dfrac{BD}{AB}=1$，即 $\sqrt{\dfrac{m}{S}}+\sqrt{\dfrac{n}{S}}=1$，解得 $S=(\sqrt{m}+\sqrt{n})^2$，所以四边形 $DECF$ 的面积为 $(\sqrt{m}+\sqrt{n})^2-m-n=2\sqrt{mn}$.

（三）解答题

1. 提示：结合图形，假设圆心为 O.

如果 $\angle C$ 为钝角，连接 AO 并延长与圆交于点 D，连接 CD，在 $\mathrm{Rt}\triangle ABD$

中，容易得到$\angle D=60°$，所以$\angle C=120°$.

如果$\angle C$为锐角，连接AO并延长与圆交于点D，连接CD，在$\text{Rt}\triangle ABD$中，容易得到$\angle D=60°$，所以$\angle C=60°$.

2. 解：如第2题图，作BB'垂直于河岸GH，使BB'等于河宽，连接AB'，与河岸EF相交于M，作$MN\perp GH$，则$MN\parallel BB'$且$MN=BB'$，于是$MNBB'$为平行四边形，故$NB=MB'$. 根据"两点之间线段最短"，AB'最短，即$AM+BN$最短，

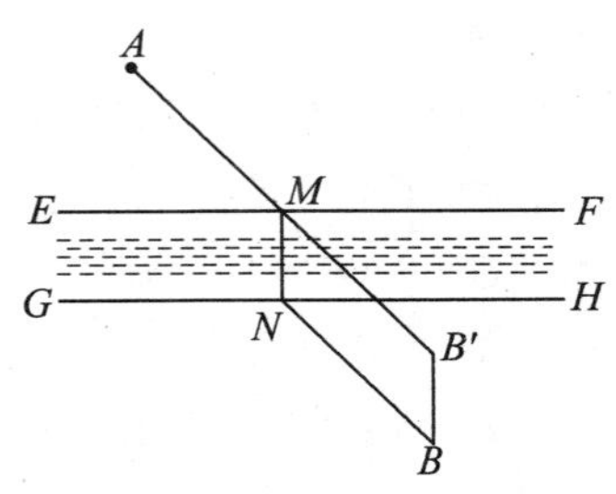

第2题图

故桥建立在MN处符合题意.

由河宽1 km，$CD=\sqrt{10}$ km，可知A，B的横向距离为3 km.

过B'作$B'C'\perp AC$的延长线于C'，则$\text{Rt}\triangle AB'C'$中，$B'C'=3$，$AC'=4$，所以$AB'=5$ km.

最短路程$AB'+MN=6$ km.

3. 略.

4. 解：(1) 方法1：已知$\triangle ABC$的两条高BE，CF相交于点O，第三条高AD交高BE于点Q，交高CF于点P. 求证：P，Q，O三点重合.

如第4题图①，有大大小小的直角三角形，没有全等只有相似，所以应该从发展相似三角形开始.

因为$BE\perp AC$，$CF\perp AB$，所以$\angle AEB=\angle AFC=90°$，又因为$\angle BAE=\angle CAF$，所以$\triangle ABE\backsim\triangle ACF$，所以$\dfrac{AB}{AC}=\dfrac{AE}{AF}$，所以$AB\cdot AF=AC\cdot AE$；又因为$AD\perp BC$，所以$\triangle AEQ\backsim\triangle ADC$，$\triangle AFP\backsim\triangle ADB$.

同样可得$AC\cdot AE=AD\cdot AQ$，$AB\cdot AF=AD\cdot AP$.

研究既有的成果，可以有新的进展，结合结论的要求证明三点重合，我们的目的可以更加明确.

因为$AB\cdot AF=AC\cdot AE$，$AC\cdot AE=AD\cdot AQ$，$AB\cdot AF=AD\cdot AP$，

所以$AD\cdot AQ=AD\cdot AP$所以$AQ=AP$.

因为点Q，P都在线段AD上，所以点Q，P重合为点G.

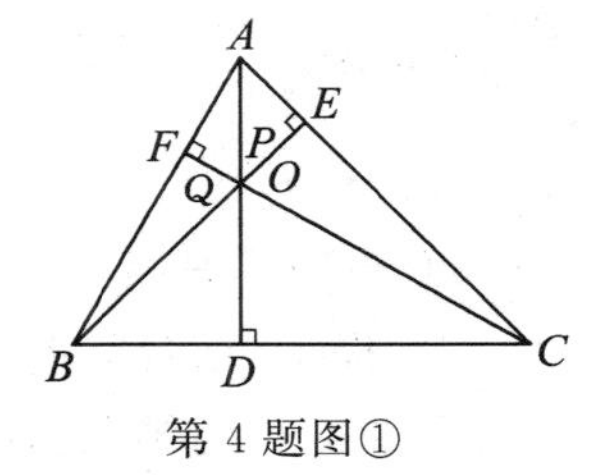

第4题图①

显然,点 G 在三条高线上,所以三条高线交于一点.

方法 2:学了四点共圆的判定和应用之后,根据本题的实际背景,我们的发展可以更加“放肆”.

该题的解题设计思路为:

连接一顶点和另外两高交点的直线垂直于第三边,运用四点共圆的性质不断发展.

已知:$\triangle ABC$ 的两条高 AD,BE 相交于点 O,连接 CO 交 AB 于点 F.求证:$CF\perp AB$.

证明:因为$\angle AEB=\angle ADB=90^\circ$,所以 A,B,D,E 四点共圆,

所以$\angle 1=\angle ABE$,又因为$\angle CEO=\angle CDO=90^\circ$,所以 C,E,O,D 四点共圆,

所以$\angle 2=\angle 1$,所以$\angle 2=\angle ABE$.

因为三角形 ABE 中,$\angle ABE+\angle BAC=90^\circ$,所以$\angle 2+\angle BAC=90^\circ$,所以三角形 ACF 也是直角三角形,

即 $CF\perp AB$.

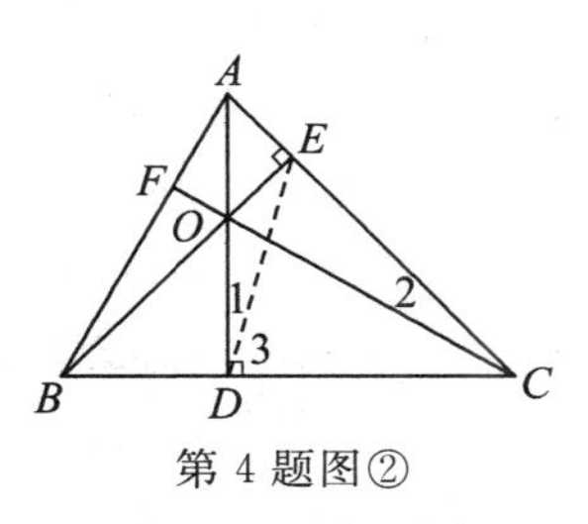

第 4 题图②

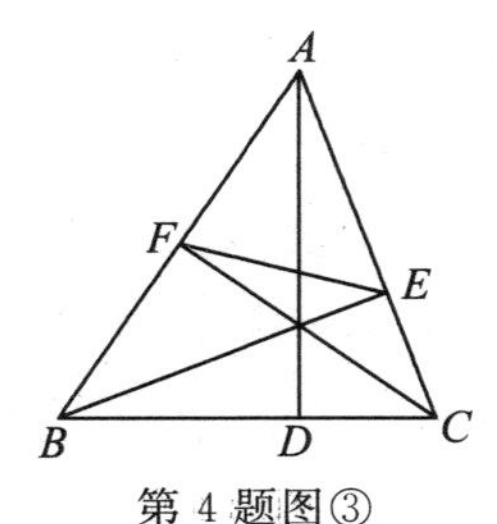

第 4 题图③

解题过程中,四点共圆的判定和应用分别进行了两次,对它们的成果进一步发展,不可能不得到该题的结论.

(2) 解:因为 AD,BE,CF 为$\triangle ABC$ 的三条高,易知 B,C,E,F 四点共圆,

所以$\triangle AEF\backsim\triangle ABC$,所以$\dfrac{AF}{AC}=\dfrac{EF}{BC}=\dfrac{3}{5}$,即 $\cos\angle BAC=\dfrac{3}{5}$,所以 $\sin\angle BAC=\dfrac{4}{5}$,所以在 $\mathrm{Rt}\triangle ABE$ 中,$BE=AB\sin\angle BAC=6\cdot\dfrac{4}{5}=\dfrac{24}{5}$,

故答案为$\dfrac{24}{5}$.

四、强化训练题

（一）选择题

1. B　2. D

3. 因为$\angle BAC=\angle BCA=\angle OBC=\angle OCB$，所以$\triangle BOC\backsim\triangle ABC$，所以$\dfrac{BO}{AB}=\dfrac{BC}{AC}$，即$\dfrac{1}{a}=\dfrac{a}{a+1}$，所以，$a^2-a-1=0$. 由$a>0$，解得$a=\dfrac{1+\sqrt{5}}{2}$，故$a=\dfrac{1+\sqrt{5}}{2}$，

故选 A.

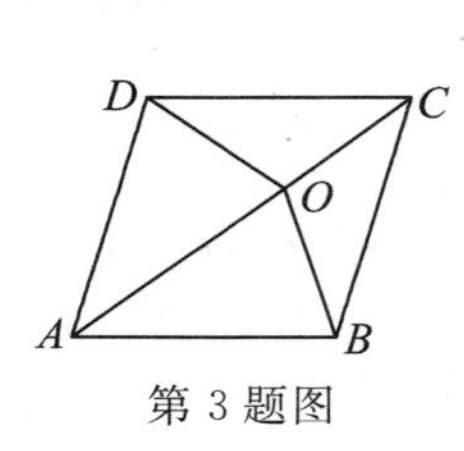

第 3 题图

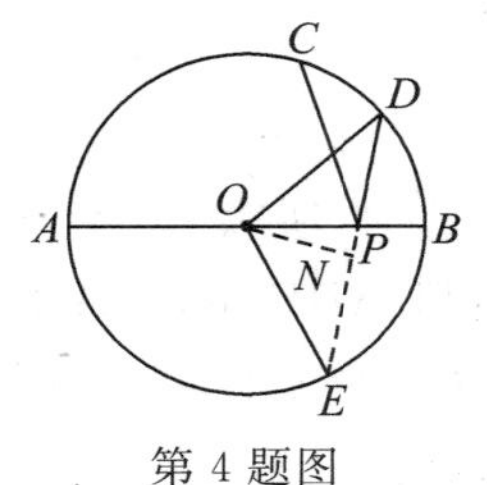

第 4 题图

4. 作点C关于AB的对称点E，则$PC=PE$，根据两点之间线段最短，可得DE的长就是$PC+PD$的最小值.

因为弧AC的度数为$96°$，弧BD的度数为$36°$，所以弧AE的度数为$96°$，弧BE的度数为$84°$，所以弧DBE的度数为$120°$，所以$\angle DOE=120°$，$\angle E=30°$. 过O作$ON\perp DE$于N，则$DE=2DN$. 因为$\cos 30°$，$=\dfrac{DN}{R}$，所以$DN=\dfrac{\sqrt{3}}{2}R$，所以$DE=\sqrt{3}R$，所以$PC+PD$的最小值为$\sqrt{3}R$，

故选 B.

5. 因为在正方形纸片$ABCD$中，折叠正方形纸片$ABCD$，使AD落在BD上，点A恰好与BD上的点F重合，所以$\angle GAD=45°$，$\angle ADG=\dfrac{1}{2}\angle ADO=22.5°$，所以$\angle AGD=112.5°$，所以①正确.

因为$\tan\angle AED=\dfrac{AD}{AE}$，因为$AE=EF<BE$，所以$AE<\dfrac{1}{2}AB$，所以$\tan\angle AED=\dfrac{AD}{AE}>2$，因此②错.

因为$AG=FG>OG$，$\triangle AGD$与$\triangle OGD$同高，所以$S_{\triangle AGD}>S_{\triangle OGD}$，所以③错.

根据题意可得 $AE=EF$，$AG=FG$，又因为 $EF\parallel AC$，所以 $\angle FEG=\angle AGE$，又因为 $\angle AEG=\angle FEG$，所以 $\angle AEG=\angle AGE$，所以 $AE=AG=EF=FG$，所以四边形 $AEFG$ 是菱形，因此④正确.

由折叠的性质设 $BF=EF=AE=1$，则 $AB=1+\sqrt{2}$，$BD=2+\sqrt{2}$，$DF=1+\sqrt{2}$，由此可求 $\frac{OG}{EF}=\frac{\sqrt{2}}{2}$. 因为 $EF\parallel AC$，所以 $\triangle DOG\backsim\triangle DFE$，所以 $\frac{OG}{EF}=\frac{DO}{DF}=\frac{\sqrt{2}}{2}$，所以 $\sqrt{2}EF=2OG$. 在 Rt$\triangle BEF$ 中，$\angle EBF=45°$，所以 $\triangle BEF$ 是等腰直角三角形. 同理可证 $\triangle OFG$ 是等腰直角三角形. 在等腰直角三角形 BEF 和等腰直角三角形 OFG 中，$BE^2=2EF^2=2GF^2=2\times2OG^2$，所以 $BE=2OG$，因此⑤正确，

故选 A.

6. 过 B 作 $BF\perp DE$ 于 F. 在 Rt$\triangle CBD$ 中，$BC=10$，$\cos\angle BCD=\frac{3}{5}$，所以 $BD=8$. 在 Rt$\triangle BCE$ 中，$BC=10$，$\angle BCE=30°$，所以 $BE=5$. 在 Rt$\triangle BDF$ 中，$\angle BDF=\angle BCE=30°$，$BD=8$，所以 $DF=BD\cdot\cos 30°=4\sqrt{3}$. 在 Rt$\triangle BEF$ 中，$\angle BEF=\angle BCD$，即 $\cos\angle BEF=\cos\angle BCD=\frac{3}{5}$，$BE=5$，所以 $EF=BE\cdot\cos\angle BEF=3$，所以 $DE=DF+EF=3+4\sqrt{3}$，

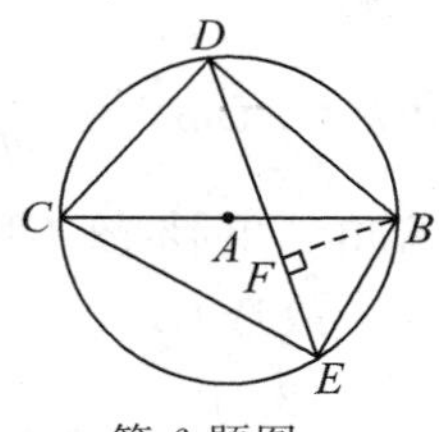

第 6 题图

故选 D.

7. 因为凸 n($n\geqslant3$ 的正整数)边形的外角和为 360°，所以 n 个外角中最多有 3 个钝角，而每个外角和它对应的内角互补，所以凸 n($n\geqslant3$ 的正整数)边形的所有内角中，锐角的个数最多有 3 个，

故选 C.

8. B

9. 根据三角形内角和定理得出 $\angle A+\angle ADE+\angle AED=180°$，又由图得，$\angle1+2\angle AED=180°$，$\angle2+2\angle ADE=180°$. 由以上三式可推出 $2\angle A=\angle1+\angle2$，即当 $\triangle ABC$ 的纸片沿 DE 折叠，当点 A 落在四边形 $BCED$ 内部时 $2\angle A=\angle1+\angle2$ 这种数量关系始终保持不变，

故选 B.

10. 解:连接 BD,BF.

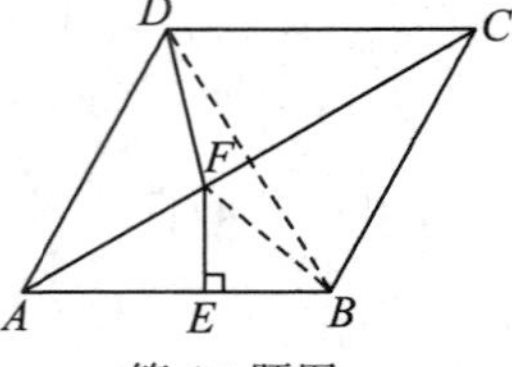

第10题图

因为$\angle BAD=80°$,所以$\angle ADC=100°$;又因为EF垂直平分AB,AC垂直平分BD,所以$AF=BF$,$BF=DF$,所以$AF=DF$,所以$\angle FAD=\angle FDA=40°$,所以$\angle CDF=100°-40°=60°$,

故选 D.

11. ① 若直角三角形的三边,$a=\sqrt{3}$,$b=1$,$c=2$,得$a^2=3$,$b^2=1$,$c^2=4$,但$3+1=4$,所以a^2,b^2,c^2的长为边的三条线段不能组成一个三角形,故本项错误;② 因为$a^2+b^2=c^2$,所以$\left(\frac{a}{2}\right)^2+\left(\frac{b}{2}\right)^2=\left(\frac{c}{2}\right)^2$,故本项正确;③ 因为$(a+b)^2=a^2+b^2+2ab=c^2+2ch$,$(c+h)^2=c^2+h^2+2ch$,所以$(a+b)^2+h^2=(c+h)^2$,能组成直角三角形,故本项正确;④ 因为$\left(\frac{1}{a}\right)^2+\left(\frac{1}{b}\right)^2=(a^2+b^2)\div(ab)^2=\frac{c^2}{(ch)^2}=\left(\frac{1}{h}\right)^2$,所以以$\frac{1}{a}$,$\frac{1}{b}$,$\frac{1}{h}$的长为边的三条线段能组成直角三角形,故本项正确,

故选 C.

12. B

13. B

14. 解:连接 OB,OC,因为 AB 是圆的切线,所以$\angle ABO=90°$. 在直角$\triangle ABO$中,$OB=2$,$OA=4$,所以$\angle OAB=30°$,$\angle AOB=60°$. 因为$OA\parallel BC$,所以$\angle CBO=\angle AOB=60°$,且$S_{阴影部分}=S_{扇形\triangle BOC}$,所以$\triangle BOC$是等边三角形,边长是2,所以$S_{阴影部分}=S_{扇形\triangle BOC}=(60\pi\times 2^2)/360=2\pi/3$,即图中阴影部分的面积是$2\pi/3$,

故选 C.

15. 解:取 BC 的中点 O,则 O 为圆心,连接 OE,AO,AO 与 BE 的交点是 F. 因为 AB,AE 都为圆的切线,所以 $AE=AB$. 因为 $OB=OE$,$AO=AO$,所以$\triangle ABO\cong\triangle AEO$(SSS),所以$\angle OAB=\angle OAE$,所以$AO\perp BE$. 在直角$\triangle AOB$里$AO^2=OB^2+AB^2$,因为$OB=1$,$AB=3$,所以$AO=\sqrt{10}$,易证明$\triangle BOF\backsim\triangle AOB$,所以$BO:AO=OF:OB$,所以$1:\sqrt{10}=OF:$

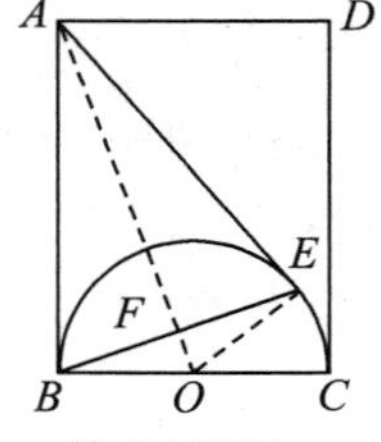

第15题图

1，所以 $OF=\frac{\sqrt{10}}{10}$.

$\sin\angle CBE=\frac{OF}{OB}=\frac{\sqrt{10}}{10}$，

故选 D.

（二）填空题

1. $16\sqrt{2}$ m

2. $\sqrt{17}$

3. 木棍 AB 的中点 M 到原点的距离为 3（直角三角形斜边上的中线为斜边的一半），又木棍的端点可以运动到坐标轴的负半轴上，所以中点 M 的轨迹为半径为 3 的圆，周长为 6π.

4. 连接 OE，E 是中点，$OE\perp CD$，$\angle OEP=90°$，$\angle OAP=90°$，$\angle OEP+\angle OAP=180°$，$O,E,P,A$ 四点共圆，$\angle AEO=\angle APO=(1/2)\times\angle APB=20°$，$\angle AEP=\angle OEP-\angle AEO=90°-20°=70°$.

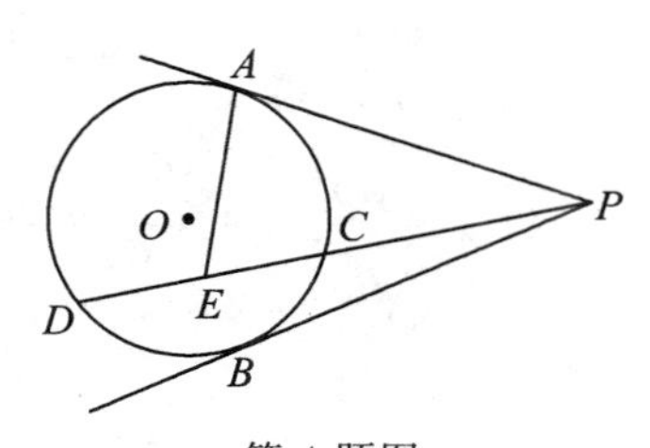

第 4 题图

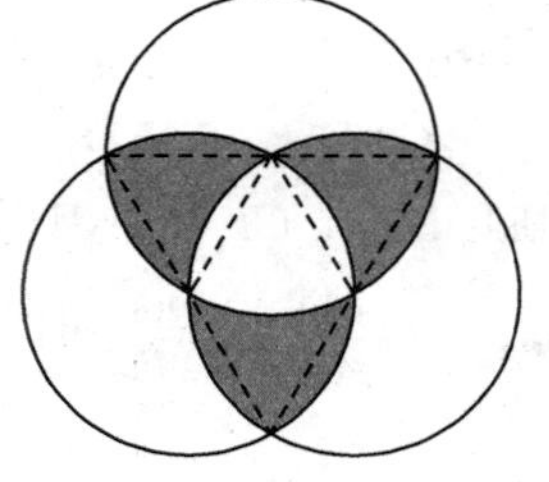
第 5 题图

5. $\frac{\pi R^2}{6}$

6. 0.8

7. (1)(2)(3) (4)

8. 设直角三角形短直角边为 a，长直角边为 b，则 $13\times13=7\times7+2ab$，由 $b-a=7$，得 $a=5$，$b=12$，所以 $\tan\theta=\frac{5}{12}$.

9. 设正方形的边长为 y，$EC=x$.

由题意知，$AE^2=AB^2+BE^2$，即 $(y+x)^2=y^2+(y-x)^2$，化简得 $y=4x$，所以 $\sin\angle EAB=\frac{BE}{AE}=\frac{3}{5}$.

10. 因为 $AB=AC$，$\angle A=36°$，所以 $\angle ABC=\angle ACB=72°$. 因为 BD 平分 $\angle ABC$，所以 $\angle ABD=\angle DBC=36°$. 因为在 $\triangle ADB$ 中，$\angle BDC$ 是外角，所以 $\angle BDC=\angle A+\angle ABD=72°$，所以 $AD=BD$，$BD=BC$，所以 $\triangle ABC\backsim\triangle BDC$，所以 $\dfrac{AB}{BC}=\dfrac{BC}{CD}$. 同理，$\angle DCE=\angle BCE=36°$，所以 $\angle DEC=36°+36°=72°$，$\angle BDC=72°$，所以 $\triangle CDE\backsim\triangle ABC$，所以 $\dfrac{CE}{AC}=\dfrac{DE}{BC}$. 设 $CE=x$，又因为 $CD=CE$，所以 $BD=BC=AD=a-x$，所以 $\dfrac{x}{a+x}=\dfrac{a-x}{a}$，即 $x^2+ax-a^2=0$，

解得 $x_1=\dfrac{(\sqrt{5}-1)a}{2}$，$x_2=\dfrac{-(\sqrt{5}+1)a}{2}$（舍去），

所以 $CE=\dfrac{\sqrt{5}-1}{2}a$.

11. $\triangle ABO$ 与 $\triangle CDO$ 的相似比为 $p:q$，所以 $AO:CO=p:q$，所以 $\triangle ADO$ 与 $\triangle CDO$ 的面积之比为 $p:q$，所以 $\triangle ADO$ 的面积为 pq. 同理可得 $\triangle BCO$ 的面积为 pq；所以梯形的面积为 $(p+q)^2$.

12. 连接 DF，OE，过点 D 作 $DG\perp AC$ 于点 G. 因为 $\angle C=\angle CGD=\angle CFD=90°$，所以四边形 $CGDF$ 是矩形，所以 $DG=CF=y$；因为 $OE\parallel DG$，所以 $\triangle AOE\backsim\triangle ADG$，所以 $\dfrac{OE}{AO}=\dfrac{DG}{AD}$，即 $\dfrac{1}{x+1}=\dfrac{y}{x}$，化简可得 $y=\dfrac{x}{1+x}$.

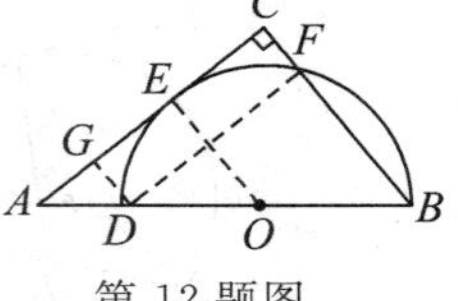

第 12 题图

（三）解答题

1. 已知 $\triangle ABC$ 的三个内角 A,B,C 所对的边分别为 a,b,c，其中 B 为 A,C 的平均数，最大边与最小边是方程 $3x^2-27x+32=0$ 的两个根，求 $\triangle ABC$ 的面积和周长，并求其内切圆半径和外接圆半径.

解：$2B=A+C=180°-B$，所以 $B=60°$，最大边和最小边应该是另外两个角的对边 a,c.

方程 $3x^2-27x+32=0$ 的两个根本来可以解出来，但是它们太“丑陋”了，所以可以考虑韦达定理，“设而不求，瞒天过海”.

$a+c=9$，$ac=\dfrac{32}{3}$，

如第1题图，过A作$AD\perp BC$于D，直角三角形ABD中，斜边等于c，所以$AD=\frac{\sqrt{3}}{2}c$，$BD=\frac{1}{2}c$，三角形的面积$S=\frac{1}{2}a\frac{\sqrt{3}}{2}c=\frac{\sqrt{3}}{4}ac=\frac{8\sqrt{3}}{3}$.

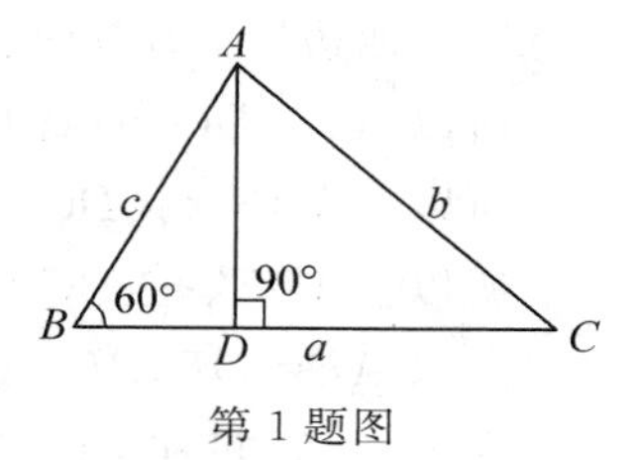

第1题图

要求周长，只要搞定B的对边b即可.

请关注直角$\triangle ACD$，$CD=a-\frac{1}{2}c$，由勾股定理可得：

$b^2=\left(\frac{\sqrt{3}}{2}c\right)^2+\left(a-\frac{1}{2}c\right)^2=a^2+c^2-ac=(a+c)^2-3ac=81-32=49$，$b=7$，所以该三角形的周长为：$a+c+b=16$.

用等面积法可得内切圆半径为$\frac{\sqrt{3}}{3}$，在外接圆中利用已知角构建直角三角形，可得外接圆半径为$\frac{7\sqrt{3}}{3}$.

2. 证明：连接CS，BP；因为等腰梯形$ABCD$，$CD\parallel AB$，所以$OC=OD$，$OA=OB$；又因为$\angle ACD=60°$，所以三角形COD，AOB为等边三角形. 在等边三角形COD，AOB中，因为S，P分别为OD，OA的中点，所以$CS\perp BD$，$BP\perp AC$；在直角三角形CSB中，因为Q是BC的中点，所以$QS=\frac{1}{2}BC=\frac{1}{2}AD$；又在直角三角形$BCP$中，因为$Q$是$BC$的中点，所以$QP=\frac{1}{2}BC=\frac{1}{2}AD$；所以$QS=QP=\frac{1}{2}AD$；又因在$\triangle AOD$中，$P$，$S$分别为$OA$，$OD$的中点，所以$PS=\frac{1}{2}AD$，所以$QS=QP=PS$，

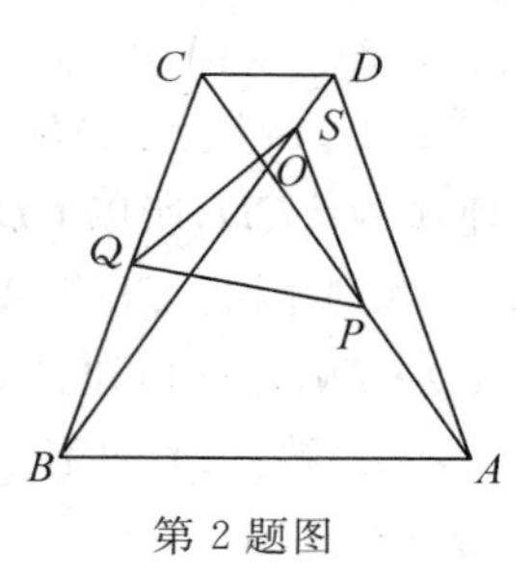

第2题图

即$\triangle PQS$是等边三角形.

3. 答案：(1) $AC=2\sqrt{3}$，$BD=2\sqrt{7}$.

(2) 已知：在平行四边形$ABCD$中，AC，BD是其两条对角线，

求证：$AC^2+BD^2=AB^2+BC^2+CD^2+AD^2$.

证明：作$AE\perp BC$于点E，$DF\perp BC$交BC的延长线于F，

则$\angle AEB=\angle DFC=90°$.

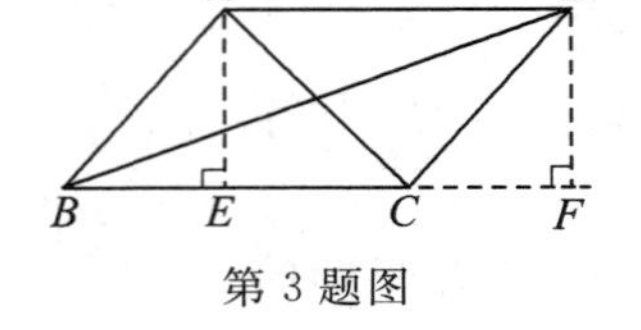

第 3 题图

因为四边形 $ABCD$ 是平行四边形，

所以 $AB=DC,AB/\!/CD$，

所以 $\angle ABE=\angle DCF$，

所以 $\triangle ABE\cong\triangle DCF$，

所以 $AE=DF,BE=CF$.

在 $\mathrm{Rt}\triangle ACE$ 和 $\mathrm{Rt}\triangle BDF$ 中，由勾股定理，得：

$AC^2=AE^2+EC^2=AE^2+(BC-BE)^2$，

$BD^2=DF^2+BF^2=DF^2+(BC+CF)^2=AE^2+(BC+BE)^2$，

所以 $AC^2+BD^2=2AE^2+2BC^2+2BE^2=2(AE^2+BE^2)+2BC^2$.

又因为 $AE^2+BE^2=AB^2$，

即 $AC^2+BD^2=2(AB^2+BC^2)$.

因为 $AB=CD,AD=BC$，

所以 $AC^2+BD^2=AB^2+BC^2+CD^2+AD^2$.

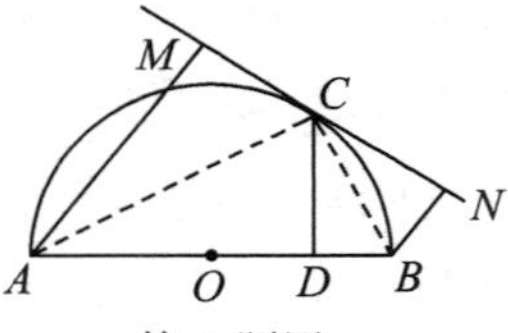

第 4 题图

4. 证明：(1) 连接 CA，CB，则 $\angle ACB=90°$ $\angle ACM=\angle ABC$，$\angle ACD=\angle ABC$ 所以 $\angle ACM=\angle ACD$，所以 $\triangle AMC\cong\triangle ADC$，所以 $CM=CD$. 同理，$CN=CD$，所以 $CD=CM=CN$.

(2) 因为 $CD\perp AB$，$\angle ACD=90°$，所以 $CD^2=AD\cdot DB$，由(1)知 $AM=AD$，$BN=BD$，所以 $CD^2=AM\cdot BN$.

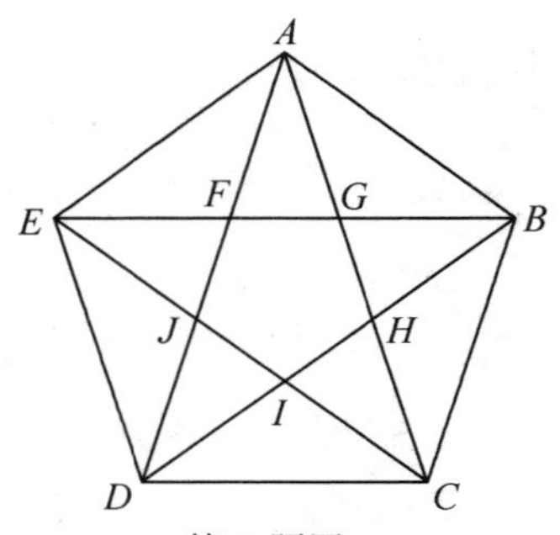

第 5 题图

5. 解：(1) 如第 5 题图，正五边形内角和为 $(5-1)\times180°=720°$，所以每一个内角都是 $108°$，所以等腰 $\triangle ABC$ 与等腰 $\triangle ADE$ 中，$\angle AED=\angle ABC=108°$，$\angle DAE=\angle BAC=36°$，所以 $\angle CAD=36°$. 以 A 为一个顶点的三角形有 $\triangle AFG$，$\triangle AEF$，$\triangle ABG$，$\triangle AEJ$，$\triangle ABH$，$\triangle ADE$，$\triangle ABC$，$\triangle ACD$，$\triangle AEG$，$\triangle ABF$，$\triangle ABE$，$\triangle ACE$，$\triangle ABD$，$\triangle ADH$，$\triangle ACJ$ 共 15 个. 它们的底角只有两种情况：$36°$，$72°$.

(2) $\triangle ABC$ 的面积为 1，$\triangle ABC\cong\triangle BCD\cong\triangle ADH\cong\triangle ADE$，这个正五边形的面积为 S，设 $S_{\triangle CDH}=x$，则 $S=S_{\triangle ABC}+S_{\triangle ADH}+S_{\triangle ADE}+S_{\triangle CDH}=3+S_{\triangle CDH}=3+x$. $S_{\triangle ACD}=S_{\triangle ADH}+S_{\triangle CDH}=1+x$. $\triangle CDH\backsim\triangle ACD$，面积比等

于相似比的平方，即$\frac{1+x}{x}=\left(\frac{AC}{DH}\right)^2=\left(\frac{BD}{DH}\right)^2=\left(\frac{S_{\triangle BCD}}{S_{\triangle CDH}}\right)^2=\left(\frac{1}{x}\right)^2$，解得 $x=\frac{\sqrt{5}-1}{2}$.

正五边形面积 $S=3+x=\frac{5+\sqrt{5}}{2}$.

（3）由上一小题可得：$\frac{AC}{DH}=\frac{1}{x}=\frac{2}{\sqrt{5}-1}$，而 $DH=CD=1$，所以对角线 $AC=\frac{1+\sqrt{5}}{2}$.

附： 初中数学核心素养综合测试题一参考答案

一、选择题

1. A 2. A 3. B 4. C 5. B 6. D 7. D 8. B 9. C 10. A

二、填空题

11. $2a$ 12. $a<b<c$ 13. 第四象限 14. $x=1$ 15. $\frac{13}{8}$ 16. 11，−7

三、解答题

17. 解：(1) 当 $0<x\leqslant 5$ 时，$y=\frac{1}{2}\cdot 2x\cdot x=x^2$；

当 $5<x\leqslant 10$ 时，$y=\frac{1}{2}\cdot 2x\cdot x-2\cdot\frac{1}{2}\cdot(2x-10)^2=-3x^2+40x-100$.

(2) 当 $0<x\leqslant 5$ 时，$x=5$ 时，$y_{\max}=25$；

当 $5<x\leqslant 10$ 时，$x=\frac{20}{3}$时，$y_{\max}=\frac{100}{3}$.

综上，$x=\frac{20}{3}$时，$y_{\max}=\frac{100}{3}$.

18. 解：2^s+2^t 的计算结果从小到大排列成一组数，即 $2^0+2^1=3$，$2^0+2^2=5$，$2^1+2^2=6$，$2^0+2^3=9$，$2^1+2^3=10$，$2^2+2^3=12$，依次可以简单地记为(0,1)，(0.2)，(1,2)，(0,3)，(1,3)，(2,3) ……

(1) 这个三角形数表的第五行各数为(0,5)=33，(1,5)=34，(2,5)=36，(3,5)=40，(4,5)=48；

(2) 100=1+2+3+…+12+13+9，所以第 100 个数在第 14 行的第 9

个,$(8,14)=2^8+2^{14}=16\ 640$;

(3) 第 15 行各数之和.

$(0,15)+(1,15)+(2,15)+\cdots+(14,15)=2^0+2^{15}+2^1+2^{15}+2^2+2^{15}+\cdots+2^{14}+2^{15}$

$=2^{15}-1+15\times2^{15}=524\ 287$.

19. 解:解法 1:如第 19 题图①,过 C 作 $CD\perp CE$ 与 EF 的延长线交于 D. 因为 $\angle ABE+\angle AEB=90°$, $\angle CED+\angle AEB=90°$,所以 $\angle ABE=\angle CED$. 于是 $Rt\triangle ABE\backsim Rt\triangle CED$,所以 $\frac{S_{\triangle CDE}}{S_{\triangle EAB}}=\left(\frac{CE}{AB}\right)^2=\frac{1}{4}$, $\frac{CE}{CD}=\frac{AB}{AE}=2$;又 $\angle ECF=\angle DCF=45°$,所以 CF 是 $\angle DCE$ 的平分线,点 F 到 CE 和 CD 的距离相等,所以 $\frac{S_{\triangle CEF}}{S_{\triangle CDF}}=\frac{CE}{CD}=2$,所以 $S_{\triangle CEF}=\frac{2}{3}S_{\triangle CDE}=\frac{2}{3}\times\frac{1}{4}S_{\triangle ABE}=\frac{2}{3}\times\frac{1}{4}\times\frac{1}{2}S_{\triangle ABC}=\frac{1}{24}$.

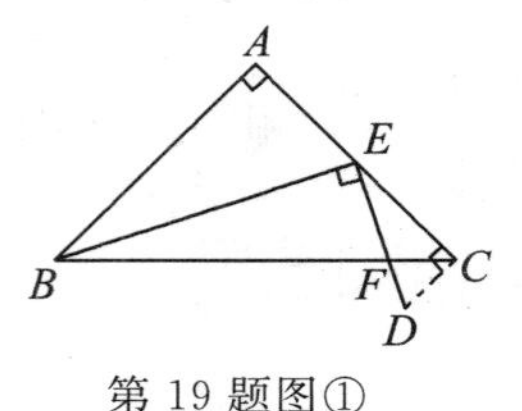

第 19 题图①

解法 2:如第 19 题图②,作 $FH\perp CE$ 于 H,设 $FH=h$.

因为 $\angle ABE+\angle AEB=90°$, $\angle FEH+\angle AEB=90°$,所以 $\angle ABE=\angle FEH$,于是 $Rt\triangle EHF\backsim Rt\triangle BAE$. 因为 $\frac{EH}{FH}=\frac{AB}{AE}$,即 $EH=2h$,所以 $HC=\frac{1}{2}-2h$;又因为 $HC=FH$,所以 $h=\frac{1}{2}-2h$, $h=\frac{1}{6}$,所以 $S_{\triangle CEF}=\frac{1}{2}EC\times FH=\frac{1}{2}\times\frac{1}{2}\times\frac{1}{6}=\frac{1}{24}$.

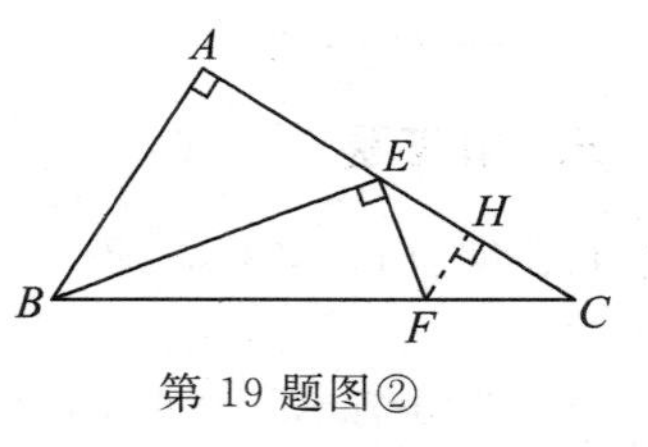

第 19 题图②

20. 解:设直角三角形的三边长分别为 a,b,c(c 是斜边),则 $a+b+c=60$. 因为 c 为最大边,所以 $60<3c$,所以 $c>20$. 因为 $a+b>c$,所以 $60>2c$,所以 $c<30$;又 c 为整数,则 $c=21,22,23,\cdots,29$. 根据勾股定理: $a^2+b^2=c^2$,把 $c=60-a-b$ 代入化简得:

$ab-60(a+b)+1\ 800=0$,即 $(60-a)(60-b)=1\ 800$.

不妨假设 $a\leqslant b<c$,则 $60-a$, $60-b$ 均为大于 39 的正整数且为 1 800 的约数,则只可能是 $\begin{cases}60-a=50\\60-b=36\end{cases}$ 或 $\begin{cases}60-a=45\\60-b=40\end{cases}$,即 $\begin{cases}a=10\\b=24\end{cases}$ 或 $\begin{cases}a=15\\b=20\end{cases}$,

解得 $c=25$ 或 26.

三角形的外接圆的直径即为斜边长，三角形的外接圆的面积为 $\frac{625}{4}\pi$ 或 169π.

初中数学核心素养综合测试题二参考答案

一、选择题

1. C 2. C 3. A 4. D 5. A 6. A 7. B 8. D 9. A 10. C

二、填空题

11. 1 12. 10 13. $\frac{3\sqrt{10}}{10}$ 14. 8 15. $\frac{a_1+a_2+\cdots+a_n}{n}$ 16. 4

三、解答题

17. 解：(1) 当 $0\leqslant x\leqslant 10$ 时，设抛物线的函数关系式为 $y=ax^2+bx+c$，由于它的图象经过点 $(0,20)$，$(5,39)$，$(10,48)$，所以 $\begin{cases}c=20,\\25a+5b+c=39,\\100a+10b+c=48.\end{cases}$ 解得 $a=-\frac{1}{5}$，$b=\frac{24}{5}$，$c=20$. 所以 $y=-\frac{1}{5}x^2+\frac{24}{5}x+20$，$0\leqslant x\leqslant 10$.

(2) 当 $20\leqslant x\leqslant 40$ 时，$y=-\frac{7}{5}x+76$，所以当 $0\leqslant x\leqslant 10$ 时，令 $y=36$，得 $36=-\frac{1}{5}x^2+\frac{24}{5}x+20$，解得 $x=4$，$x=20$(舍去).

当 $20\leqslant x\leqslant 40$ 时，令 $y=36$，得 $36=-\frac{7}{5}x+76$，解得 $x=\frac{200}{7}=28\frac{4}{7}$. 因为 $28\frac{4}{7}-4=24\frac{4}{7}>24$，所以老师可以第 4 分钟以后第 $\frac{200}{7}$ 分钟以前，选取 24 分钟，让学生注意力指标数不低于 36，而且讲授完这道竞赛题.

18. 提示：$\sin^2A+\sin^2B=1$ 结合韦达定理可得 $m=-3$(舍去)7，$\triangle ABC$ 的周长为 24，面积为 24，外接圆半径为 5，内切圆半径 2(等面积法).

19. 解：设方程有有理数根，则判别式为平方数. 令 $\Delta=q^2-4p^2=n^2$，其中 n 是一个非负整数，则 $(q-n)(q+n)=4p^2$. 由于 $1\leqslant q-n\leqslant q+n$，且 $q-n$ 与 $q+n$ 同奇偶，故同为偶数，因此有如下几种可能情形：

$\begin{cases}q-n=2\\q+n=2p^2\end{cases}$，$\begin{cases}q-n=4\\q+n=p^2\end{cases}$，$\begin{cases}q-n=p\\q+n=4p\end{cases}$，$\begin{cases}q-n=2p\\q+n=2p\end{cases}$，$\begin{cases}q-n=p^2\\q+n=4\end{cases}$，消去 n，解

得 $q=p^2+1, q=2+\frac{p^2}{2}, q=\frac{5p}{2}, q=2p, q=2+\frac{p^2}{2}$.

对于第 1 和 3 种情形，$p=2$，从而 $q=5$；对于第 2 和 5 种情形，$p=2$，从而 $q=4$（不合题意，舍去）；对于第 4 种情形，q 是合数（不合题意，舍去）.

又当 $p=2, q=5$ 时，方程为 $2x^2-5x+2=0$，它的根为 $x_1=\frac{1}{2}, x_2=2$，它们都是有理数.

综上，存在满足题设的质数.

20. 解：(1) 连接 OA, OB, OC，则 $OA=OB=OC$；又 $AB=BC$，故等腰 $\triangle ABO \cong \triangle BCO$，$\angle ABO=\angle CBO$. 由于 BC 为圆 D 的切线，故弦切角 $\angle ABC$ 所夹劣弧长为 $\angle OBC$ 所夹劣弧长的 2 倍，即半径 BO 所在直径通过弧 AB 的中点；又因为 $DO \perp AB$，所以点 O 在圆 D 上.

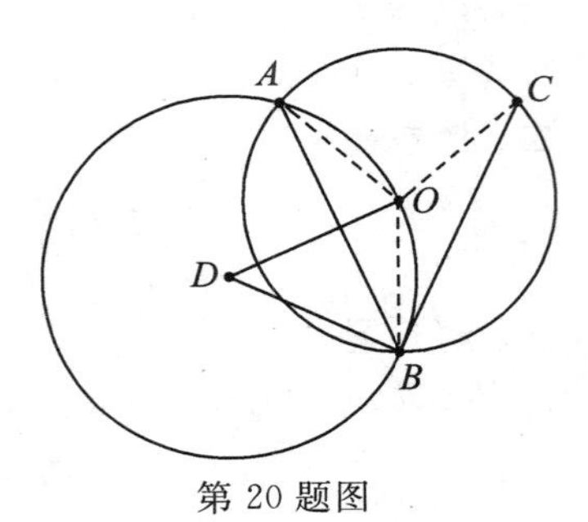

第 20 题图

(2) 连接 AD, BD，则 $2r=AD+BD \geqslant AB$，故 $4r^2 \geqslant AB^2=AB \cdot BC$；又 $AB \cdot BC \geqslant 2S$，故 $4r^2 \geqslant 2S=2$，即 $r \geqslant \frac{\sqrt{2}}{2}$，且当 AB 为圆 D 的直径时可以取等号，故 r 的最小值是 $\frac{\sqrt{2}}{2}$.